高职高专公共基础课规划教材

计算机文化基础

主　编　毛乃川　马晓峰

副主编　张作海　徐晓丹

参　编　贾　帅　高振华

U0232006

机 械 工 业 出 版 社

本书共 8 章，第 1 章介绍了计算机的基本知识和基本概念、计算机的组成和工作原理、信息在计算机中的表示形式和编码；第 2 章介绍了操作系统基础知识以及 Windows 7 操作系统的安装、配置和使用；第 3~5 章介绍了办公自动化基本知识，以及常用办公自动化软件 Office 2010 中文字处理软件、电子表格处理软件和文稿演示软件的使用；第 6 章介绍了多媒体的概念、多媒体技术的应用；第 7 章介绍了计算机网络基础知识、Internet 基础知识与应用、信息安全技术，计算机病毒的防范等；第 8 章介绍了计算机常用工具软件的使用方法。

为了方便教学，本书配备电子课件等教学资源。凡选用本书作为教材的教师均可登录机械工业出版社教育服务网 www.cmpedu.com 下载，或发送电子邮件至 cmpgaozhi@ sina.com 索取。咨询电话：010 - 88379375。

图书在版编目（CIP）数据

计算机文化基础/毛乃川，马晓峰主编. —北京：机械工业出版社，2015.5（2017.1 重印）

高职高专公共基础课规划教材

ISBN 978 - 7 - 111 -50162 -6

Ⅰ.①计… Ⅱ.①毛… ②马… Ⅲ.①电子计算机 - 高等职业教育 - 教材 Ⅳ.①TP3

中国版本图书馆 CIP 数据核字（2015）第 094057 号

机械工业出版社（北京市百万庄大街 22 号 邮政编码 100037）
策划编辑：王玉鑫 责任编辑：王玉鑫 叶蕾薇 陈瑞文
责任校对：孙丽萍 封面设计：鞠 杨 责任印制：常天培
2017 年 1 月第 1 版 · 第 2 次印刷
北京中兴印刷有限公司印刷
184mm×260mm · 17.5 印张 · 432 千字
3 001—4 900 册
标准书号：ISBN 978 - 7 - 111 -50162 -6
定价：37.00 元

前　言

随着计算机科学与信息技术的飞速发展以及计算机的普及，国内高校的计算机基础教育已经踏上新的台阶，步入一个新的发展阶段。各专业对学生的计算机应用能力提出了更高的要求。为了适应这种新发展，许多学校修订了计算机基础课程的教学大纲，课程内容不断推陈出新。我们根据教育部计算机基础教学指导委员会《关于进一步加强高等学校计算机基础教学的意见》和《高等学校非计算机专业计算机基础课程教学基本要求》，编写了本书。

计算机基础是高等学校非计算机专业学生的公共必修课程，也是学习其他计算机相关技术课程的前导和基础课程。编写本书的宗旨是使读者较全面、系统地了解计算机基础知识，具备计算机实际应用能力，并能在各自的专业领域中应用计算机进行学习与研究。

本书满足了不同专业、不同层次学生的需要，加强了计算机网络技术和多媒体技术等方面基本内容的介绍，使读者在数据处理和多媒体信息处理等方面的能力得到提升。本书共 8 章，第 1 章介绍了计算机的基本知识和基本概念、计算机的组成和工作原理、信息在计算机中的表示形式和编码；第 2 章介绍了操作系统基础知识以及 Windows 7 操作系统的安装、配置和使用；第 3～5 章介绍了办公自动化基本知识，以及常用办公自动化软件 Office 2010 中文字处理软件、电子表格处理软件和文稿演示软件的使用；第 6 章介绍了多媒体的概念、多媒体技术的应用；第 7 章介绍了计算机网络基础知识、Internet 基础知识与应用、信息安全技术，计算机病毒的防范等；第 8 章介绍了计算机常用工具软件的使用方法。

本书的编者是多年从事一线教学的教师，具有较为丰富的教学经验。本书在编写时注重原理与实践紧密结合，注重实用性和可操作性；在案例的选取上注意从读者日常学习和工作的需要出发；文字叙述深入浅出，通俗易懂。本书由毛乃川、马晓峰主编，张作海、徐晓丹任副主编，贾帅、高振华任参编。第 1 章、第 6 章和第 7 章的 5、6 节由毛乃川编写，第 2 章由贾帅编写，第 3 章和第 7 章 3、4 节由马晓峰编写，第 4 章由徐晓丹编写，第 5 章和第 7 章的 1、2 节由张作海编写，第 8 章由高振华编写。全书由毛乃川负责统稿，马晓峰负责审稿。

由于时间仓促及编者水平有限，不当之处在所难免，敬请广大读者批评指正。

编者

目　录

第1章 计算机基础知识

1.1 计算机概述

　　计算机是新技术革命的一支主力，也是推动社会向现代化迈进的活跃因素。计算机科学与技术是第二次世界大战以来发展最快、影响最为深远的新兴学科之一。计算机产业已在世界范围内发展成为一种极富生命力的战略产业。

　　计算机是一种按程序控制自动进行信息加工处理的通用工具。它的处理对象和结果都是信息。单从这点来看，计算机与人的大脑有某些相似之处。因为人的大脑和五官也是信息采集、识别、转换、存储、处理的器官，所以人们常把计算机称为"电脑"。

　　利用计算机解决科学计算、工程设计、经营管理、过程控制或人工智能等各种问题，都是按照一定的算法进行的。这种算法是定义精确的一系列规则，它指出怎样以给定的输入信息，经过有限的步骤，产生所需要的输出信息。

　　信息处理的一般过程，是计算机使用者针对待解决的问题，事先编制程序并存入计算机内，然后利用存储程序指挥、控制计算机自动进行各种基本操作，直至获得预期的处理结果。计算机自动工作的基础在于这种存储程序的方式，其通用性的基础则在于利用计算机进行信息处理的共性方法。

　　随着信息时代的到来和信息高速公路的兴起，全球信息化进入了一个全新的发展时期。人们越来越认识到计算机强大的信息处理功能，从而使之成为信息产业的基础和支柱。在物质需求不断得到满足的同时，人们对各种信息的需求也将日益增加，计算机终将成为生活中必不可少的工具。

1.1.1 计算机的发展简史

1. 计算机的诞生与发展

　　现代计算机问世之前，计算机的发展经历了机械式计算机、机电式计算机和萌芽期的电子计算机三个阶段。

　　早在17世纪，欧洲一批数学家就已开始设计和制造以数字形式进行基本运算的数字计算机。1642年，法国数学家帕斯卡采用与钟表类似的齿轮传动装置，制成了最早的十进制加法器。1678年，德国数学家莱布尼兹制成的计算机，进一步解决了十进制数的乘、除运算。

1

英国数学家巴贝奇在 1822 年制作差分机模型时提出一个设想，每完成一次算术运算过程将发展为自动完成某个特定的完整运算过程。1884 年，巴贝奇设计了一种程序控制的通用分析机。这台分析机虽然已经描绘出有关程序控制方式计算机的雏形，但限于当时的技术条件而未能实现。

电子计算机的发展过程，经历了从制作部件到整机、从专用机到通用机、从"外加式程序"到"存储程序"的演变。1938 年，美籍保加利亚学者阿塔纳索夫首先制成了电子计算机的运算部件。1943 年，英国外交部通信处制成了"巨人"电子计算机。这是一种专用的密码分析机，在第二次世界大战中得到了应用。

世界上第一台电子数字式计算机由美国宾夕法尼亚大学莫尔工学院和美国陆军火炮公司联合研制而成，于 1946 年 2 月 15 日正式投入运行，它的名称叫 ENIAC（The Electronic Numerical Integrator and Calculator，电子数值积分计算机），其外观如图 1-1 所示。

图 1-1　世界上第一台计算机 ENIAC

ENIAC 长 30.48 米，宽 1 米，占地面积约 170 平方米，30 个操作台，约 10 间普通房间的大小，重达 30 吨，耗电量 150 千瓦，造价 48 万美元。它包含了 17468 根真空管，7200 根二极管，70000 个电阻器，10000 个电容器，1500 个继电器，6000 多个开关，每秒执行 5000 次加法或 400 次乘法，是继电器计算机的 1000 倍、手工计算的 20 万倍。

同今天相比，虽然其功能还不如掌上使用的可编程计算器，但是，在当时的历史条件下确实是一件了不起的大事。ENIAC 堪称人类伟大的发明之一，从此开创了人类社会的信息时代。

1945 年，宾夕法尼亚大学数学教授冯·诺依曼（1903—1957，美籍匈牙利人）开始了对电子离散可变自动计算机（Electronic Discrete Variable Automatic Computer，EDVAC）的设计。其特点是程序和数据均以相同的格式储存在存储器中，这使得计算机可以在任意点暂停或继续工作。EDVAC 的核心部分是 CPU，即中央处理器（单元），计算机的所有功能均集中于此。这一体系结构沿用至今，称为冯·诺依曼结构。按这一结构制造的计算机称为存储程序计算机，又称为通用计算机。

从人类第一台电子计算机的诞生到现在已有近 70 年历史，但它的发展之快、种类之多、用途之广、受益之大，是人类科学技术发展史中任何一门学科或任何一种发明所无法比拟的。计算机发展年代的划分是依据计算机所采用电子元器件的不同来确定的，即人们通常所说的电子管、晶体管、集成电路、超大规模集成电路、人工智能计算机这 5 个年代。

（1）第一代计算机（1946～1957 年）　通常被称为电子管计算机年代。其主要特点是：

1）采用电子管作为逻辑开关元器件（见图 1-2）。

2）存储器使用水银延迟线、静电存储管、磁鼓等。

3）外部设备采用纸带、卡片、磁带等。

4）使用机器语言，20 世纪 50 年代中期开始使用汇编语言，但还没有操作系统。

（2）第二代计算机（1958～1964 年）　通常被称为晶体管计算机年代。其主要特点是：

1）使用半导体晶体管作为逻辑开关元器件（见图 1-3）。

图 1-2　电子管

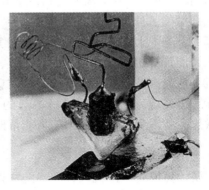

图 1-3　晶体管

2）使用磁芯作为主存储器，辅助存储器采用软盘和磁带。

3）输入/输出方式有了很大改进。

4）开始使用操作系统，有了各种计算机高级语言。

（3）第三代计算机（1965～1970 年）　通常被称为集成电路计算机年代。其主要特点是：

1）使用中、小规模集成电路作为逻辑开关元器件（见图 1-4）。

2）开始使用半导体存储器。辅助存储器仍以软盘、磁带为主。

3）外部设备种类和品种增加。

4）开始走向系列化、通用化和标准化。

5）操作系统进一步完善，高级语言数量增多。

（4）第四代计算机（1971 年至今）　通常被称为大规模或超大规模集成电路计算机年代。其主要特点是：

1）使用大规模、超大规模集成电路作为逻辑开关元器件（见图 1-5）。

图 1-4　集成电路

图 1-5　大规模集成电路

2）主存储器采用半导体存储器，辅助存储器采用大容量的软盘、硬盘，并开始引入

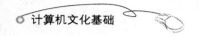

和使用光盘。

3）外部设备有了很大发展，采用光字符阅读器（Optical Character Recognition，OCR）、扫描仪、激光打印机和绘图仪等。

4）操作系统不断发展和完善，数据库管理系统有了更新的发展，软件行业已发展成为现代新型的工业产业。

（5）第五代计算机——人工智能计算机　第五代计算机是人类所追求的一种更接近人的人工智能计算机。它能理解人的语言、文字和图形。人们无须编写程序，靠讲话就能对计算机下达命令。新一代计算机是把信息采集、存储处理、通信和人工智能结合在一起的智能计算机系统。它不仅能进行一般的信息处理，而且能面向知识处理，具有形式化推理、联想、学习和解释的能力，将能帮助人类开拓未知的领域和获得新的知识。

2. 微型计算机的发展阶段

微型计算机简称微机，其准确的称谓应该是微型计算机系统。它可以简单地定义为：在微型计算机硬件系统的基础上配置必要的外部设备和软件构成的实体。

微型计算机系统从全局到局部存在三个层次：微型计算机系统、微型计算机、微处理器（CPU）。单纯的微处理器和微型计算机都不能独立工作，只有微型计算机系统才是完整的信息处理系统，才具有实用意义。

微型计算机的发展主要表现在其核心部件——微处理器的发展上，每当一款新型的微处理器出现时，就会带动微机系统中其他部件的相应发展，如微机体系结构的优化、存储器中存取容量的增大和存取速度的提高、外部设备的改进以及新设备的出现等。

根据微处理器的字长和功能，将微型计算机的发展划分为以下几个阶段。

（1）第一阶段　第一阶段（1971～1973年）是4位和8位低档微处理器时代，通常称为第一代，其典型产品是 Intel 4004 和 Intel 8008 微处理器以及分别由它们组成的 MCS - 4 和 MCS - 8 微机。基本特点是采用 PMOS（Positive Channel Metal Oxide Semiconductor，P沟道金属氧化物半导体）工艺，集成度低（4000个晶体管/片），系统结构和指令系统都比较简单，主要采用机器语言或简单的汇编语言，指令数目较少（20多条指令），基本指令周期为 20～50μs，用于简单的控制场合。

（2）第二阶段　第二阶段（1971～1977年）是8位中高档微处理器时代，通常称为第二代，其典型产品是 Intel 8080/8085、Zilog 公司的 Z80 等。它们的特点是采用 NMOS（Negative Channel Metal Oxide Semiconductor，N沟道金属氧化物半导体）工艺，集成度提高约4倍，运算速度提高约 10～15 倍（基本指令执行时间 1～2μs），指令系统比较完善，具有典型的计算机体系结构和中断、DMA（Direct Memory Acess，直接内存访问）等控制功能。软件方面除了汇编语言外，还有 BASIC、FORTRAN 等高级语言以及相应的解释程序和编译程序，在后期还出现了操作系统。

（3）第三阶段　第三阶段（1978～1984年）是16位微处理器时代，通常称为第三代，其典型产品是 Intel 公司的 8086/8088、Motorola 公司的 M68000、Zilog 公司的 Z8000等。其特点是采用 HMOS（High Performance Metal Oxide Semiconductor，高性能金属氧化物

半导体）工艺，集成度（20000～70000 个晶体管/片）和运算速度（基本指令执行时间是 0.5μs）都比第二代提高了一个数量级。它的指令系统更加丰富、完善，采用多级中断、多种寻址方式、段式存储机构、硬件乘除部件，并配置了软件系统。这一时期著名微机产品有 IBM 公司的个人计算机。1981 年 IBM 公司推出的个人计算机采用 8088 微处理器；紧接着，1982 年又推出了扩展型的个人计算机 IBM PC/XT，它对内存进行了扩充，并增加了一个磁盘驱动器；1984 年，IBM 公司推出了以 80286 处理器为核心组成的 16 位增强型个人计算机 IBM PC/AT。IBM 公司在发展个人计算机时采用了技术开放的策略，使得该公司的个人计算机风靡世界。

（4）第四阶段　第四阶段（1985～1992 年）是 32 位微处理器时代，又称为第四代，其典型产品是 Intel 公司的 80386/80486、Motorola 公司的 M69030/68040 等。其特点是采用 HMOS 或 CMOS（Complementary Metal Oxide Semiconductor，互补金属氧化物半导体）工艺，集成度高达 100 万个晶体管/片，具有 32 位地址线和 32 位数据总线，每秒钟可完成 600 万条指令（Million Instructions Per Second，MIPS）。微型计算机的功能已经达到甚至超过超级小型计算机，完全可以完成多任务、多用户的作业。同时，其他一些微处理器生产厂商（如 AMD、TEXAS 等）也推出了 80386/80486 系列的芯片。

（5）第五阶段　第五阶段（1993～2005 年）是奔腾（Pentium）系列微处理器时代，通常称为第五代，其典型产品是 Intel 公司的奔腾系列芯片及与之兼容的 AMD 的 K6 系列微处理器芯片。它的内部采用了超标量指令流水线结构，并具有相互独立的指令和数据高速缓存。随着 MMX（MultiMedia eXtended）微处理器的出现，微机的发展在网络化、多媒体化和智能化等方面跨上了更高的台阶。2000 年 11 月，Intel 又推出了 Pentium 4 微处理器，集成度高达 4200 万个晶体管/片，主频为 1.5GHz。2002 年 11 月，Intel 推出的 Pentium 4 微处理器的时钟频率达到 3.06GHz。对于个人计算机用户而言，多任务处理一直是困扰的难题，因为单处理器的多任务以分割时间段的方式来实现，此时的性能损失相当巨大。而在双内核处理器的支持下，真正的多任务得以应用，而且越来越多的应用程序甚至会为之优化，进而奠定扎实的应用基础。

（6）第六阶段　第六阶段（2005 年至今）是酷睿（Core）系列微处理器时代，通常称为第六代。酷睿是一款领先节能的新型微架构，设计的出发点是提供卓然出众的性能和能效，提高能效比。早期的酷睿是基于笔记本式计算机处理器的。酷睿 2（Core 2 Duo）是 Intel 公司在 2006 年推出的新一代基于 Core 微架构的产品体系统称，于 2006 年 7 月 27 日发布。酷睿 2 是一个跨平台的构架体系，包括服务器版、桌面版、移动版三大领域。其中，服务器版的开发代号为 Woodcrest，桌面版的开发代号为 Conroe，移动版的开发代号为 Merom。

酷睿 2 处理器的 Core 微架构是 Intel 公司的以色列设计团队在 Yonah 微架构基础之上改进而来的新一代英特尔架构，最显著的变化在于对各个关键部分进行了强化。为了提高两个核心的内部数据交换效率而采取共享式二级缓存设计，两个核心共享高达 4MB 的二级缓存。

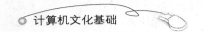

1.1.2 计算机的特点与功能

计算机的发明和发展是 20 世纪最伟大的科学技术成就之一。作为一种通用的智能工具，它具有以下几个特点。

1．运算速度快

计算机内部的运算由数字逻辑电路组成，可以高速准确地完成各种算术运算。当今计算机系统的运算速度已达到每秒万亿次，微机也可达每秒亿次以上，使大量复杂的科学计算问题得以解决。例如卫星轨道的计算、大型水坝的计算、24 小时天气预报的计算等，过去人工计算需要几年、几十年，而现代社会中只需几天甚至几分钟就可用计算机完成。

2．计算精确度高

科学技术的发展特别是尖端科学技术的发展，需要高度精确的计算。计算机控制的导弹能准确地击中预定目标，这与计算机的精确计算是分不开的。一般计算机可以有十几位甚至几十位（二进制）有效数字，计算精度可由千分之几到百万分之几，这是任何计算工具都望尘莫及的。

3．逻辑运算能力强

计算机不仅能进行计算，还具有逻辑运算功能，能对信息进行比较和判断。计算机能把参加运算的数据、程序以及中间结果和最后结果保存起来以供用户随时调用，并能根据判断的结果自动执行下一条指令。

4．通用性强

计算机可以将任何复杂的信息处理任务分解成一系列基本算术和逻辑操作，并反映在计算机的指令操作中，然后按照各种规律、执行的先后次序把它们组织成各种不同的程序，存入存储器。

5．具有记忆和逻辑判断功能

计算机有内部存储器和外部存储器，可以存储大量的数据，随着存储容量的不断增大，可存储的信息量也越来越大。计算机的内部存储器具有记忆特性。

6．存储容量大

计算机可以存储大量信息。这些信息不仅包括各类数据信息，还包括加工这些数据的程序。

7．自动化程度高

由于计算机具有存储记忆能力和逻辑判断能力，所以人们可以将预先编好的程序存入计算机内存，在程序控制下，计算机可以连续、自动地工作，而不需要人的干预。

1.1.3　计算机的分类

根据计算机的性能指标，如运算速度、存储容量、功能强弱、规模大小以及软件系统的丰富程度等，将计算机分为巨型机、大型机、小型机、微型机、工作站和工业控制计算机六大类。

1. 巨型机

巨型机也称为超级计算机，是指由成百成千甚至更多的处理器组成的、能计算普通计算机和服务器不能完成的大型复杂课题的计算机。为了帮助大家更好地理解超级计算机的运算速度，我们把普通计算机的运算速度比喻成人的走路速度，那么超级计算机就达到了火箭的速度。在这种运算速度的前提下，人们可以通过数值模拟来预测和解释以前无法实验的自然现象。

近年来，我国巨型机的研发也取得了很大的成绩。根据 2012 年 6 月的世界超级计算机排名，排名前十的超级计算机系统实测运算速度都超过每秒千万亿次，其中美国的超级计算机有 3 个，中国和德国各 2 个，日本、法国和意大利各 1 个。

中国国家超级计算天津中心的"天河一号"超级计算机在最新排名中名列第五；另外超级计算深圳中心的"星云"超级计算机排名第十。"天河一号"首次进入全球超级计算机500 强排行榜，如图 1-6 所示。它是中国首台千万亿次超级计算机系统，其系统峰值性能为每秒 1206 万亿次双精度浮点运算，Linpack 测试值达到每秒 563.1 万亿次。"天河一号"由天津滨海新区和国防科技大学共同建设的国家超级

图 1-6　"天河一号"超级计算机

计算机天津中心所研制，它的运算速度达到中国此前最快的超级计算机的 4 倍以上。在"天河一号"中，共有 6144 个 Intel 处理器和 5120 个 AMD 图像处理单元（相当于普通计算机中的图像显示卡）。"天河一号"将广泛应用于航天、勘探、气象、金融等众多领域，为国内外提供超级计算服务。

2. 大型机

大型机也称为主机，因为这类机器通常都安装在机架内。大型机的特点是大型、通用，具有较快的处理速度和较强的处理能力。大型机一般作为大型"客户机/服务器"系统的服务器，或者是"终端/主机"系统中的主机，主要用于银行、大型公司、规模较大的高等学校和科研院所，用来处理日常大量繁忙的业务。

3. 小型机

小型机规模小，结构简单，设计试制周期短，便于采用先进工艺，用户不必经过长期培训即可使用和维护。因此，小型机比大型机更有吸引力，更易推广和普及。小型机应用

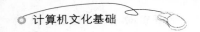

范围很广，如用于工业自动控制、大型分析仪器、测量仪器、医疗设备中的数据采集和分析计算等，也可作为大型机、巨型机的辅助机，并广泛用于企业管理以及大学和研究所的科学计算等。

4. 微型机

微型计算机简称微型机、微机，由于其具备人脑的某些功能，所以也称其为微电脑。它是由大规模集成电路组成的、体积较小的电子计算机。微型计算机是以微处理器为基础，配以内存储器及输入/输出（I/O）接口电路和相应的辅助电路而构成的裸机。其特点是体积小、灵活性大、价格便宜、使用方便。把微型计算机集成在一个芯片上即构成单片微型计算机（Single Chip Microcomputer），由微型计算机配以相应的外部设备（如打印机）和其他专用电路、电源、面板、机架以及足够的软件构成的系统叫作微型计算机系统（Microcomputer System）。

5. 工作站

工作站是一种以个人计算机和分布式网络计算为基础，主要面向专业应用领域，具备强大的数据运算与图形、图像处理能力，为满足工程设计、动画制作、科学研究、软件开发、金融管理、信息服务、模拟仿真等专业领域而设计开发的高性能计算机。它属于一种高档计算机，一般拥有较大的屏幕显示器和大容量的内存和硬盘，也拥有较强的信息处理功能和高性能的图形、图像处理功能以及联网功能。

无盘工作站是指无软盘、无硬盘、无光驱连接局域网的计算机。在网络系统中，把工作站端使用的操作系统和应用软件全部放在服务器上，系统管理员只需要完成服务器上的管理和维护，软件的升级和安装也只需要配置一次，然后整个网络中的所有计算机就都可以使用新软件。所以无盘工作站具有节省费用、系统安全性高、易管理和维护等优点，这对网络管理员来说具有很大的吸引力。

无盘工作站的工作原理是由网卡的启动芯片（Boot ROM）以不同的形式向服务器发出启动请求号；服务器收到后，根据不同的机制，向工作站发送启动数据；工作站下载完启动数据后，系统控制权由 Boot ROM 转到内存中的某些特定区域，并引导操作系统。

根据不同的启动机制，目前比较常用的无盘工作站可分为 RPL 和 PXE。RPL（Remote Initial Program Load，远程启动服务）常用于 Windows 95 系统中，而 PXE（Preboot Execution Environment，预启动执行环境）是 RPL 的升级品。两者不同之处在于 RPL 是静态路由，而 PXE 是动态路由，其通信协议采用 TCP/IP（Transmission Control Protocol/Internet Protocol，传输控制协议/因特网协议），实现了与 Internet 连接高效而可靠，它常用于 Windows 98、Windows NT、Windows 2000、Windows XP 等系统中。

6. 工业控制计算机

工业控制计算机是一种采用总线结构，对生产过程及其机电设备、工艺装备进行检测与控制的计算机系统总称，简称控制机。它由计算机和过程输入/输出（I/O）通道两大部分组成。计算机是由主机、输入/输出设备和外部磁盘机、磁带机等部分组成。在计算机外部又增加一部分过程输入/输出通道，一方面将工业生产过程的检测数据送入计算机进行处理；另一方面将计算机对生产过程控制的命令、信息转换成工业控制对象所控制变量的信号，再送往工业控制对象的控制器，由控制器行使对生产设备的运行控制。目前工控机的主要类别有 IPC（Industrial Personal Computer，PC 总线工业电脑）、PLC（Programmable Logic Controller，可编程控制系统）、DCS（Distributed Control System，分散型控制系统）、FCS（Fieldbus Control System，现场总线系统）及 CNC（Computer Numerical Control，数控系统）五种。

1.1.4　计算机的应用领域

计算机具有高速运算、逻辑判断、大容量存储和快速存取等特性，它在现代人类社会的各个活动领域中都成为越来越重要的工具。

计算机的应用范围相当广泛，涉及科学研究、军事技术、信息管理、工业和农业生产、文化教育等各个方面，具体可概括为以下几个方面。

1. 科学计算（数值计算）

早期的计算机主要用于科学计算。目前，科学计算仍然是计算机应用的一个重要领域，如高能物理、工程设计、地震预测、气象预报、航天技术等。由于计算机具有高运算速度和精度以及逻辑判断能力，因此出现了计算力学、计算物理、计算化学、生物控制论等新的学科。

2. 数据处理（信息管理）

当前计算机应用最为广泛的是数据处理。人们用计算机收集、记录数据，经过加工产生新的信息形式。

3. 过程检测与控制

利用计算机对工业生产过程中的某些信号进行自动检测，并把检测到的数据存入计算机，再根据需要对这些数据进行处理，这样的系统称为计算机检测系统。特别是仪器、仪表引进计算机技术后所构成的智能化仪器、仪表，将工业自动化推向了一个更高的水平。

4. 计算机通信

现代通信技术与计算机技术相结合，构成联机系统和计算机网络，这是微型机具有广阔前途的一个应用领域。计算机网络的建立，不仅解决了一个地区、一个国家中计算机之间的通信和网络内各种资源的共享，还可以促进和发展国际通信及各种数据的传输与处理。

5. 计算机辅助工程

（1）计算机辅助设计　利用计算机高速处理、大容量存储和图形处理的功能，辅助设计人员进行产品设计的技术，称为计算机辅助设计（Computer Aided Design，CAD）。计算机辅助设计技术已广泛应用于电路设计、机械设计、土木建筑设计以及服装设计等各个领域。

（2）计算机辅助制造　在机器制造业中，利用计算机及各种数控机床设备，自动完成离散产品的加工、装配、检测和包装等制造过程的技术，称为计算机辅助制造（Computer Aided Manufacturing，CAM）。

（3）计算机辅助教学　学生通过与计算机系统之间的对话实现教学的技术，称为计算机辅助教学（Computer Aided Instruction，CAI）。

（4）其他计算机辅助系统　例如，利用计算机辅助产品测试的计算机辅助测试（Computer Aided Testing，CAT）；利用计算机对学生的教学、训练和对教学事务进行管理的计算机辅助教育（Computer Aided Education，CAE）；利用计算机对文字、图像等信息进行处理、编辑、排版的计算机辅助出版（Computer Aided Publishing，CAP）等。

6. 人工智能

人工智能是利用计算机模拟人类某些智能行为（如感知、思维、推理、学习等）的理论和技术。它是在计算机科学、控制论等基础上发展起来的边缘学科，包括专家系统、机器翻译、理解自然语言等。

7. 多媒体技术

多媒体技术是应用计算机技术将文字、图像、图形和声音等信息以数字化的方式进行综合处理，从而使计算机具有表现、处理和存储各种媒体信息的能力。多媒体技术的关键是数据压缩技术。

8. 电子商务

电子商务（E-Business）是指利用计算机和网络进行的商务活动，具体地说，是指综合利用 LAN（Local Area Network，局域网）、Intranet（企业内部网）和 Internet 进行商品与服务交易、金融汇兑、网络广告或提供娱乐节目等商业活动。交易的双方可以是企业与企业之间（B2B），也可以是企业与消费者之间（B2C）。电子商务是一种比传统商务更有效的商务方式，旨在通过网络完成核心业务、改善售后服务、缩短周转周期，从有限的资源中获得更大的收益，从而达到销售商品的目的，同时向人们提供新的商业机会、市场需求以及应对各种挑战。

9. 信息高速公路

1993 年 9 月，美国政府推出了一项引起全世界瞩目的高科技系统工程——国家信息基础设施（National Information Infrastructure，NII），俗称信息高速公路，实质上就是高速信息电子网络。这项跨世纪的高科技信息基础工程的目标是用光纤和相应的硬/软件及网络技术，把所有的企业、机关、学校、医院、图书馆以及普通家庭连接起来，使人们拥有更好的信息环境，做到无论何时、何地都能以最好的方式与自己想联系的对象进行信息交流。

1.1.5　计算机存储容量的常见单位

计算机存储单位一般用 B、KB、MB、GB、TB、PB、EB、ZB、YB、BB 来表示，将来还会有更大的存储单位。

它们之间的关系是：

bit（Binary Digits，比特，位），用于存放一位二进制数，即 0 或 1，它是最小的存储单位。

byte（字节），8 个二进制位为一个字节（B），它是最常用的单位。

1KB（Kilobyte，千字节）= 1024B；

1MB（Megabyte，兆字节，简称"兆"）= 1024KB；

1GB（Gigabyte，吉字节，又称"千兆"）= 1024MB；

1TB（Trillionbyte，万亿字节，太字节）= 1024GB；

1PB（Petabyte，千万亿字节，拍字节）= 1024TB；

1EB（Exabyte，百亿亿字节，艾字节）= 1024PB；

1ZB（Zettabyte，十万亿亿字节，泽字节）= 1024 EB；

1YB（Yottabyte，一亿亿亿字节，尧字节）= 1024 ZB；

1BB（Brontobyte，一千亿亿亿字节）= 1024 YB。

解释一下为什么计算机储存单位的进率是 1024 而不是 1000。

因为目前计算机都是二进制的，让它们计算单位，只有 2 的整数幂时才能非常方便计算机进行计算，因为计算机内部的电路工作有高电平和低电平两种状态，所以就用二进制来表示信号，（控制信号和数据），以便计算机识别。而人习惯于使用十进制，所以存储器厂商们才用 1000 作为进率。这样导致的后果就是实际容量要比标称容量少，不过这是合法的。1024 是 2 的 10 次方，因为如果取大了，不接近 10 的整数次方，则不方便人们计算；取小了，进率太低，单位要更多才能满足需求。所以取 2 的 10 次方才正好。

计算实例：标称 100GB 的硬盘，其实际容量为

$$100 \times 1000 \times 1000 \times 1000B/(1024 \times 1024 \times 1024) \approx 93.1GB$$

可见产品容量缩水只要满足计算的实际容量结果（上下误差应该在 1% 内），你买的就是正品，没被骗，在商业上是允许的。

1.2　计算机的基本组成及工作原理

1.2.1　计算机系统的组成

一个完整的计算机系统包括硬件系统和软件系统两大部分，如图 1-7 所示。

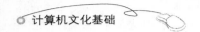

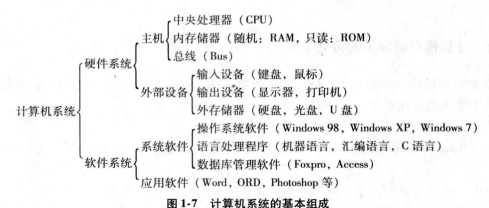

图1-7 计算机系统的基本组成

计算机硬件系统至少有5个基本组成部分：运算器、控制器、存储器、输入设备和输出设备。通常，计算机硬件系统可分为主机和外部设备两大部分。中央处理器（CPU）包含运算器和控制器两部分，它和存储器构成了计算机的主机。外存储器和输入、输出设备统称为外部设备。

软件系统包括系统软件和应用软件两大部分。

1.2.2 计算机硬件系统及工作原理

1．计算机硬件系统

第一台计算机 ENIAC 的诞生仅仅表明人类发明了计算机，从而进入了"计算"时代。在体系结构和工作原理上具有重大影响的是在同一时期由美籍匈牙利数学家冯·诺依曼和他的同事们研制的 EDVAC 计算机。EDVAC 中采用了"程序存储"的概念，以此概念为基础的各类计算机统称为冯·诺依曼机。它的主要特点可以归纳为以下几点。

1）计算机由 5 个基本部分组成：运算器、控制器、存储器、输入设备和输出设备。

2）程序和数据以同等地位存放在存储器中，并要按地址寻访。

3）程序和数据以二进制表示。

60 多年来，虽然计算机系统在性能指标、运算速度、工作方式、应用领域和价格等方面与当时的计算机有很大差别，但基本结构没有改变，都属于冯·诺依曼计算机，如图1-8所示。

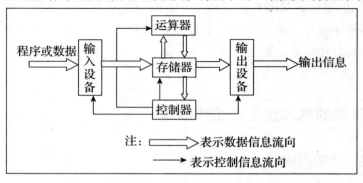

图1-8 计算机系统的基本结构

（1）运算器　运算器主要完成各种算术运算和逻辑运算，是对信息加工和处理的部件，由进行运算的运算元器件以及用来暂时寄存数据的寄存器、累加器等组成。运算器又称为算术逻辑单元（Arithmetic and Logic Unit，ALU）。运算器是计算机的核心部件，其技术性能的高低直接影响着计算机的运算速度和性能。

运算器中的数据取自内存，运算的结果又送回内存。运算器对内存的读写操作是在控制器的控制之下进行的。

（2）控制器　控制器是计算机的控制中心，它按照存储的指令步骤统一指挥各部件有条不紊地协调工作。控制器的主要功能是从内存中取出指令，对它进行译码和分析，并产生相应的电子控制信号，启动相应部件执行当前指令规定的操作，并指出下一条指令在内存中的地址，使计算机实现程序的自动执行。控制器的功能决定了计算机的自动化程度。控制器是计算机的神经中枢，只有在它的控制之下整个计算机才能有条不紊地工作，自动执行程序。控制器和运算器一起组成中央处理单元，即 CPU（Central Processing Unit）。随着集成电路技术的发展，运算器和控制器通常放在一块半导体芯片上，也称为中央处理器或微处理器。CPU 是计算机的核心和关键，计算机的性能主要取决于 CPU。

（3）存储器　存储器的主要功能是存放程序和数据。使用时可以从存储器中取出信息，不破坏原有的内容，这种操作称为存储器的读操作；也可以把信息写入存储器，原来的内容被抹掉，这种操作称为存储器的写操作。

存储器通常分为内存储器和外存储器。

内存储器简称内存（又称为主存），是计算机信息交流的中心。用户通过输入设备输入的程序和数据最初送入内存，控制器执行的指令和运算器处理的数据取自内存，运算的中间结果和最终结果保存在内存中，输出设备输出的信息来自内存，内存中的信息如果要长期保存应送到外存储器中。总之，内存要与计算机的各个部件打交道，进行数据传送。因此，内存的存取速度直接影响计算机的运算速度。

外存储器设置在主机外部，简称外存（又称为辅存），主要用来长期存放"暂时不用"的程序和数据。通常外存不和计算机的其他部件直接交换数据，只和内存交换数据，而且不是按单个数据进行存取，而是成批地进行数据交换。

2．计算机基本工作原理

计算机开机后，CPU 首先执行固定在只读存储器（ROM）中的一小部分操作系统程序，这部分程序称为基本输入/输出系统（BIOS）。它启动操作系统的装载过程是先将一部分操作系统程序从硬盘中读入内存，然后再由读入的这部分操作系统装载其他的操作系统程序。装载操作系统的过程称为自举或引导。操作系统被装载到内存后，计算机才能接收用户的命令，执行其他的程序，直到用户关机。

程序是由一系列指令所组成的有序集合，计算机执行程序就是执行这一系列指令。

（1）指令和程序的概念　指令就是让计算机完成某个操作所发出的指令或命令，即计算机完成某个操作的依据。一条指令通常由两个部分组成：操作码和操作数。操作码指明该指令要完成的操作，如加、减、乘、除等；操作数是指参加运算的数或者数所在的单元地址。一台计算机中所有指令的集合，称为该计算机的指令系统。

使用者根据解决某一问题的步骤，选用一条条指令进行有序排列。计算机执行了这一序列，便可完成预定的任务，这一指令序列就称为程序。显然，程序中的每一条指令必须是所用计算机指令系统中的指令。因此，指令系统是提供给使用者编制程序的基本依据。指令系统反映了计算机的基本功能，不同的计算机中其指令系统也不相同。

（2）计算机执行指令的过程　计算机执行指令一般分为两个阶段。首先，将要执行的指令从内存中取出送入 CPU，然后由 CPU 对指令进行分析译码，判断该指令要完成的操作，向各部件发出完成该操作的控制信号，完成该指令的功能，当一条指令执行完后就处理下一条指令。一般将第一阶段称为取指周期，第二阶段称为执行周期。

（3）程序的执行过程　计算机在运行时，CPU 从内存中读出一条指令到 CPU 内执行，该指令执行完后，再从内存读出下一条指令到 CPU 内执行。CPU 不断地取出指令、执行指令，这就是程序的执行过程。

总之，计算机的工作就是执行程序，即自动、连续地执行一系列指令，而程序开发人员的工作就是编制程序。

1.2.3　计算机软件系统

计算机软件（Computer Software，也称为软件、软体）是指计算机系统中的程序及其文档，程序是计算任务中处理对象和处理规则的描述；文档是为了便于了解程序所需的阐述性资料。程序必须装入机器内部才能工作，文档一般是给人看的，不一定装入机器。

计算机软件极为丰富，要对软件进行恰当的分类相当困难。一种通常的分类方法是将软件分为系统软件和应用软件两大类。实际上，系统软件和应用软件的界限并不十分明显，有些软件既可以认为是系统软件，也可以认为是应用软件，如数据库管理系统。

1．系统软件

系统软件负责管理计算机系统中各种独立的硬件，使得它们可以协调工作。系统软件使得计算机使用者和其他软件将计算机当作一个整体，而不需要顾及到底层每个硬件是如何工作的。

一般来讲，系统软件包括操作系统和一系列基本工具（如编译器、数据库管理、存储器格式化、文件系统管理、用户身份验证、驱动管理、网络连接等方面的工具）。

（1）操作系统　为了使计算机系统的所有软件和硬件资源协调一致、有条不紊地工作，就必须有一个软件来进行统一的管理和调度，这种软件就是操作系统（Operating System，OS）。操作系统的主要功能是管理和控制计算机系统的所有资源（包括硬件和软件）。

一般而言，引入操作系统有两个目的。第一，从用户的角度来看，操作系统将裸机改造成一台功能更强，服务质量更高，使用更加灵活方便、更加安全可靠的虚拟机，使用户能够无需了解许多有关硬件和软件的细节就能使用计算机，从而提高用户的工作效率。第二，操作系统能够合理地使用系统内包含的各种软件和硬件资源，提高整个系统的使用效率和经济效益。

操作系统的出现是计算机软件发展史上的一个重大转折，也是计算机系统发展的一个重大转折。

操作系统是最基本的系统软件，也是现代计算机必配的软件。操作系统的性能很大程度上直接决定了整个计算机系统的性能。

常用的操作系统有 Windows、UNIX、Linux、OS/2、Novell Netware 等。

（2）实用程序　实用程序完成一些与管理计算机系统资源及文件有关的任务。通常情况下，计算机能够正常地运行，但有时也会发生各种各样的问题，如硬盘损坏、病毒感染、运行速度下降等。预防和解决这些问题是实用程序的作用之一。另外，有些实用程序是为了用户能更容易、更方便地使用计算机，如压缩硬盘上的文件，提高文件在 Internet 上的传输速度。当今的操作系统都包含一些实用程序，如 Windows XP 中的备份、磁盘清理、磁盘碎片整理等。

实用程序有许多，最基本的有以下 5 种。

1）诊断程序。诊断程序能够识别并且改正计算机系统存在的问题。例如，Windows XP 中"控制面板"窗口的"系统"程序列出了安装在系统中所有设备的详细情况，如果某个设备安装不正确，该程序就会指出这个问题；还有 ScanDisk，能够彻底检查硬盘，查找硬盘上的存储错误，并进行自动修复。

2）反病毒程序。病毒是一种人为设计的以破坏硬盘上文件为目的的程序。反病毒程序可以查找并删除计算机上的病毒。因为每一天都有病毒产生，所以反病毒程序必须不断地更新才能保持杀毒效力。例如，国产的金山毒霸、KV3000、360 等。

3）卸载程序。利用卸载程序，可以从硬盘上安全、完全地删除一个没有用的程序以及相关文件。例如，Windows XP 中"控制面板"窗口的"添加/删除程序"等。

4）备份程序。备份程序能够把硬盘上的文件复制到其他存储设备上，以便原文件丢失或损坏后能够恢复，如 Windows XP 中的备份程序等。

5）文件压缩程序。文件压缩程序用来压缩硬盘上的文件，减小文件的长度，以便更有效地传输文件，如 ARJ、WinZip 等。

（3）程序设计语言与语言处理程序

1）程序设计语言。人们利用计算机解决实际问题，一般首先要编制程序。程序设计语言就是用户用来编写程序的语言，它是人们与计算机之间交换信息的工具，实际上也是人们指挥计算机工作的工具。

程序设计语言是软件系统的重要组成部分，一般可分为机器语言、汇编语言和高级语言三类。

①机器语言。机器语言是第一代计算机语言，它是由 0、1 代码组成的，能被计算机直接理解、执行的指令集合。这种语言编程质量高、所占空间少、执行速度快，是计算机唯一能够执行的语言。但机器语言不易学习和修改，且不同类型计算机的机器语言不同，只适合专业人员使用。现在已经没有人使用机器语言直接编程了。

②汇编语言。汇编语言在采用一定的助记符来代替机器语言中的指令和数据，又称为符号语言。汇编语言在一定程度上克服了机器语言难读、难改的缺点，同时保持了其编程质量高、占存储空间少、执行速度快的优点。因此在程序设计中，对实时性要求较高的地

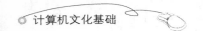

方，如过程控制等，仍经常采用汇编语言。该语言也依赖于计算机，不同的计算机一般也有着不同的汇编语言。

③高级语言。机器语言和汇编语言都是面向计算机的语言，一般称为低级语言。汇编语言再向自然语言方向靠近，便发展到了高级语言阶段。用高级语言编写的程序易学、易读、易修改，通用性好，不依赖于计算机。但计算机不能对其编制的程序直接运行，必须经过语言处理程序的翻译后才可以被计算机接受。高级语言的种类繁多，如面向过程的FORTRAN、Pascal、C 等，面向对象的 C + +、Java、Visual Basic 等。

2）语言处理程序。对于用某种程序设计语言编写的程序，通常要经过编辑处理、语言处理、装配链接处理后，才能够在计算机上运行。

①汇编程序。汇编程序是将用汇编语言编写的程序（源程序）翻译成机器语言程序（目标程序），这一翻译过程称为汇编。汇编程序的功能如图 1-9 所示。

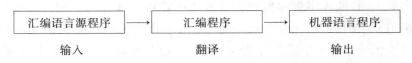

输入　　　　　　　　　　翻译　　　　　　　　　　输出

图 1-9　高级语言开发程序过程示意图

②编译程序。编译程序是将用高级语言编写的程序（源程序）翻译成机器语言程序（目标程序）。这个翻译过程称为编译。

③解释程序。解释程序是边扫描、边翻译、边执行的翻译程序，解释过程不产生目标程序。

（4）数据库管理系统　为了有效地利用大量的数据并妥善地保存和管理这些数据，20世纪 60 年代末产生了数据库系统（Data Base System，DBS）。数据库系统主要由数据库（Data Base，DB）、数据库管理系统（Data Base Management System，DBMS）组成，当然还包括硬件和用户。

数据库是按一定的方式组织起来的数据的集合，它具有数据冗余度小、可共享等特点。数据库管理系统的作用就是管理数据库，包括建立数据库以及编辑、修改、增加、删除数据等维护功能；对数据的检索、排序、统计等使用功能；友好的交互式输入/输出能力；使用方便、高效的数据库编程语言；允许多用户同时访问数据库；提供数据独立性、完整性、安全性的保障。比较常用的数据库管理系统有 FoxPro、Oracle、Access 等。

2. 应用软件

应用软件（Application Software）是用户可以使用的各种程序设计语言，以及用各种程序设计语言编制的应用程序的集合，分为应用软件包和用户程序。应用软件包是利用计算机解决某类问题而设计的程序的集合，供多用户使用。应用软件是为满足用户不同领域、不同问题的应用需求而提供的部分软件。它可以拓宽计算机系统的应用领域，放大硬件的功能。

应用软件举例如下所示。

办公软件分类：微软 Office、永中 Office、WPS。

图像处理：Adobe/PS/、会声会影、影视屏王。

媒体播放器：PowerDVD XP、Real Player、Windows Media Player、暴风影音（MyMPC）、千千静听。

媒体编辑器：会声会影、声音处理软件 cool2.1、视频解码器 ffdshow。

媒体格式转换器：Moyea FLV to Video Converter Pro（FLV 转换器）、Total Video Converter（最全的，包括视频可以转为".gif"格式）、WinAVI Video Converter、WinMPG Video Convert、WinMPG IPod Convert、Real media editor（rmvb 编辑）、格式化工厂。

图像浏览工具：ACDSee。

截图工具：EPSnap、HyperSnap。

图像/动画编辑工具：Flash、Adobe Photoshop CS6、GIF Movie Gear（动态图片处理工具）、Picasa、光影魔术手。

通信工具：QQ、MSN、IPMsg（飞鸽传书，局域网传输工具）、百度 hi，飞信。

编程/程序开发软件：Java、JDK、JCreator Pro（Java IDE 工具）、eclipse、JDoc。

汇编：VisualASM、Masm for Windows 集成实验环境、RadASM。

翻译软件：金山词霸 PowerWord、MagicWin（多语种中文系统）、systran。

防火墙和杀毒软件：McAFee、ZoneAlarm pro、金山毒霸、卡巴斯基、江民、瑞星、诺顿、360 安全卫士。

阅读器：CAJViewer、Adobe Reader、PDFFactory Pro（可安装虚拟打印机，可以自己制作 PDF 文件）。

输入法（有很多版本）：紫光输入法、智能 ABC、五笔、QQ 拼音、搜狗。

网络电视：PowerPlayer、PPLive、PPMate、PPNTV、PPStream、QQLive、UUSee。

系统优化/保护工具：Windows 清理助手 ARSwp、Windows 优化大师、超级兔子、360 安全卫士、数据恢复文件 EasyRecovery Pro、影子系统、硬件检测工具 everest、MaxDOS（DOS 系统）、GHOST。

下载软件：Thunder、WebThunder、BitComet、eMule、flashget。

其他：WINRAR（压缩软件）、DAEMON Tools（虚拟光驱）、MathType（在编辑 Word 文档时可输入众多数学符号）、UltraEdit（文本编辑器）、GoogleEarthWin（可以观看全地球）、ChmDecompiler（Chm 电子书批量反编译器）、PeanutHull（花生壳客户端，用来开网站）、常用的应用软件有各种 CAD 软件、MIS 软件、文字处理软件、IE 浏览器等。

1.3　微型计算机的组成

微型计算机是计算机领域中发展最快的一类计算机，被广泛地应用在各个方面。微型计算机系统也由硬件系统和软件系统两大部分组成，其结构图如图 1-10 所示。

微型计算机系统结构								
硬件系统						软件系统		
主机				外部设备			系统软件	应用软件
中央处理器		存储器						
运算器	控制器	内存储器	硬盘	输入设备	输出设备	外存储器	（1）操作系统 （2）办公软件 （3）程序设计语言 （4）数据库管理系统 （5）网络管理系统软件 （6）工具软件	（1）信息管理软件 （2）辅助设计软件 （3）实时控制软件

图 1-10　微型计算机系统结构图

1.3.1　微型计算机的硬件组成

自 1981 年美国 IBM 公司推出第一代微型计算机 IBM-PC 以来，微型计算机以其执行结果精确、处理速度快捷、性价比高、轻便小巧等特点迅速进入社会各个领域，且技术不断更新、产品快速换代，从单纯的计算工具发展成为能够处理数字、符号、文字、语言、图形、图像、音频、视频等多种信息的强大多媒体工具。如今的微型计算机产品无论从运算速度、多媒体功能、软件和硬件支持还是易用性等方面都比早期产品有了很大飞跃。笔记本式计算机更是以使用便捷、无线联网等优势越来越多地受到移动办公人士的喜爱，一直保持着高速发展的态势。

图 1-11　微型计算机外观

从外观上看，微型计算机的基本配置是主机箱、键盘、鼠标和显示器 4 个部分。另外，微型计算机还常常配置打印机和音箱，如图 1-11 所示。

计算机中，所谓硬件，是指构成计算机的物理设备，即由机械、电子元器件构成的具有输入、存储、计算、控制和输出功能的实体部件。下面介绍一下计算机主机的各个部件。

1）电源。电源是计算机中不可缺少的供电设备，它的作用是将 220V 交流电转换为计算机中使用的 5V、12V、3.3V 直流电，其性能的好坏，直接影响到其他设备工作的稳定性，进而会影响整机的稳定性，如图 1-12 所示。

2）主板。主板是计算机中各个部件工作的一个平台，它把计算机的各个部件紧密连接在一起，各个部件

图 1-12　计算机电源

通过主板进行数据传输。也就是说，计算机中重要的交通枢纽都在主板上，它工作的稳定性影响着整机工作的稳定性。主板一般为矩形电路板，上面安装了组成计算机的主要电路系统，一般有 BIOS 芯片、I/O 控制芯片、键盘和面板控制开关接口、指示灯插接件、扩充插槽、主板及插卡的直流电源供电接插件等元件，如图1-13所示。

3）CPU。CPU（Central Processing Unit）即中央处理器，是一台计算机的运算核心和控制核心。其功能主要是解释计算机指令以及处理计算机软件中的数据。CPU 由运算器、控制器、寄存器、高速缓存及实现它们之间联系的数据、控制和状态的总线构成。作为整个系统的核心，CPU 也是整个系统中最高的执行单元，因此 CPU 已成为决定计算机性能的核心部件，很多用户都以它为标准来判断计算机的档次，如图 1-14 所示。

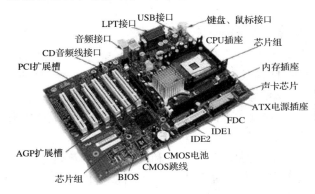

图 1-13　计算机主板

图 1-14　计算机中央处理器

4）内存。内存又叫内部存储器（RAM），属于电子式存储设备，它由电路板和芯片组成，特点是体积小、速度快、有电可存、无电清空，即计算机在开机状态时内存中可存储数据，关机后将自动清空其中的所有数据，如图 1-15 所示。内存有 SD、DDR、DDR II、DDR III 四大类，容量为 128MB ~ 8GB。

图 1-15　计算机内存

5）硬盘。硬盘属于外部存储器，由金属磁片制成，而磁片有记忆功能，所以存储到磁片上的数据，不论在开机还是关机，都不会丢失，如图 1-16 所示。硬盘容量很大，目前已达 TB 级，尺寸有 3.5 英寸、2.5 英寸、1.8 英寸、1.0 英寸等，接口有 IDE、SATA、SCSI 等，SATA 最普遍。

图 1-16　计算机硬盘

移动硬盘是以硬盘为存储介质，强调便携性的存储产品。目前市场上绝大多数的移动硬盘都以标准硬盘为基础，而只有很少部分的是微型硬盘（1.8 英寸硬盘等），但价格因素决定着主流移动硬盘还是以标准硬盘为基础。因为采用硬盘为存储介质，所以移动硬盘在数据的读写模式与标准 IDE 硬盘是相同的。移动硬盘多采用 USB、IEEE 1394 等传输速度较快的接口，能够以较高的速度与系统进行数据传输。

6）声卡。声卡是组成多媒体计算机必不可少的一个硬件设备，其作用是当发出播放命令后，声卡将计算机中的声音数字信号转换成模拟信号送到音箱上发出声音。

7）显卡。显卡在工作时与显示器配合输出图形、文字，显卡的作用是将计算机系统所需要的显示信息进行转换驱动，并向显示器提供行扫描信号，控制显示器的正确显示，是连接显示器和个人计算机主板的重要元件，也是"人机对话"的重要设备之一。

8）网卡。网卡是工作在数据链路层的网络组件，是局域网中连接计算机和传输介质的接口，不仅能实现与局域网传输介质之间的物理连接和电信号匹配，还涉及帧的发送与接收、帧的封装与拆封、介质访问控制、数据的编码与解码以及数据缓存的功能等。网卡的作用是充当计算机与网线之间的桥梁，它是用来建立局网并连接到 Internet 的重要设备之一。

在整合型主板中常把声卡、显卡、网卡部分或全部集成在主板上。

9）调制解调器。调制解调器是通过电话线上网必不可少的设备之一。它的作用是将计算机上处理的数字信号转换成电话线传输的模拟信号。随着 ADSL（Asymmetric Digital Subscriber Line，非对称数字用户线路）宽带网的普及，调制解调器逐渐退出了市场。

10）软驱。软驱用来读取软盘中的数据。软盘为可读写外部存储设备，与主板用 FDD 接口连接。软驱现已淘汰。

11）光驱。计算机用来读写光碟内容的机器，也是在台式机和笔记本式计算机里比较常见的一个部件。随着多媒体的应用越来越广泛，使得光驱在计算机诸多配件中已经成为标准配置。目前，光驱可分为 CD-ROM 驱动器、DVD 光驱（DVD-ROM）、康宝（COMBO）和刻录机等。

12）显示器。显示器有大有小，有薄有厚，品种多样，其作用是把计算机处理完的结果显示出来。它是一个输出设备，是计算机必不可少的部件之一。显示器分为 CRT、LCD、LED 三大类，接口有 VGA、DVI 两类，如图 1-17 所示。

13）打印机。通过打印机可以把计算机中的文件打印到纸上，它是重要的输出设备之一。目前，在打印机领域形成了针式打印机、喷墨打印机、激光打印机三足鼎立的主流产品，各自发挥其优点，满足各界用户不同的需求，如图 1-18 所示。

14）键盘。键盘是主要的输入设备，通常为 104 或 105 键，用于把文字、数字等信息输入到计算机上，如图 1-19 所示。

图 1-17　计算机显示器

图 1-18　激光打印机

图 1-19　键盘

15）鼠标。当人们移动鼠标时，计算机屏幕上就会有一个箭头指针跟着移动，并可以很准确指到目标位置，快速地在屏幕上定位，它是人们使用计算机不可缺少的部件之一。键盘鼠标接口有 PS/2 和 USB 两种，如图 1-20 所示。

16）音箱。通过它可以把计算机中的声音播放出来。

17）视频设备。例如摄像头、扫描仪、数字照相机、数字摄像机、电视卡等设备，用于处理视频信号。

图 1-20　鼠标

18）闪存盘。闪存盘通常也被称作优盘、U 盘、闪盘，是一个通用串行总线 USB 接口的无须物理驱动器的微型高容量移动存储产品，它采用的存储介质为闪存存储介质（Flash Memory）。闪存盘一般包括闪存（Flash Memory）、控制芯片和外壳。闪存盘具有可多次擦写、速度快而且防磁、防震、防潮的优点。闪盘采用流行的 USB 接口，体积只有大拇指大小，重量约 20 克，不用驱动器，无须外接电源，即插即用，实现在不同计算机之间进行文件交流，存储容量从 1～32GB 不等，满足不同的需求。

19）移动存储卡及读卡器。存储卡是利用闪存（Flash Memory）技术达到存储信息的存储器，一般应用在数字照相机、掌上计算机、MP3、MP4 等小型数字产品中作为存储介质，所以样子小巧，犹如一张卡片，所以称为闪存卡。根据不同的生产厂商和不同的应用，闪存卡有 SmartMedia（SM 卡）、Compact Flash（CF 卡）、Multi Media Card（MMC 卡）、Secure Digital（SD 卡）、Memory Stick（记忆棒）、TF 卡等多种类型，这些闪存卡虽然外观、规格不同，但是技术原理都是相同的。

由于闪存卡本身并不能直接被计算机辨认，读卡器就是一个两者的沟通桥梁。读卡器（Card Reader）可使用很多种存储卡，如 Compact Flash、SmartMedia、Microdrive 等。作为存储卡的信息存取装置，读卡器使用 USB 1.1/USB 2.0 的传输接口，支持热拔插。与普通 USB 设备一样，只需插入计算机的 USB 端口，然后插用存储卡就可以使用了。按照速度来划分，读卡器分为 USB 1.1 和 USB 2.0；按用途来划分，有单一读卡器和多合一读卡器。

1.3.2　微型计算机的性能指标

衡量微型计算机性能的好坏，有下列几项主要技术指标。

1. 字长

字长是指微机能直接处理的二进制信息的位数。字长越长，微机的运算速度越快，运算精度越高，内存容量越大，微机的性能就越强（支持的指令多）。

2. 内存容量

内存容量是指微机内存储器的容量，它表示内存储器所能容纳信息的字节数。内存容量越大，它所能存储的数据和运行的程序就越多，程序运行的速度越快，微机的信息处理能力越强，所以内存容量也是微机的一个重要性能指标。

3．存取周期

存取周期是指对存储器进行一次完整的存取（即读/写）操作所需的时间，即存储器进行连续存取操作所允许的最短时间间隔。存取周期越短，则存取速度越快。存取周期的大小影响着微机运算速度的快慢。

4．主频

主频是指微机 CPU 的时钟频率。主频的单位是 MHz（兆赫兹）。主频的大小在很大程度上决定了微机运算速度的快慢，主频越高，微机的运算速度就越快。

5．运算速度

运算速度是指微机每秒钟能执行多少条指令，其单位为 MIPS（Million Instructions Per Second，每秒处理的百万级指令数）。由于执行不同的指令所需时间不同，因此，运算速度有不同的计算方法。

1.4　计算机的数制和信息表示

1.4.1　数制的概念

我们在日常生活中经常这样说，3 个苹果、5 只兔子、35 张桌子等，这些数值都是使用十进制的计数方式，而计算机中使用的是二进制如 1001、1100 等。那么什么是数制呢？

数制就是计数的规则。在人们使用最多的进位计数制中，表示数的符号在不同的位置上时所代表的值是不同的。

这里还有几个重要的概念。

1．数码

数制中表示基本数值大小的不同数字符号。例如，十进制有 10 个数码：0、1、2、3、4、5、6、7、8、9。

2．基数

数制所使用数码的个数。例如，二进制的基数为 2；十进制的基数为 10。

3．位权

数制中某一位上的 1 所表示数值的大小（所处位置的价值）。例如，十进制的 123，1 的位权是 100，2 的位权是 10，3 的位权是 1。

1.4.2　二进制数的特点

计算机是对数据信息进行高速自动化处理的机器。这些数据信息是以数字、字符、符号以及表达式等形式来体现的，并以二进制编码形式与计算机中的电子元器件状态相对应。二进制与计算机之间的密切关系，与二进制本身所具有的特点是分不开的，概括起来有以下几点。

1. 可行性

二进制只有 0 和 1 两种状态，这在物理上是极易实现的。例如，电平的高与低、电流的有与无、开关的接通与断开、晶体管的导通与截止、灯的亮与灭等两个截然不同的对立状态都可用来表示二进制。计算机中通常采用双稳态触发电路来表示二进制数，这比用十稳态电路来表示十进制数要容易得多。

2. 简易性

二进制数的运算法则简单。例如，二进制数的求和法则只有三种：
$$0 + 0 = 0$$
$$0 + 1 = 1 + 0 = 1$$
$$1 + 1 = 10 \ （逢二进一）$$

而十进制数的求和法则却有 100 种之多。因此，采用二进制可以使计算机运算器的结构大为简化。

3. 逻辑性

二进制数符 1 和 0 正好与逻辑代数中的真（True）和假（False）相对应，所以用二进制数来表示数值逻辑并进行逻辑运算是十分自然的。

4. 可靠性

二进制只有 0 和 1 两个符号，因此在存储、传输和处理时不容易出错，这保障了计算机具有较高的可靠性。

1.4.3　计算机中的进制表示

1. 进位计数制

虽然计算机能极快地进行运算，但其内部并不像人类在实际生活中使用的十进制，而是使用只包含 0 和 1 两个数值的二进制。当然，人们输入计算机的十进制数被转换成二进制数进行计算，计算后的结果又由二进制数转换成十进制数，这都由操作系统自动完成，并不需要人们手工计算，学习汇编语言，就必须了解二进制（还有八进制、十六进制）。数制也称为计数制，是用一组固定的符号和统一的规则来表示数值的方法。人们通常采用的数制有十进制、二进制、八进制和十六进制。

2. 常用的进位计数制

进位计数制很多，这里主要介绍与计算机技术有关的几种常用的进位计数制。

（1）十进制　十进制是中国人民的一项杰出创造，在世界数学史上具有重要意义。著名的英国科技史学家李约瑟教授曾对中国商代记数法予以很高的评价，"如果没有这种十进制，就几乎不可能出现我们现在这个统一化的世界了"，李约瑟说，"总的说来，商代的数字系统比同一时代的古巴比伦和古埃及更为先进、更为科学。"

十进制数具有下列特点：

1）有 10 个不同的数码符号 0、1、2、3、4、5、6、7、8、9。

2）每一个数码符号根据它在这个数中所处的位置（数位），按"逢十进一"来决定其实际数值，即各数位的位权是以 10 为底的幂次方。

例如（123.456）$_{10}$，以小数点为界，从小数点往左依次为个位、十位、百位，从小数点往右依次为十分位、百分位、千分位。因此，小数点左边第一位数 3 代表数值 3，即 3×10^0；第二位数 2 代表数值 20，即 2×10^1；第三位数 1 代表数值 100，即 1×10^2。小数点右边第一位数 4 代表数值 0.4，即 4×10^{-1}；第二位数 5 代表数值 0.05，即 5×10^{-2}；第三位数 6 代表数值 0.006，即 6×10^{-3}。因而该数可表示为如下形式：

$$(123.456)_{10} = 1 \times 10^2 + 2 \times 10^1 + 3 \times 10^0 + 4 \times 10^{-1} + 5 \times 10^{-2} + 6 \times 10^{-3}$$

由上述分析可归纳出，任意一个十进制数 S，均可表示为如下形式：

$$(S)_{10} = S_{n-1} \times 10^{n-1} + S_{n-2} \times 10^{n-2} + \cdots + S_1 \times 10^1 + S_0 \times 10^0 + S_{-1} \times 10^{-1} + S_{-2} \times 10^{-2} + \cdots + S_{-m} \times 10^{-m}$$

式中，S_n 为数位上的数码，其取值范围为 0~9；n 为整数位个数，m 为小数位个数，10 为基数；10^{n-1}，10^{-2}，10^1，10^0，10^{-1}，$\cdots 10^{-m}$ 是十进制数的位权。

在计算机中，一般用十进制数作为数据的输入和输出。

（2）二进制　二进制是计算技术中广泛采用的一种数制。二进制数据是用 0 和 1 两个数码来表示的数。它的基数为 2，进位规则是"逢二进一"，借位规则是"借一当二"，由 18 世纪德国数理哲学大师莱布尼兹发明。当前的计算机系统使用的基本上都是二进制系统。

二进制数具有下列特点：

1）有两个不同的数码符号 0、1。

2）每个数码符号根据它在这个数中的数位，按逢二进一来决定其实际数值。例如：

$$(1111)_2 = 1 \times 2^0 + 1 \times 2^1 + 1 \times 2^2 + 1 \times 2^3 = 1 \times 1 + 1 \times 2 + 1 \times 4 + 1 \times 8 = (15)_{10}。$$

任意一个二进制数 S，均可以表示为如下形式：

$$(S)_2 = S_{n-1} \times 2^{n-1} + S_{n-2} \times 2^{n-2} + S_1 \times 2^1 + S_0 \times 2^0 + S_{-1} \times 2^{-1} + S_{-2} \times 2^{-2} + \cdots + S_{-m} \times 2^{-m}$$

式中，S_n 为数位上的数码，其取值范围为 0~1；n 为整数位个数，m 为小数位个数，2 为基数；2^{n-1}，2^{n-2}，$\cdots 2^1$，2^0，2^{-1}，$\cdots 2^{-m}$ 是二进制数的位权。

（3）八进制　八进位计数制简称八进制。八进制数具有下列特点：

1）有 8 个不同的数码符号 0、1、2、3、4、5、6、7。

2）每个数码符号根据它在这个数中的数位，按"逢八进一"来决定其实际的数值。例如：

$$(123.24)_8 = 1 \times 8^2 + 2 \times 8^1 + 3 \times 8^0 + 2 \times 8^{-1} + 4 \times 8^{-2} = (83.3125)_{10}$$

任意一个八进制数 S，均可以表示为如下形式：

$$(S)_8 = S_{n-1} \times 8^{n-1} + S_{n-2} \times 8^{n-2} + \cdots + S_1 \times 8^1 + S_0 \times 8^0 + S_{-1} \times 8^{-1} + S_{-2} \times 8^{-2} + \cdots + S_{-m} \times 8^{-m}$$

式中，S_n 为数位上的数码，其取值范围为 0~7；n 为整数位个数，m 为小数位个数；8 为基数；8^{n-1}，8^{n-2}，$\cdots 8^1$，8^0，8^{-1}，$\cdots 8^{-m}$ 是八位进制数的位权。

八进制数是计算机中常用的一种计算方法，它可以弥补二进制数书写位数过长的不足。

（4）十六进制　十六进位计数制简称十六进制。十六进制数具有下列特点：

1）它有 16 个不同的数码符号 0、1、2、3、4、5、6、7、8、9、A、B、C、D、E、F。由于数字只有 0 ~ 9，而十六进制要使用 16 个数字符号，所以用 A ~ F 这 6 个英文字母分别表示数字 10 ~ 15。

2）每个数码符号根据它在这个数中的数位，按"逢十六进一"来决定其实际的数值。例如：

$$(3AB.48)_{16} = 3 \times 16^2 + A \times 16^1 + B \times 16^0 + 4 \times 16^{-1} + 8 \times 16^{-2} = (939.28125)_{10}$$

任意一个十六进制数 S，均可表示为如下形式：

$$(S)_{16} = S_{n-1} \times 16^{n-1} + S_{n-2} \times 16^{n-2} + \cdots + S_1 \times 16^1 + S_0 \times 16^0 + S_{-1} \times 16^{-1} + \cdots + S_{-m} \times 16^{-m}$$

式中，S_n 为数位上的数码，其取值范围为 0 ~ F；n 为整数位个数，m 为小数位个数；16 为基数；16^{n-1}，16^{n-2}，$\cdots 16^1$，16^0，16^{-1}，$\cdots 16^{-m}$ 为十六进制数的位权。

十六进制是计算机常用的一种计数方法，它可以弥补二进制数书写位数过长的不足。

总结以上 4 种计数制，可将它们的特点概括为以下几点。

1）每一种计数制都有一个固定的基数 R（R 为大于 1 的整数），它的每一数位可取 0 ~ R 个不同的数值。

2）每一种计数制都有自己的位权，并且遵循"逢 R 进一"的原则。

对于任一种 R 进位计数制数 S，均可表示为

$$(S)_R = \pm (S_{n-1}R^{n-1} + S_{n-2}R^{n-2} + \cdots + S_1R^1 + S_0R^0 + S_{-1}R^{-1} + \cdots + S_{-m}R^{-m})$$

式中，S_i 表示数位上的数码，其取值范围为 0 ~ R-1；R 为计数制的基数，i 为数位的编号（整数位取 n-1 ~ 0，小数位取 -1 ~ -m）。

表 1-1 中列出了几种常用进位计数制的表示方法。

表 1-1　十进制、二进制、八进制、十六进制数的常用表示方法

十 进 制 数	二 进 制 数	八 进 制 数	十六进制数
0	0	0	0
1	1	1	1
2	10	2	2
3	11	3	3
4	100	4	4
5	101	5	5
6	110	6	6
7	111	7	7
8	1000	10	8
9	1001	11	9

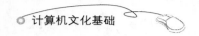

（续）

十 进 制 数	二 进 制 数	八 进 制 数	十六进制数
10	1010	12	A
11	1011	13	B
12	1100	14	C
13	1101	15	D
14	1110	16	E
15	1111	17	F
16	10000	20	10

表1-2 中列出几种常用进位计数制数位的位权。

表1-2 常用进位计数制数位的位权

数 位	十进制位权	二进制位权	八进制位权	十六进制位权
S_0	$1 = 10^0$	$1 = 2^0$	$1 = 8^0$	$1 = 16^0$
S_1	$10 = 10^1$	$2 = 2^1$	$8 = 8^1$	$16 = 16^1$
S_2	$100 = 10^2$	$4 = 2^2$	$64 = 8^2$	$256 = 16^2$
S_3	$1000 = 10^3$	$8 = 2^3$	$512 = 8^3$	$4096 = 16^3$
S_4	$10000 = 10^4$	$16 = 2^4$	$4096 = 8^4$	$65536 = 16^4$
S_{n-1}	10^{n-1}	2^{n-1}	8^{n-1}	16^{n-1}

1.4.4 不同进制之间的转换

不同进位计数制之间的转换，实质上是基数间的转换。一般转换的原则是：如果两个有理数相等，则两数的整数部分和小数部分一定分别相等。因此，各数制之间进行转换时，通常对整数部分和小数部分分别进行转换，然后将其转换结果合并即可。

1. 非十进制数转换成十进制数

非十进制数转换成十进制数的方法是把各个非十进制数按求和公式计算。

$$(abcd.efg)_2 = d \times 2^0 + c \times 2^1 + b \times 2^2 + a \times 2^3 + e \times 2^{-1} + f \times 2^{-2} + g \times 2^{-3}$$

将把二进制数（或八进制数、十六进制数）写成2（或8、16）的各次幂之和的形式，然后计算其结果。

例1-1 把下列二进制数转换成十进制数。

（1）$(10111)_2$ （2）$(101.11)_2$

解：

（1）$(10111)_2 = 1 \times 2^4 + 0 \times 2^3 + 1 \times 2^2 + 1 \times 2^1 + 1 \times 2^0 = 16 + 0 + 4 + 2 + 1 = (23)_{10}$

（2）$(101.11)_2 = 1 \times 2^2 + 0 \times 2^1 + 1 \times 2^0 + 1 \times 2^{-1} + 1 \times 2^{-2} = 4 + 0 + 1 + 0.5 + 0.25 =$

$(5.75)_{10}$

例 1-2　把下列八进制数转换成十进制数。

（1）$(205)_8$　　　　　　　　（2）$(356.124)_8$

解：

（1）$(205)_8 = 2 \times 8^2 + 0 \times 8^1 + 5 \times 8^0 = 128 + 0 + 5 = (133)_{10}$

（2）$(356.124)_8 = 3 \times 8^2 + 5 \times 8^1 + 6 \times 8^0 + 1 \times 8^{-1} + 2 \times 8^{-2} + 4 \times 8^{-3} = 192 + 40 + 6 + 0.125 + 0.03125 + 0.0078125 = (238.1640625)_{10}$

例 1-3　把下列十六进制数转换成十进制数。

（1）$(3A4E)_{16}$　　　　　　　（2）$(34CF.48)_{16}$

解：

（1）$(3A4E)_{16} = 3 \times 16^3 + A \times 16^2 + 4 \times 16^1 + E \times 16^0 = 12288 + 2560 + 64 + 14 = (14926)_{10}$

（2）$(34CF.48)_{16} = 3 \times 16^3 + 4 \times 16^2 + C \times 16^1 + F \times 16^0 + 4 \times 16^{-1} + 8 \times 16^{-2} = 12288 + 1024 + 192 + 15 + 0.25 + 0.03125 = (13519.28125)_{10}$

2．十进制数转换成非十进制数

把十进制数转换为二、八、十六进制数的方法是：整数部分转换采用"除 R 取余法"；小数部分转换采用"乘 R 取整数法"。

十进制数转换为二进制数时，由于整数和小数的转换方法不同，所以先将十进制数的整数部分和小数部分分别转换后，再加以合并。

1）**十进制整数转换为二进制整数。** 十进制整数转换为二进制整数采用"除 2 取余，逆序排列"的方法。具体做法：用 2 整除十进制整数，可以得到一个商和余数；再用 2 去除商，又会得到一个商和余数，如此进行，直到商为 0 时为止，然后把先得到的余数作为二进制数的低位有效位，后得到的余数作为二进制数的高位有效位，依次排列起来。

例如：$255 = (11111111)_2$

$255/2 = 127 \cdots 余 1$

$127/2 = 63 \cdots 余 1$

$63/2 = 31 \cdots 余 1$

$31/2 = 15 \cdots 余 1$

$15/2 = 7 \cdots 余 1$

$7/2 = 3 \cdots 余 1$

$3/2 = 1 \cdots 余 1$

$1/2 = 0 \cdots 余 1$

$789 = (1100010101)_2$

$789/2 = 394 \cdots 余 1$

$394/2 = 197 \cdots 余 0$

$197/2 = 98 \cdots 余 1$

$98/2 = 49 \cdots 余 0$

$$49/2 = 24\cdots余1$$
$$24/2 = 12\cdots余0$$
$$12/2 = 6\cdots余0$$
$$6/2 = 3\cdots余0$$
$$3/2 = 1\cdots余1$$
$$1/2 = 0\cdots余1$$

原理：假设一个十进制的数能够写成二进制的 edcba 形式，那么这个十进制的数一定等于 $a(2^0) + b(2^1) + c(2^2) + d(2^3) + e(2^4)$ 将以上数列除以 2，所得的余数是 a，商是 $b(2^0) + c(2^1) + d(2^2) + e(2^3)$ 再除以 2，余数为 b。当这个数不能再被 2 整除时，把所有的余数反过来写，就得到数列 edcba。

2）**十进制小数转换为二进制小数**。十进制小数转换成二进制小数采用"乘 2 取整，顺序排列"的方法。具体做法：用 2 乘十进制小数，可以得到积，将积的整数部分取出，再用 2 乘余下的小数部分，又得到一个积，再将积的整数部分取出，如此循环，直到积中的小数部分为零，此时 0 或 1 为二进制的最后一位，或者达到所要求的精度为止。

然后把取出的整数部分按顺序排列起来，先取的整数作为二进制小数的高位有效位，后取的整数作为低位有效位。

例如：$0.625 = (0.101)_2$

$$0.625 \times 2 = 1.25\cdots取出整数部分1$$
$$0.25 \times 2 = 0.5\cdots取出整数部分0$$
$$0.5 \times 2 = 1\cdots取出整数部分1$$

原理：假设一个十进制数的小数部分能写成二进制数小数 0.ab 的形式，那么该二进制小数转化为十进制数就是 $a/2 + b/4$。这时将此十进制分数乘 2，所得整数部分即为 a。

3. 二、八、十六进制数之间的相互转换

由于一位八（十六）进制数相当于 3（4）位二进制数，因此，要将八（十六）进制数转换成二进制数时，只需以小数点为界，向左或向右每一位八（十六）进制数用相应的 3（4）位二进制数取代即可。如果不足 3（4）位，可用零补足。反之，二进制数转换成相应的八（十六）进制数，只是上述方法的逆过程，即以小数点为界，向左或向右每 3（4）位二进制数用相应的一位八（十六）进制数取代即可。

二进制和十六进制的互相转换比较重要。首先我们来看一个二进制数 1111，它是多少呢？

你可能还要这样计算：

$$1 \times 2^0 + 1 \times 2^1 + 1 \times 2^2 + 1 \times 2^3 = 1 \times 1 + 1 \times 2 + 1 \times 4 + 1 \times 8 = 15$$

然而，由于 1111 才 4 位，所以我们必须直接记住它每一位的权值，并且是从高位往低位记，8、4、2、1，即最高位的权值为 $2^3 = 8$，然后依次是 $2^2 = 4$、$2^1 = 2$、$2^0 = 1$。

记住 8421，对于任意一个 4 位的二进制数，我们都可以很快算出它对应的 10 进制值。

下面列出四位二进制数所有可能的值（中间部分略过）。

仅 4 位的二进制数	十进制值	十六进制值
1111	8 + 4 + 2 + 1 = 15	F
1110	8 + 4 + 2 + 0 = 14	E
1101	8 + 4 + 0 + 1 = 13	D
1100	8 + 4 + 0 + 0 = 12	C
1011	8 + 4 + 0 + 1 = 11	B
1010	8 + 0 + 2 + 0 = 10	A
1001	8 + 0 + 0 + 1 = 9	9
…	…	…
0001	0 + 0 + 0 + 1 = 1	1
0000	0 + 0 + 0 + 0 = 0	0

二进制数要转换为十六进制，就是以 4 位一段，分别转换为十六进制。

例 1-4　将八进制数（714.431）$_8$转换成二进制数。

解：　　7　　1　　4　　.　　4　　3　　1

　　　　　111　001　100　.　100　011　001

即（714.431）$_8$ =（111001100.100011001）$_2$。

例 1-5　将二进制数（11101110.00101011）$_2$转换成八进制数。

解：011　101　110　.　001　010　110

　　　　3　　5　　6　　.　　1　　2　　6

即（11101110.00101011）$_2$ =（356.126）$_8$。

例 1-6　将十六进制数（1AC0.6D）$_{16}$转换成相应的二进制数。

解：　　1　　A　　C　　0　　.　　6　　D

　　　　0001　1010　1100　0000　.　0110　1101

即（1AC0.6D）$_{16}$ =（1101011000000.01101101）$_2$。

例 1-7　将二进制数（10111100101.00011001101）$_2$转换成相应的十六进制数。

解：0101　1110　0101　.　0001　1001　1010

　　　　5　　E　　5　　.　　1　　9　　A

即（10111100101.00011001101）$_2$ =（5E5.19A）$_{16}$。

1.4.5　计算机中数据的表示

　　数据是可由人工或自动化手段加以处理的那些事实、概念、场景和指示的表示形式，包括字符、符号、表格、声音、图形和图像等。数据可在物理介质上记录或传输，并通过外部设备被计算机接收，经过处理而得到结果。

　　数据能被送入计算机加以处理，包括存储、传送、排序、归并、计算、转换、检索、制表和模拟等操作，以得到人们需要的结果。数据经过加工并赋予一定的意义后，便成为信息。

计算机系统中的每一个操作，都是对数据进行某种处理，所以数据和程序一样，是软件工作的基本对象。

1. 真值与机器数

机器数是把符号"数字化"之后的数，是数字在计算机中的二进制表示形式。

在计算机中只能用数字化信息来表示数的正、负，人们规定用"0"表示正号，用"1"表示负号。例如，在计算机中用8位二进制表示一个数+90，其格式为

$$(0\ 1\ 0\ 1\ 1\ 0\ 1\ 0)_2$$

机器数有两个基本特点：

1）数的符号数值化。实用的数据有正数和负数，由于计算机内部的硬件只能表示两种物理状态（用0和1表示），因此实用数据的正号"+"或负号"−"，在机器里就用一位二进制的0或1来区别。通常这个符号放在二进制数的最高位，称为符号位，以0代表符号"+"，1代表符号"−"。因为符号占据一位，数的形式值就不等于真正的数值，带符号位的机器数对应的数值称为机器数的真值。例如二进制真值数−011011，它的机器数为1011011。

2）二进制的位数受机器设备的限制。机器内部设备一次能表示的二进制位数叫机器的字长，一台机器的字长是固定的。字长8位叫一个字节（Byte），现在机器字长一般都是字节的整数倍，如字长8位、16位、32位、64位。

2. 定点数和浮点数

根据小数点位置固定与否，机器数又可以分为定点数和浮点数。通常，使用定点数表示整数，而用浮点数表示实数。

（1）整数　整数没有小数部分，小数点固定在数的最右边。整数可以分为无符号整数和有符号整数两类。无符号整数的所有二进制位全部用来表示数值的大小；有符号整数用最高位表示数的正负号，而其他位表示数值的大小。例如，十进制整数"−65"在计算机内表示可以是11000001。

（2）实数　实数的浮点数表示方法是把一个实数的范围和精度分别用阶码和尾数来表示。在计算机中，为了提高数据表示精度，必须唯一地表示小数点的位置，因此规定浮点数必须写成规范化的形式，即当尾数不为0时，其绝对值大于或者等于0.5且小于1（注：因为是二进制数，要求尾数的第1位必须是1）。例如，设机器字长为16位，尾数为8位，阶码为6位，则二进制实数"−1101.010"的机内表示为0000100111010100。

3. 原码、补码和反码

机器数中，数值和符号全部数字化。计算机在进行数值运算时，采用把各种符号位和数值位一起编码的方法。常见的有原码、补码和反码表示法。

（1）原码表示法　原码表示法是机器数的一种简单的表示法。其符号为用0表示正号，用1表示负号，数值一般用二进制形式表示。设有一数为X，则原码表示可记作$[X]_原$。

例如，$X_1 = +1010110$，$X_2 = -1001010$。

原码：$[X_1]_原 = [+1010110]_原 = 01010110$ 　　$[X_2]_原 = [-1001010]_原 = 11001010$

原码表示的范围与二进制数位有关。当用 8 位二进制数来表示小数原码时，其表示范围：

最大值为 0.1111111，其真值约为 $(0.99)_{10}$；

最小值为 1.1111111，其真值约为 $(-0.99)_{10}$。

当用 8 位二进制数来表示整数原码时，其表示范围：

最大值为 01111111，其真值为 $(127)_{10}$；

最小值为 11111111，其真值为 $(-127)_{10}$。

（2）补码表示法 机器数的补码可由原码得到。如果机器数是正数，则该机器数的补码与原码一样；如果机器数是负数，则该机器数的补码是对它的原码（符号位除外）各位取反，并在末位加 1 而得到的。设有一数 X，则 X 的补码表示记作 $[X]_{补}$。

（3）反码表示法 机器数的反码可由原码得到。如果机器数是正数，则该机器数的反码与原码一样；如果机器数是负数，则该机器数的反码是对它的原码（符号位除外）各位取反而得到的。设有一数 X，则 X 的反码表示记作 $[X]_{反}$。

例 1-8 已知 $[X]_{原} = 10011010$，求 $[X]_{补}$。

分析：由 $[X]_{原}$ 求 $[X]_{补}$ 的原则是若机器数为正数，则 $[X]_{补} = [X]_{原}$；若机器数为负数，则该机器数的补码可对它的原码（符号位除外）所有位求反，再在末位加 1 而得到。现给定的机器数为负数，故有 $[X]_{补} = [X]_{反} + 1$。

解：

$[X]_{原} = 10011010$

$[X]_{反} = 11100101$

$+)\qquad\qquad\qquad 1$

_____

$[X]_{补} = 11100110$

例 1-9 已知 $[X]_{补} = 111001110$，求 $[X]_{原}$。

分析：对于机器数为正数，则有 $[X]_{原} = [X]_{补}$；对于机器数为负数，则有 $[X]_{原} = [[X]_{补}]_{补}$。

解：

现给定的为负数，故有

$[X]_{补} = 11100110$

$[[X]_{补}]_{反} = 10011001$

$+)\qquad\qquad\qquad 1$

_____

$[[X]_{补}]_{补} = 10011010 = [X]_{原}$

1.4.6 计算机的编码

在计算机中，对非数值的文字和其他符号进行处理时，要对文字和符号进行数字化处理，即用二进制编码来表示文字和符号。字符编码就是规定如何用二进制编码来表示文字和符号。

1. BCD 码（二—十进制编码）

人们习惯于使用十进制数，而计算机内部多采用二进制数表示和处理数值数据，因此在计算机输入和输出数据时，就要进行由十进制到二进制和从二进制到十进制的转换处理，这是多数应用环境的实际情况。

BCD 码（Binary-Coded Decimal）也称二进码十进数或二—十进制编码，用 4 位二进制数来表示 1 位十进制数中的 0~9 这 10 个数码，是一种二进制的数字编码形式，用二进制编码的十进制代码。BCD 码这种编码形式利用了 4 个位来储存一个十进制的数码，使二进制和十进制之间的转换得以快捷进行。这种编码技巧最常用于会计系统的设计里，因为会计制度经常需要对很长的数字串作准确的计算。相对于一般的浮点式记数法，采用 BCD 码，既可保存数值的精确度，又可免去计算机作浮点运算时所耗费的时间。此外，对于其他需要高精确度的计算，BCD 编码亦很常用。

BCD 编码方法很多，通常采用的是 8421 编码。这种编码较为自然、简单。其方法是用 4 位二进制数表示 1 位十进制数，由左至右每一位对应的位权分别是 8、4、2、1。值得注意的是，4 位二进制数有 0000~1111 这 16 种状态，这里只取了 0000~1001 的 10 种状态，而 1010~1111 这 6 种状态在这种编码中没有意义，表 1-3 是十进制数与 8421 码的对照表。

表 1-3　十进制数与 8421 码的对照表

十 进 制 数	8421 码	十 进 制 数	8421 码
0	0000	6	0110
1	0001	7	0111
2	0010	8	1000
3	0011	9	1001
4	0100	10	0001 0000
5	0101		

这种编码的另一特点是书写方便、直观、易于识别。例如，十进制数 864，其二—十进制编码为

$$8 \qquad 6 \qquad 4$$
$$(1000) \quad (0110) \quad (0100)$$

2. ASCII 码

在将用汇编语言或各种高级语言编写的程序输入到计算机中时，人与计算机通信所用的语言，已不再是一种纯数学的语言了，而多为符号式语言。因此，计算机需要对各种符号进行编码，以使计算机能识别、存储、传送和处理。

最常见的符号信息是文字符号，所以字母、数字和各种符号都必须按约定的规则用二进制编码才能在计算机中表示。

ASCII 码有 7 位版本和 8 位版本两种。国际上通用的是 7 位版本。7 位版本的 ASCII 码有 128 个元素，其中通用控制字符 34 个，阿拉伯数字 10 个，大、小写英文字母 52 个，各种标点符号和运算符号 32 个。

7 位版本 ASCII 码只需用 7 个二进制位（$2^7 = 128$）。为了查阅方便，表 1-4 列出了 ASCII 字符编码。

表 1-4　ASCII 字符编码

十六进制高位 十六进制低位	000	001	010	011	100	101	110	111
0000	NU	DE	SP	0	@	P	、	p
0001	SO	DC	!	1	A	Q	a	q
0010	ST	DC	"	2	B	R	b	r
0011	ET	DC	#	3	C	S	c	s
0100	EO	DC	$	4	D	T	d	t
0101	EN	NA	%	5	E	U	e	u
0110	AC	SY	&	6	F	V	f	v
0111	BE	ET	'	7	G	W	g	w
1000	BS	CA	(	8	H	X	h	x

当微型计算机上采用 7 位 ASCII 码作为计算机内码时，每个字节只占后 7 位，最高位恒为 0。8 位 ASCII 码需用 8 位二进制数进行编码。当最高位为 0 时，称为基本 ASCII 码（编码与 7 位 ASCII 码相同）；当最高位为 1 时，形成扩充的 ASCII 码，它表示数的范围为 128～255，可表示 128 种字符。通常各个国家都把扩充的 ASCII 码作为自己国家语言文字的代码。

3. 汉字编码

汉字编码（Chinese Character Encoding）为汉字设计的一种便于输入计算机的代码。由于计算机现有的输入键盘与英文打字机键盘完全兼容。因而如何输入非拉丁字母的文字（包括汉字）便成了多年来人们研究的课题。汉字信息处理系统一般包括编码、输入、存储、编辑、输出和传输。其中，编码是关键，不解决这个问题，汉字就不能进入计算机。

汉字进入计算机的三种途径分别如下所示。

1）机器自动识别汉字：计算机通过"视觉"装置（光学字符阅读器或其他），用光电扫描等方法识别汉字。

2）通过语音识别输入：计算机通过"听觉"装置，自动辨别汉语语音要素，从不同的音节中找出不同的汉字或从相同音节中判断出不同汉字。

3）通过汉字编码输入：根据一定的编码方法，由人借助输入设备将汉字输入计算机。

计算机自动识别汉字和汉语语音识别，国内外都在进行研究，虽然取得了不少进展，但由于难度大，预计还要经过相当一段时间才能得到解决。在现阶段，比较现实的就是通过汉字编码方法将汉字输入计算机。

由于汉字是象形文字，数目很多，常用汉字就有 3000 ~ 5000 个，加上汉字的形状和笔画多少差异极大，因此，不可能用少数几个确定的符号将汉字完全表示出来，或像英文那样将汉字拼写出来。每个汉字必须有它自己独特的编码。

计算机中汉字的表示也是用二进制编码，同样是人为编码。根据应用目的的不同，汉字编码分为外码、交换码、机内码和字形码。

1．外码（输入码）

外码也叫输入码，是用来将汉字输入到计算机中的一组键盘符号。目前常用的输入码有拼音码、五笔字型码、自然码、表形码、认知码、区位码和电报码等，一种好的编码应有编码规则简单、易学好记、操作方便、重码率低、输入速度快等优点，每个人可根据自己的需要进行选择。在后面的章节中，重点介绍智能全拼输入法和五笔字型输入法。

2．交换码（国标码）

计算机内部处理的信息，都是用二进制代码表示的，汉字也不例外。而二进制代码使用起来是不方便的，于是需要采用信息交换码。国标标准总局 1981 年制定了中华人民共和国国家标准 GB 2312—80《信息交换用汉字编码字符集　基本集》，即国标码。

区位码是国标码的另一种表现形式，把 GB 2312—80 中的汉字、图形符号组成一个 94 × 94 的方阵，分为 94 个"区"，每区包含 94 个"位"，其中"区"的序号由 01 ~ 94，"位"的序号也是从 01 ~ 94。94 个区中位置总数为 94 × 94 = 8836 个，其中，7445 个汉字和图形字符各占一个位置后，还剩下 1391 个空位，这 1391 个位置空下来保留备用。

3．机内码

根据国标码的规定，每一个汉字都有了确定的二进制代码，在微机内部汉字代码都用机内码，在硬盘上记录汉字代码也使用机内码。

4．字形码

字形码是汉字的输出码，输出汉字时都采用图形方式，无论汉字的笔画多少，每个汉字都可以写在同样大小的方块中。通常用 16 × 16 点阵来显示汉字。

据粗略统计，现有 400 多种编码方案，其中上机通过试验的和已被采用作为输入方式的也有数十种之多。归纳起来有以下 5 种类型。

（1）整字输入法　前一阶段，一般是将三四千个常用汉字排列在一个具有三四百个键位的大键盘上。近来，大多是将这些汉字按 XY 坐标排列在一张字表上，通常叫"字表法"，或"笔触字表法"。比如，X25 行和 Y90 列交叉的字为"国"，当电笔点到字表上的"国"字时，机器自动将该字的代码 2590 输入计算机。键盘上或字表中的字按部首、音序或字义联想而排列。不常用的字作为盘外字或表外字，另行编码处理。

（2）字形分解法　将汉字的形体分解成笔画或部件，按一定顺序输进机器。笔画一般分成 8 种：横（一）、竖（丨）、撇（丿）、点（丶）、折、弯、叉十、方。部件一般归纳出一二百个。由于一般键盘上只有 42 个键（包括数字和标点），容纳不下这么多部件，因而有人设计中式键盘，也有人利用部件形体上的相似点和出现概率的不同，而把 100 多个部件分布在 26 个字母键上。

（3）字形为主、字音为辅的编码法　这种编码法与字形分解法的不同在于还要利用某些字音信息，如有的方案为了简化编码规则，缩短码长，在字形码上附加字音码；有的方案为了采用标准英文电传机，将分解归纳出来的字素通过关系字的读音转化为拉丁字母。

（4）全拼音输入法　绝大多数是以现行的汉语拼音方案为基础进行设计。关键问题是区分同音字，因而有的方案提出"以词定字"的方法，还有的方案提出"拼音—汉字转换法"，即"汉语拼音输入 —机内软件变换（实为查机器词表）—汉字输出"系统。

（5）拼音为主、字形为辅的编码法　一般在拼音码前面或后面再添加一些字形码。拼音码有用现行汉语拼音方案或稍加简化的，还有为了缩短码长而把声母和韵母都用单字母或单字键表示的"双拼方案"或"双打方案"，如〈F〉键既表声母 F，又表韵母 ang，连击两下，便是 Fang"方"字。区分同音字的字形码也多种多样，除了大部分采用偏旁部首的信息外，还有采用起末笔或采用语义类别的。

上述各种编码法，各有短长。例如，字表法的特点是一字一格（键），无重码，直观性好，操作简单；缺点是需特制键盘，速度较慢。字形分解法的好处是按形取码，不涉及字音，因而不认识的字（包括生僻字、古字）也同样可以编码输入；但汉字形体结构非常复杂，写法也有许多差异，分解标准不易统一，因而不少方案的规则较多。拼音输入法（包括拼音—汉字转换法）的优点是操作简捷，可以"盲打"，不受汉字简化、字形改变的影响，符合拼音化方向，并且还便于作进一步信息处理；缺点是不认识的字无法输入；另外，如果不加字形码或不用以词定字法或显式选择法，同音字较难处理。

本章小结

计算机系统由硬件和软件组成。硬件由输入/输出设备（统称外部设备）、CPU、内存组成，CPU 由运算器和控制器组成；软件分为系统软件和应用软件两大类。软件就是程序，程序是指令的有序集合。软件是专业人员创造性劳动的结晶，属知识产权保护范围。

计算机中的数据可分为数字数据和非数字数据两大类。非数字数据又分为文本型数据和音频、图像、图形等非文本型数据。非数字数据转换为数字数据后方能在计算机中存储和处理。计算机内的数据均以二进制形式表示。

思考题

1．计算机的发展经历了哪几个阶段？各阶段的主要特征是什么？
2．试述当代计算机的主要应用。
3．计算机由哪几个部分组成？请分别说明各部件的作用。
4．描述组成 CPU 的主要部件及其作用。

5. 存储器的容量单位有哪些?

6. 存储器为什么要分内存和外存，二者有什么区别?

7. 微型计算机的内部存储器按其功能特征可分为几类? 各有什么区别?

8. 请分别说明系统软件和应用软件的功能。

9. 系统软件可以分为哪几类? 请分别说明它们的作用。

10. 请分别说明机器语言、汇编语言和高级语言的特点。

11. 指令和程序有什么区别? 试述计算机执行指令的过程。

12. 进行下列数的数制转换。

（1）$(413)_{10} = ($ $)_2$

（2）$(0.2165)_{10} = ($ $)_2$

（3）$(101101011010)_2 = ($ $)_{10}$

（4）$(1111111100011)_2 = ($ $)_8 = ($ $)_{16}$

（5）$(11011\ 0101)_2 = ($ $)_{16}$

（6）$(1A73)_{16} = ($ $)_2$

第2章 Windows 7 操作系统

2.1 操作系统简介

2.1.1 操作系统的功能

操作系统（Operating System，OS）是管理及控制计算机硬件和软件资源，合理地组织计算机工作流程以及方便用户使用计算机的一个大型程序，是用户和计算机的接口。

1．操作系统的功能

（1）进程管理　进程管理又称为处理器管理，其主要任务是对处理器的时间进行合理分配，对处理器的运行实施有效管理。

（2）存储器管理　由于多道程序共享内存资源，所以存储器管理的主要任务是对存储器进行分配、保护和扩充。

（3）设备管理　设备管理即根据确定的设备分配原则对设备进行分配，使设备与主机能够并行工作，为用户提供良好的设备使用界面。

（4）文件管理　文件管理即有效地管理文件的存储空间，合理地组织和管理文件系统，为文件访问和文件保护提供更有效的方法及手段。

2．操作系统的分类

操作系统种类繁多，很难用单一标准进行统一分类。

1）根据应用领域来划分，操作系统可分为桌面操作系统、服务器操作系统、嵌入式操作系统。

2）根据所支持的用户数目，操作系统可分为单用户操作系统（如 MSDOS、OS/2、Windows）、多用户操作系统（如 UNIX、Linux、MVS）。

3）根据源代码开放程度，操作系统可分为开源操作系统（如 Linux、FreeBSD）和闭源操作系统（如 Mac OS X、Windows）。

4）根据硬件结构，操作系统可分为网络操作系统（Netware、Windows NT、OS/2 Warp）、多媒体操作系统（Amiga）和分布式操作系统等。

2.1.2　Windows 7 操作系统简介

Windows 7 系统是微软继 Vista 之后的又一个新版操作系统，是微软操作系统一次重大的革命创新，在功能、安全性、个性化、可操作性、功耗等方面都有很大的改进。和以往的 Windows 系统相比，Windows 7 操作系统具有以下特点。

1. 更易用

Windows 7 做了许多方便用户的设计，如快速最大化、窗口半屏显示、跳跃列表、系统故障快速修复等，这些新功能令 Windows 7 成为最易使用的 Windows 操作系统。

2. 更快速

Windows 7 大幅缩减了 Windows 系统的启动时间，据实测，在 2008 年生产的中低端配置计算机下运行，系统加载时间一般不超过 20 秒，这与 Windows Vista 的 40 余秒相比，是一个很大的进步。

3. 更简单

Windows 7 将会让搜索和使用信息更加简单，包括本地、网络和互联网搜索功能，直观的用户体验将更加高级，还会整合自动化应用程序提交和交叉程序数据透明性。

2.1.3　启动和退出 Windows 7

1. Windows 7 开机登录

确定主机和显示器都接通电源后，按下计算机主机电源开关，系统会自动进行硬件自检、引导操作系统启动等一系列动作，依次显示如图 2-1 和图 2-2 所示的界面。

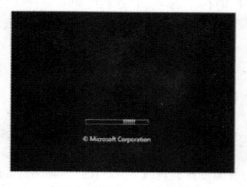 

图 2-1　Windows 7 欢迎界面　　　　　图 2-2　登录界面

之后进入用户登录界面，如果有多个账户名并设置了登录密码，用户只有选择账户并输入正确的密码，才能登录到桌面进行操作。如果计算机里只设有一个账户，并且该账户没有设置密码，则开机后系统会自动登录到桌面。

2．Windows 7 的退出

（1）关闭　Windows 7 的关闭过程变得更加简单，而且关闭速度也更加迅速。单击"开始"菜单→"关机"按钮。如果有程序需要更新，系统则会自动安装更新文件，安装完毕后程序即会自动关闭。

（2）Windows 7 的重新启动

1）热启动。单击"开始"按钮，菜单上的"关机"按钮旁边有个下拉按钮，单击后弹出下拉菜单，选择"重新启动"命令即可。

2）复位启动。计算机在运行过程中有时会出现系统无法反映的情况，这时可以利用复位启动的方法启动计算机：只需按下主机上的 Reset 按钮（通常在电源按钮的下方），计算机会自动黑屏并重新启动，然后按正常开机步骤输入密码、登录系统。

（3）Windows 7 的睡眠、休眠与锁定　单击"开始"按钮，菜单上的"关机"按钮旁边有个下拉按钮，单击后弹出下拉菜单，会出现以下 3 个命令。

"睡眠"是操作系统的一种节能状态，是将运行中的数据保存在内存中并将计算机置于低功耗状态，可以用〈Wake Up〉键唤醒。

"休眠"是保存数据并直接关闭计算机，再次打开计算机时，系统会还原数据。

"锁定"是进入登录状态，如果设置了密码，则必须输入密码才能进入锁定前的状态。

2.2　图形用户界面操作

2.2.1　认识 Windows 7 操作系统的桌面

1．认识桌面

（1）桌面　桌面是用户启动 Windows 之后见到的主屏幕区域，也是用户执行各种操作的区域。桌面中包含了"开始"菜单、任务栏、桌面图标和通知区域等组成部分。

"开始"菜单位于桌面的左下角，单击"开始"按钮即可弹出，用户通过"开始"菜单可以启动应用程序、打开文件、修改系统设定值、搜索文件、获得帮助、关闭系统等。

（2）桌面图标　在桌面的左边，有许多个上面是图形、下面是文字说明的组合，这种组合叫图标。用户可以根据自己的使用习惯，添加用户文件、计算机、网络和控制面板等图标，还可以自己创建快捷方式图标。

（3）任务栏　任务栏位于桌面最下方，提供快速切换应用程序、文档和其他窗口的功能。在运行多个应用程序的情况下，用户可以通过单击任务栏上的图标快速切换程序。

（4）通知区域　通知区域位于任务栏的右侧，用于显示时间和一些程序的运行状态和系统图标，单击图标通常会打开与该程序相关的设置，也称为系统托盘区域。

2．使用桌面图标

（1）添加桌面图标与锁定　Windows 7 系统刚安装好时，系统默认下只有一个"回收站"图标，用户可以选择添加"计算机""网络"等系统图标。

下面介绍添加系统图标的方法：

1）桌面空白处右击，在弹出的快捷菜单中选择"个性化"命令。

2）单击"个性化"窗口左侧的"更改桌面图标"命令。

3）打开"桌面图标设置"对话框，勾选"计算机"和"网络"两个复选框，然后单击"确定"按钮，即可在桌面添加这两个图标。

（2）快捷图标　快捷图标是指应用程序的快捷启动方式，双击快捷方式图标可以快速启动相应的应用程序。下面以添加"画图"为例，介绍在桌面添加快捷图标的方法。

1）单击"开始"按钮，选择"所有程序"命令。

2）单击菜单的"附件"选项，找到"画图"。

3）右击"画图"程序，在弹出的快捷菜单中选择"发送到"→"桌面快捷方式"命令，如图2-3所示。

4）桌面上出现"画图"快捷方式的图标，如图2-4所示。

图2-3　快捷菜单

图2-4　"画图"快捷方式图标

（3）排列桌面图标　当用户安装新的程序后，桌面也会添加更多的快捷方式图标。为了让用户更快捷地使用图标，可以将图标按照自己的要求排列顺序。

排列图标除了用鼠标拖动图标随意安放，用户也可以按照名称、大小、类型和修改日期来排列桌面图标。

1）桌面空白处右击，在弹出的快捷菜单中选择"排序方式"→"项目类型"命令。

2）桌面上的图标即可按照类型的顺序排列。

（4）删除图标　如果桌面上的图标太多，用户可以根据自己的需求删除一些不必要放在桌面上的图标。删除图标，只是把快捷方式给删除了，图标对应的程序并未删除，用户还是可以在安装路径或"开始"菜单中运行程序。

1）在桌面选中"画图"图标，右击弹出快捷菜单。

2）选择菜单中的"删除"命令，弹出"删除快捷方式"对话框，单击"是"按钮，即可将"画图"图标删除到回收站里。

（5）使用任务栏　任务栏是位于桌面下方的一个条形区域，它显示了系统正在运行的程序、打开的窗口和当前时间等内容，用户通过任务栏可以完成许多操作。任务栏最左边圆（球）状的立体按钮便是"开始"按钮，在"开始"按钮右边依次是快速启动区（包含 IE 图标、库图标等系统自带程序以及当前打开的窗口和程序等）、语言栏（输入法语言）、通知区域（系统运行程序设置显示和系统时间日期）、"显示桌面"按钮（单击按钮即可显示完整桌面，再次单击则会还原）。

（6）任务栏按钮操作　Windows 7 的任务栏将计算机同一应用程序的不同文档集中在同一个图标上。在这些任务栏上，用户可以通过鼠标的各种操作来实现不同的功能。

单击：如果图标对应的程序尚未运行，单击相应图标即可启动该程序；如果已经运行，单击则会将对应的程序窗口放置于最前端。

右击：右击一个图标，可以打开跳转列表、查看该程序历史记录、解锁任务栏以及关闭程序命令。

（7）通知区域　通知区域位于 Windows 7 任务栏的右侧，用于显示时间、一些程序的运行状态和系统图标，单击图标，通常会打开与该程序相关的设置，也称为系统托盘区域。

与之前版本的 Windows 操作系统相比，Windows 7 在默认的情况下通知区域只会显示最基本的系统图标，分别是操作中心、电源选项（只针对笔记本式计算机）、网络连接、音量图标和系统时间，其他图标则被隐藏起来，需要单击向上箭头才能看到。

（8）系统时间　系统时间位于通知区域右侧，与以前的 Windows 版本相比，Windows 7 的任务栏比较方便，可以同时显示日期和时间，单击该区域则会弹出对话框显示日历和表盘，如图 2-5 所示。

单击"更改日期和时间设置"链接，还可以打开如图 2-6 所示的"日期和时间"对话框。在该对话框中，用户可以更改时间和日期，或者设置在表盘上显示多个附加时钟（最多 3 个），为了确保时间准确无误，还可以设置时间与 Internet 同步。

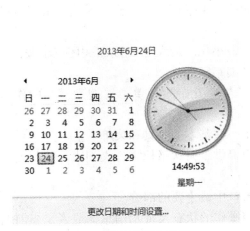

图 2-5　显示日历和表盘

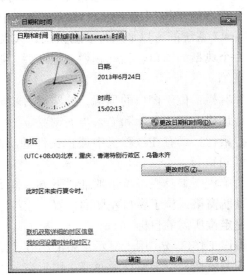

图 2-6　"日期和时间"对话框

（9）"显示桌面"按钮　"显示桌面"按钮位于任务栏最右端，将光标移动至该按钮

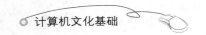

上时，会将系统中所有打开的窗口都隐藏，只显示窗口边框；移开光标后，又会恢复原本的窗口。

如果单击该按钮，所有打开的窗口都会被最小化，不会显示窗口边框；再次单击，原来打开的窗口则会被恢复显示。

（10）"开始"菜单　"开始"菜单由位于屏幕左下角的"开始"按钮启动，是操作计算机程序、文件夹和系统设置的主通道。

Windows 7 的"开始"菜单和以前的 Windows 系统相比没有太大变化，主要分为 5 个部分：常用程序列表、"所有程序"列表、常用位置列表、搜索框、关闭按钮组。

1）常用程序列表。该列表列出了最近经常使用的程序快捷方式，只要是从"所有程序"列表中运行的程序，系统会按照使用频率的高低，自动排列在常用程序列表上。

2）所有程序列表。该列表列出了系统中所有的程序，将鼠标指向或单击"所有程序"命令，即可显示所有程序列表。

3）常用位置列表。该列表里列出了硬盘上的一些常用位置，使用户能快速进入常用文件夹或系统设置。

4）搜索框。用户在搜索框输入关键字，即可搜索本机安装的程序或文档。

5）关闭按钮。它由"关机"按钮和旁边的下拉按钮组成，包含关机、睡眠、休眠、锁定、注销、切换用户和重新启动这些系统命令。

2.2.2　认识 Windows 7 操作系统的窗口

窗口是 Windows 系统里最常见的图形界面，外形为一个矩形的屏幕显示框，是用来区分各个程序的工作区域，用户可以在窗口中进行文件、文件夹以及程序的操作和修改。Windows 7 系统的窗口加入许多新模式，大大提高了窗口操作的便捷性和趣味性。

一个典型的窗口包括标题栏、地址栏、搜索栏、菜单栏、工具栏、导航窗格及窗口工作区域等。

标题栏：位于窗口的顶端，标题栏右端显示最小化、最大化/还原、关闭三个按钮。

地址栏：用于显示和输入当前浏览位置的详细路径信息。

搜索栏：具有在计算机中搜索文件的功能（与"开始"菜单中"搜索框"的作用和用法相同）。

菜单栏、工具栏：位于地址栏下方，提供了一些基本的工具和菜单。

导航窗格：位于窗口左侧的位置，它给用户提供了树状结构文件夹列表，从而方便用户迅速定位所需的目标。

窗口工作区域：用于显示主要的内容，是窗口中最主要的部分。

细节窗格：位于窗口最底部，用于显示当前操作的状态及提示信息，或者是当前用户对象的详细信息。

2.2.3　Windows 7 操作系统窗口的操作

1．窗口的最大化、最小化、还原及关闭

关闭：直接单击窗口右上角的"关闭"按钮█。

最小化：单击窗口右上角的"最小化"按钮█。

最大化：若窗口不在最大化状态，直接单击窗口右上角的"最大化"按钮█。

还原：若窗口在最大化状态，直接单击窗口右上角的"还原"按钮。

2．移动窗口和改变窗口大小

将光标移动至窗口标题栏，按住鼠标左键不放进行拖动可以移动窗口。

将鼠标移动至窗口四周的边框或 4 个角，当光标变成双箭头形状时，按住鼠标左键不放进行拖动可以改变窗口的大小（当窗口处于"最大化"状态时，不能改变窗口大小）。

3．排列窗口

当用户打开多个窗口，需要它们同时处于显示状态时，排列好窗口就会让操作变得更方便。Windows 7 系统提供了层叠、堆叠、并排 3 种窗口排列方式。

打开多个窗口后在任务栏空白处右击，可在弹出的快捷菜单中选择"层叠窗口""堆叠显示窗口""并排显示窗口"。

4．切换窗口

用户打开多个窗口时需要在这些窗口之间进行切换预览，可以通过按住〈Alt〉键不放，再按〈Tab〉键进行切换。

2.2.4　认识 Windows 7 操作系统的对话框

Windows 7 中的对话框多种多样，一般来说，对话框中的可操作元素包括命令按钮、选项卡、单选按钮、复选框、文本框和下拉列表框等（不是所有对话框都包含以上所有元素）。

选项卡：对话框内一般有多个选项卡，选择不同的选项卡可以切换到相应的设置页面。

列表框：列表框在对话框里以矩形的形状显示，里面列出多个选项以供用户选择。

单选按钮：单选按钮是一些互斥的选项，每次只能选择其中的一个项目，被选中的圆圈中间会有一个黑点。

复选框：复选框中列出的各个选项不互相排斥，用户可以根据需要选择其中的一个或几个选项。

文本框：文本框主要用来接收用户输入的信息，以便正确地完成对话框的操作。

2.2.5　Windows 7 操作系统菜单的操作

菜单是应用程序中命令的集合，一般都位于窗口的菜单栏里。菜单栏通常由多层菜单

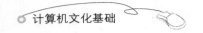

组成，每个菜单又包含若干个命令。

1．打开和关闭菜单

打开：将鼠标指针移到菜单栏上的某个菜单选项，单击可打开菜单。

关闭：在菜单外面的任何地方单击，可以取消菜单显示。

2．菜单中命令项

暗淡的：表示此命令暂时不可执行。

后带省略号"…"：表示选择此命令后，将弹出一个对话框或者一个设置向导。

前带符号"√"：复选命令，在一组命令中可以同时选择多个命令，带"√"则表示此命令处于选中状态。

前带符号"⊙"：单选命令，在一组命令中只能选择一个命令，带"⊙"表示此命令处于选中状态。

后带符号"►"：光标指向此命令后，会弹出下一级菜单。

带组合键：用户可以通过使用这些组合键，快速直接地执行相应的菜单命令。

3．快捷菜单

右击对象时，即可打开包含作用于该对象的命令快捷菜单。在不同的对象上右击，会弹出不同的快捷菜单。

2.3　Windows 7 系统的资源管理

2.3.1　认识文件和文件夹

文件是相关信息的集合。所有的程序和数据都以文件的形式存放在计算机的外存储器上。在计算机上，文件用图标表示，这样便于通过查看其图标来识别文件类型。

1．硬盘、文件和文件夹

硬盘、文件和文件夹三者存在着包含和被包含的关系，下面将分别介绍这三者的相关概念和相互关系。

（1）硬盘　硬盘用来存放计算机的各种资源。硬盘由盘符来加以区别，盘符通常由硬盘图标、硬盘名称和硬盘使用信息组成，用大写字母加一个冒号来表示，如"E："（简称 E 盘）。

（2）文件　文件是相关信息的集合。所有的程序和数据都以文件的形式存放在计算机的外存储器上。在计算机上，文件用图标表示，这样便于通过查看其图标来识别文件类型。

（3）文件夹　文件夹是存储文件的容器，相关文件保存在一个文件夹中。文件夹还可以存储其他文件夹，文件夹中包含的文件夹通常称为子文件夹。

2．文件名

（1）文件名格式 常用文件名的格式：文件名．类型名。

文件扩展名是一组字符，这组字符有助于 Windows 理解文件中的信息类型以及应使用何种程序打开这种文件。例如，在文件名 myfile. txt 中，扩展名为 txt。它将告诉 Windows 这是一个文本文件。

（2）文件名长度 Windows 通常限定文件名最多包含 260 个字符，但实际的文件名都少于这一数值，如 C: \ Program Files \ filename. txt。

（3）文件名命名规则

1）文件名中不可以使用的字符 " \ ／ ? : * " > < | "。

2）文件名可以使用汉字，一个汉字占两个英文字符位置。

3）文件名不区分大小写，如 FILE1. DAT 和 file1. dat 是一个文件。

4）文件名可以使用多分隔符的名字，如 photo. bmp. zip。

5）通常类型名为 3 个字符。

3．硬盘、文件和文件夹之间的关系

文件和文件夹都存放在计算机的硬盘中，文件夹可以包含文件和子文件夹，子文件夹又可以包含文件和子文件夹，以此类推，即形成文件和文件夹的树形关系。

4．硬盘、文件和文件夹之间的路径

路径是指文件或文件夹在计算机中存储的位置，当打开某个文件夹时，在地址栏中即可看到该文件夹的路径。

2.3.2 查看文件和文件夹

在 Windows 7 系统中管理计算机资源时，随时都可以查看文件和文件夹。Windows 7 系统一般用"计算机"窗口来查看硬盘、文件和文件夹等计算机资源。

1．通过窗口工作区域查看

窗口工作区域是窗口最主要的部分，通过窗口工作区查看计算机中的资源是最直观的方法。

2．通过地址栏查看

Windows 7 的窗口地址栏用按钮的形式取代了传统的纯文本方式，并且在地址栏周围取消了"向上"按钮，而仅有"前进"和"后退"按钮。通过地址栏，用户可以轻松跳转与切换硬盘和文件夹目录，地址栏只能显示文件夹和硬盘目录，不能显示文件。

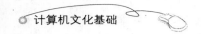

3．通过导航窗格查看

Windows 7 的"计算机"窗口中导航功能比 Windows XP 的更加强大和实用，其中增加了"收藏夹""库""网络"等树形目录。用户可以通过导航窗格查看硬盘目录下的文件夹以及文件夹下的子文件夹，不过和地址栏一样，它也无法直接查看文件。

2.3.3　文件和文件夹的排序和显示

在 Windows 7 系统中，用户可以对文件或文件夹依照一定的规律进行顺序排列，方便查看。用户还可以对文件和文件夹的外观显示进行改变，系统有几种显示方式以供用户选择。

1．文件和文件夹的排序

文件和文件夹排序的具体方法就是在窗口空白处右击，在弹出的快捷菜单中选择"排序方式"，在其子菜单中选择"名称""修改日期""类型""大小"等即可。Windows 7 还提供了"更多…"命令让用户选择，而"递增"和"递减"命令是指确定排序方式后，再按增减顺序排列。

2．文件和文件夹的显示方式

在窗口中查看文件和文件夹时，系统提供了多种显示方式。用户可以单击工具栏右侧的按钮，在打开文件夹或库时，可以更改文件在窗口中的显示方式。单击工具栏中的"视图"按钮，可以查看每个文件不同种类信息的视图。单击"视图"按钮右侧下拉按钮，在列表中选择命令或移动滑块选择命令。在弹出的快捷菜单中有 8 种排列方式可供选择，如图2-7所示。

图 2-7　快捷菜单

2.3.4　资源管理器和库

Windows 7 系统中的资源管理器和 Windows XP 中的相比，其功能和外观都有了很大的改进，使用资源管理器可以方便用户对文件进行浏览、查看、移动和复制等各种操作，在一个窗口中用户就可以浏览所有硬盘、文件和文件夹。其组成部分和之前介绍的窗口类似，在这里就不再做讲解。

1．打开库

用户可以单击"开始"→"所有程序"→"附件"→"Windows 资源管理器"，或者直接单击任务栏中的"Windows 资源管理器"图标，打开"库"窗口。

2．新建库

1）单击左侧列表中的"库"选项。

2）在工具栏上，单击"新建库"按钮。

3）输入库的名称，然后按〈Enter〉键。

3．将文件夹添加到库中

1）在"资源管理器"中，选定文件夹。

2）单击工具栏上"包含到库中"下拉按钮，再单击某个库（如"文档"），如图 2-8 所示。

注意：无法将可移动媒体设备（如 CD 和 DVD）和某些 USB 闪存驱动器上的文件夹包含到库中。

图 2-8　将文件夹添加到库中

4．删除库中的文件夹

从库中删除文件夹时，不会从原始位置中删除该文件夹及其内容。如图 2-9 所示，在"资源管理器"的库列表（文件列表上方）中，右击要删除的文件夹，如图2-10所示，在弹出的快捷菜单中选择"从库中删除位置"命令。

图 2-9　删除库中的文件夹 1

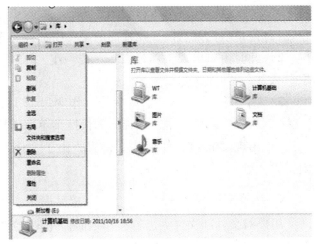

图 2-10　删除库中的文件夹 2

1）在 Windows 7 中，由于引进了"库"，文件管理更方便，可以把本地或局域网中的文件添加到"库"中，将文件收藏起来。文件库可以将我们需要的文件和文件夹集中到一起，就如同网页收藏夹一样，只要单击库中的链接，就能快速打开添加到库中的文件夹而不管它们原来深藏在本地计算机或局域网当中的任何位置。默认库有文档、音乐、图片

和视频。

2）在 Windows 7 中，还可以使用库组织和访问文件，库可以收集不同位置的文件，并将其显示为一个集合，而无须从其存储位置移动这些文件。库实际上不存储项目。库是用于管理文档、音乐、图片和其他文件的位置。用户可以使用与在文件夹中浏览文件相同的方式浏览库中的文件。

2.4 文件和文件夹的基本操作

要想在 Windows 7 系统下管理好计算机资源，就必须掌握文件和文件夹的基本操作，这些基本操作包括了新建、选择、移动、复制、删除、重命名文件和文件夹等。

2.4.1 新建、选择、重命名文件和文件夹

1. 新建文件和文件夹

在使用计算机时，用户新建文件是为了存储数据或者使用应用程序。用户也可以根据自己的需求，新建文件夹来存放相应类型的文件。

下面举例介绍新建文件和文件夹的具体步骤：

双击桌面上的“计算机”图标，打开“计算机”窗口，然后双击“本地磁盘（E:）”，打开 E 盘。

1）窗口空白处右击，在弹出的菜单中选择“新建”→“文本文档”命令。

2）此时窗口出现“新建文本文档.txt”的文件，并且文件名“新建文本文档”呈可编辑状态。

3）用户输入“作业”，则变为“作业.txt”文件。

4）窗口空白处右击，在弹出的快捷菜单中选择“新建”→“文件夹”命令。

5）出现“新建文件夹”文件夹，由于文件夹处于可编辑状态，直接输入“姓名”，则变成“姓名”文件夹。

2. 选择文件和文件夹

用户对文件和文件夹进行操作之前，先要选定文件和文件夹，选中的目标在系统默认下呈蓝色状态显示。Windows 7 系统提供如下几种选择文件和文件夹的方法。

1）选择单个文件或文件夹：单击文件或文件夹图标即可将其选择。

2）选择多个相邻的文件或文件夹：选择第一个文件或文件夹后，按住〈Shift〉键，然后单击最后一个文件或文件夹。

3）选择多个不相邻的文件和文件夹：选择第一个文件或文件夹后，按住〈Ctrl〉键，再单击要选择的文件或文件夹。

4）选择所有文件或文件夹：按〈Ctrl + A〉组合键即可选中当前窗口中所有的文件和文件夹。

2.4.2 移动、复制、删除文件和文件夹

1. 移动文件或文件夹

移动文件和文件夹是指将文件和文件夹从原来位置移动至其他位置，移动的同时，会删除原来位置的文件和文件夹。在 Windows 7 系统中，用户可以使用鼠标拖动的方法，或者右击选择快捷菜单中的"剪切"和"粘贴"命令对文件及文件夹进行移动操作。

注意：这里所说的移动不是指改变文件和文件夹的摆放位置，而是指改变文件或文件夹的存储路径。

2. 复制文件和文件夹

复制文件和文件夹即制作文件及文件夹的副本，目的是为了防止程序出错、系统问题或计算机病毒所引起的文件损坏或丢失。用户将文件和文件夹进行备份，复制并粘贴到硬盘上的其他位置。

3. 删除文件和文件夹

当计算机硬盘中存在损坏或用户不需要的文件和文件夹时，用户可以删除这些文件或文件夹，这样可以保持计算机系统运行顺畅，也节省了计算机的硬盘空间。

删除文件和文件夹的方法有以下几种。

1）单击选中要删除的文件或文件夹，然后按〈Delete〉键。

2）右击要删除的文件或文件夹，在弹出的快捷菜单中选择"删除"命令。

3）用鼠标将要删除的文件或文件夹直接拖到桌面的"回收站"图标上。

4）单击选中要删除的文件或文件夹，单击窗口工具栏中的"组织"下拉按钮，在弹出的下拉菜单中选择"删除"命令。

将文件和文件夹在不同硬盘分区之间进行拖动时，Windows 的默认是复制操作；在同一分区中拖动时，Windows 的默认是移动操作。如果要在同一分区中从一个文件夹复制文件到另一个文件夹，必须在拖动时按住〈Ctrl〉键，否则将会移动文件。同样，若要在不同的硬盘分区之间移动文件，必须要在拖动的同时按住〈Shift〉键。

2.4.3 文件和文件夹的高级设置

学会了文件和文件夹的基本操作后，用户还可以对文件和文件夹进行各种设置，以便于更好地管理文件和文件夹。这些设置包括改变文件或文件夹的外观、文件夹的只读属性和隐藏属性等。

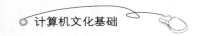

1. 设置文件或文件夹的外观

文件和文件夹的图标外形都可以改变，文件是由应用程序生成的，有相应固定程序的图标，所以一般无须更改图标。文件夹图标系统默认下都很相似，用户如果想要将某个文件夹更加醒目特殊，可以更改其图标外形。具体方法如下所示。

1）用户右击某个文件夹，在弹出的快捷菜单中选择"属性"命令，打开该文件夹的"属性"对话框，选择其中"自定义"选项卡，单击"文件夹图标"选项组中的"更改图标"按钮，如图 2-11 所示。

2）在弹出的"更改图标"对话框中选择一张图片作为文件夹图标，或者单击"浏览"按钮，在计算机硬盘里寻找一张图片作为该文件夹图标，如图 2-12 所示。

图 2-11　文件夹"属性"对话框　　　图 2-12　"更改图标"对话框

2. 更改文件和文件夹只读属性

文件和文件夹的只读属性表示用户只能对文件或文件夹的内容进行查看访问而无法修改。一旦文件和文件夹被赋予只读属性，就可以防止用户删除或损坏该文件和文件夹。

设置文件和文件夹的只读属性，只需要右击文件和文件夹，在弹出的快捷菜单中选择"属性"命令，打开"属性"对话框，在"常规"选项卡的"属性"选项组中勾选"只读"复选框，单击"确定"按钮。

如果文件夹内有文件或文件夹，还会弹出"确认属性更改"对话框，选中"将更改应用于此文件夹、子文件夹和文件"单选按钮，然后单击"确定"按钮。

3. 隐藏文件和文件夹

如果不想让计算机中的某些文件或文件夹被其他人看到，用户可以隐藏这些文件或文件夹。当用户想看时，再将其显示出来。

1）设置隐藏文件。右击该文件或文件夹，在弹出的快捷菜单中选择"属性"命令；在弹出对话框"常规"选项卡的"属性"选项组中勾选"隐藏"复选框，单击"确定"按钮。

2）显示隐藏文件。双击桌面"计算机"图标，单击窗口左上角的"组织"按钮，在下拉菜单中选择"文件夹和搜索选项"命令；弹出对话框中选择"查看"选项卡，选中"不显示隐藏的文件夹或驱动器"单选按钮，单击"确定"按钮。

2.4.4　回收站的使用

回收站是系统默认存放删除文件的场所。一般文件和文件夹在被删除的时候，都会被存放到回收站里，而不是从硬盘中彻底的删除，这样可以防止文件的误删除，随时可以从回收站里还原文件和文件夹。

1. 管理回收站

回收站可以进行还原、清空、删除的操作，下面将分别介绍管理回收站的各个操作。

（1）还原回收站文件　从回收站还原文件和文件夹有两种方法：一种是右击准备还原的文件或文件夹，在弹出的快捷菜单中选择"还原"命令，这样即可将该文件或文件夹还原到被删除之前的硬盘目录的位置；另一种则直接单击回收站窗口中工具栏上的"还原此项目"按钮，效果和第一种方法相同。

（2）删除回收站文件　在回收站中删除文件和文件夹是永久删除。方法是右击删除的文件，在弹出的快捷菜单中选择"删除"命令，如图2-13所示，然后弹出提示对话框，单击"是"按钮，该文件则被永久删除。

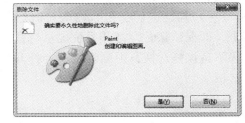

图 2-13　删除回收站文件

（3）清空回收站　清空回收站是将回收站中的文件和文件夹全部永久删除。此时，用户就不必去选择要删除文件，直接右击桌面"回收站"图标，在弹出的快捷菜单中选择"清空回收站"命令，如图 2-14 所示。

此时也和删除一样会弹出对话框，单击"是"按钮便可清空回收站，清空后回收站就一无所有了，如图 2-15 所示。

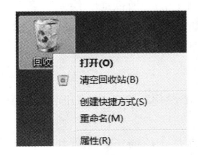

图 2-14　清空回收站

图 2-15　确定是否永久删除回收站文件

2. 设置回收站属性

回收站还原或删除文件和文件夹的过程中，用户可以使用回收站默认的设置，也可以按照自己的需求进行属性设置。回收站的属性设置很简单，用户只需右击桌面回收站图标，在弹出的快捷菜单中选择"属性"命令，打开"回收站属性"对话框，用户可以在该对话框设置回收站属性，如图 2-16 所示。

回收站属性设置如下所述。

1）回收站位置：即回收站存储空间放置在哪个硬盘空间中。系统默认状态一般是放在系统安装盘 C 盘下面。用户也可以设置放在其他硬盘。

2）自定义大小：即回收站存储空间的大小。在系统默认情况下，回收站最大占用该硬盘空间的 10%，用户也可以自行修改。

3）如果用户想停用回收站，可选中"不将文件移到回收站中。移除文件后立即将其删除"单选按钮。

4）勾选"显示删除确认对话框"复选框，即在删除时会打开系统提示对话框；如果不选该复选框，则删除时不会打开提示对话框。

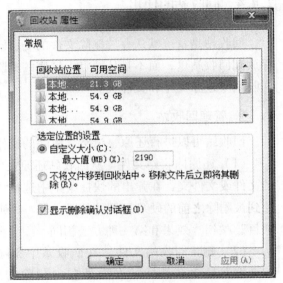

图 2-16　"回收站属性"对话框

🖱 2.5　操作和设置 Windows 7

2.5.1　Windows 7 系统桌面个性化设置

Windows 7 是一个崇尚个性的操作系统，它不仅提供各种精美的桌面壁纸，还提供更多的外观选择、不同的桌面背景和灵活的声音方案，让用户随心所欲地"绘制"属于自己的个性桌面。Windows 7 通过 Windows Aero 和 DWM（Desktop Window Manager，桌面窗口管理器）等技术的应用，使桌面呈现出一种半透明的 3D 效果。

1. 桌面外观设置

1）右击桌面空白处，在弹出的快捷菜单中选择"个性化"命令，打开个性化窗口，如图 2-17 所示。

2）在"Aero 主题"选项组中预置了多个主题，直接单击所需主题即可改变当前桌面外观。

2. 桌面背景设置

1）如果需要自定义个性化桌面，则在"个性化"窗口下方单击"桌面背景"图标，如图 2-18 所示，选择单张或多张系统内置图片。

图 2-17　"个性化"窗口

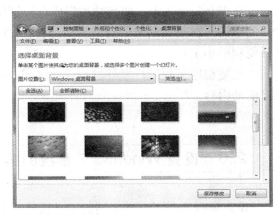

图 2-18　选择桌面背景图片

2）当选择了多张图片作为桌面背景后，图片会定时自动切换。用户可以在"更改图片时间间隔"下拉菜单中设置切换间隔时间，也可以勾选"无序播放"复选框实现图片随机播放，还可以通过"图片位置"设置图片显示效果。

3）单击"保存修改"按钮完成操作。

2.5.2　Windows 7 系统的桌面小工具

Windows 7 提供了时钟、天气、日历等一些实用小工具，如图 2-19 所示。右击桌面空白处，在弹出的快捷菜单中选择"小工具"命令，打开"小工具"窗口，直接将要使用的小工具拖动到桌面即可。

1. 设置小工具属性

用户可以轻松设置小工具的属性。以时钟小工具为例：将鼠标指针停在时钟小工具上，当出现操作提示图标后，单击"选项"按钮，打开属性设置界面。在设置界面可以选择时钟

图 2-19　桌面小工具

外观、是否显示秒针等。用户也可以在桌面上添加许多个时钟小工具，显示不同国家的时间。

2. 获取更多小工具

Windows 7 内置了 10 个小工具，用户还可以从微软官方站点下载更多的小工具。在"小工具"窗口中单击右下角的"联机获取更多小工具"链接，打开 Windows 7 个性化主

页的小工具分类页面，可以获取更多小工具。如果想彻底删除某个小工具，只要在"小工具"窗口中右击某个需要删除的小工具，在弹出的快捷菜单中选择"卸载"命令即可。

3．便利贴

在 Windows 7 中，便利贴被集成在计算机中，不用担心便利贴会用完。平日可以将重要的事情写在便利贴上。具体操作是：在"开始"菜单的搜索框中输入"便笺"，即可打开便利贴小工具。

便笺程序无须用户额外进行保存操作，只要不删除便笺，每次运行便笺程序都会显示之前的内容。

2.6 设置 Windows 7 系统的实用附件工具

Windows 自带了非常实用的工具软件，如写字板、画图工具、便笺、记事本、计算器等。即便计算机中没有安装专用的应用程序，通过自带的工具，也可以满足日常的编辑文本、绘图和计算等需求。

2.6.1 写字板

写字板程序是 Windows 7 系统自带的一款具有文字、图片编辑和排版功能的工具软件，用户使用写字板可以制作简单文档，完成输入文本、设置格式、插入图片等操作。

1）选择"开始"菜单→"所有程序"→"附件"→"写字板"。

2）单击"写字板"下拉按钮，选择"新建"命令。

3）单击任务栏上的语言栏输入法按钮，选择"搜狗拼音输入法"选项。

4）在写字板文档编辑区域输入"在 Windows 7 中使用写字板程序"这句话。

2.6.2 便签

便签是 Windows 7 系统新添加的一个小工具。顾名思义，它是作为我们平时用来记事和提醒留言的工具，相当于我们日常生活中使用的"小贴士"，只不过不是纸质的，而是显示在计算机屏幕上。

1）打开"开始"菜单，选择"所有程序"→"附件"→"便签"。

2）光标定位在便签中，直接输入文本。

便笺具有备忘录、记事本的特点。用户可以使用便笺编写待办事列表，快速记下电话号码，或者记录任何可用便笺纸记录的内容。便笺具有如下操作。

① 新建便笺：单击"便笺"上方的"＋"按钮，即可新建便笺。

② 删除便笺：单击"便笺"上方的"×"按钮，即可删除便笺。

2.6.3　计算器

Windows 7 自带的计算器是一个数学计算工具，除了人们日常生活用到的表针模式外，它还加入了多种模式，如科学计算模式、统计信息模式、程序员模式等。

启动计算器可以从"开始"菜单中选择"附件"→"计算器"命令。

Windows 7 中的计算器与现实中的计算器使用方法大致相同，按操作界面中相应的按钮即可算出结果。不过有些运算符号和现实计算器的有区别，如现实计算器的"×"和"÷"分别为"＊"和"／"。

2.6.4　画图工具

Windows 7 系统自带的画图程序是一个图像绘制和编辑程序。用户可以使用该程序绘制简单的图画，也可以查看和编辑其他图片。启动画图程序可以从"开始"菜单中选择"附件"→"画图"命令，打开画图程序操作界面，如图 2-20 所示。

画图的操作界面和写字板十分相似，很多功能大致相同，不同之处在于前者是图像编辑，而后者是文字编辑。

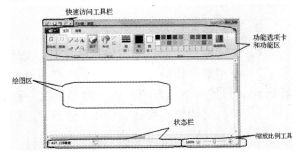

图 2-20　画图程序操作界面

2.7　中文输入法的使用

2.7.1　中文输入法

Windows 7 作为中文操作系统，输入汉字是必不可少的功能。Windows 7 的中文输入法有很多种，用户可以根据自己的习惯选择输入法。

所谓中文输入法是指用来输入汉字的软件，作用是把键盘上的英文字母按一定规则转化为汉字。

1．中文输入法种类

常用的中文输入法一般分为以下两类。

拼音输入法：把英文字母转化成拼音的声母和韵母，进而组合成汉字。

字形输入法：把英文字母转化成汉字的字根，进而组合成汉字。

2．常见输入法

1）中文（简体）-美式键盘：英文输入状态，如图 2-21 所示。

2）QQ 拼音输入法：中文拼音输入法，如图 2-22 所示。

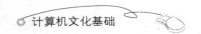

3）QQ 五笔输入法：中文字形输入法，如图 2-23 所示。

4）搜狗拼音输入法：中文拼音输入法，如图 2-24 所示。

5）王码五笔型输入法：中文字形输入法，如图 2-25 所示。

6）全拼输入法：中文字形输入法，如图 2-26 所示。

| 图 2-21 中文（简体）－美式键盘 | 图 2-22 QQ 拼音输入法 | 图 2-23 QQ 五笔输入法 |

| 图 2-24 搜狗拼音输入法 | 图 2-25 王码五笔型输入法 | 图 2-26 全拼输入法 |

3. 切换输入法方法

1）使用鼠标切换：单击输入法图标，选择想要的输入法即可。

2）使用键盘切换：按住〈Ctrl〉键不放，同时按下〈Shift〉键，可以按顺序依次切换输入法。每按一下〈Shift〉键，即可更改一种输入法。

3）中英文切换：按住〈Ctrl〉键不放，同时按一下〈Space〉键，即可更换。

4. 中文输入法组成（以 QQ 拼音为例）

1）图标：在任务栏右侧、桌面右下角，只有启动时才会出现。

2）窗口：用来显示输入法的各项功能，如图 2-27 所示。

3）输入界面：打字时显示，用来检索、选择文字，如图 2-28 所示。

| 图 2-27 输入法窗口 | 图 2-28 输入法输入界面 |

5. 输入法窗口

QQ 拼音输入法窗口，如图 2-29 所示。

1）图标：QQ 拼音的标志。

2）中英文切换：单击或按一下〈Shift〉键即可更改。

3）全角、半角切换：全角、半角是指字母、数字所占位置多少，单击即可更改。半角为 1 个字符位置，如 abc123；全角为 2 个字符位置，如

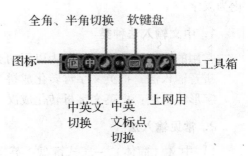

图 2-29 QQ 拼音输入法窗口

ａｂｃ１２３ 。

4）中英文标点切换：单击即可更改。

5）软键盘：用来输入特殊符号或其他语言。

6．软键盘的使用

右击"软键盘"按钮，出现软键盘菜单，单击其中一种软键盘并且直接单击相应符号，在输入完毕后单击"软键盘"按钮，关闭软键盘菜单。

2.7.2　添加和删除输入法

Windows 7 中文版自带了几种输入法供用户使用，如果这些输入法不能满足用户的需求，或者有些输入法不需要，此时就需要添加和删除输入法。

1）单击"开始"→"控制面板"→"时钟、语言和区域"→"区域和语言"，选择"键盘和语言"选项卡，单击"更改键盘"按钮。

2）在"文本服务和输入语言"对话框的"常规"选项卡中单击"添加"按钮。

3）在列表中选择需要添加的输入法即可。

2.8　Windows 7 软件和硬件管理

2.8.1　软件的安装和卸载

使用计算机离不开软件的支持，操作系统和应用程序都属于软件的范畴。虽然 Windows 7 操作系统提供了一些用于文字处理、图片编辑、多媒体播放、数据计算、娱乐休闲等应用程序组件，但是这些程序无法满足实际的应用需求，所以在安装操作系统之后，用户会经常安装其他的应用软件或卸载不需要的软件。

1．安装软件

用户首先要选择好适合自己需要并且硬件允许安装的软件，然后再选择安装方式和步骤来安装应用软件。

安装软件前，首先要了解硬件能否支持该软件，然后获取该软件的安装文件和安装序列号等，只有做足了准备工作，才能有针对性地安装用户所需软件。

检查计算机的配置，可以右击桌面的"计算机"图标，在弹出的快捷菜单中选择"属性"命令。在弹出的"系统"窗口中可以看到当前计算机的硬件和操作系统相关信息。

然后用户需要获取软件的安装程序。用户可以通过两种方式来获取安装程序：第一种是从网上下载安装程序，网上有很多共享的免费软件提供下载，用户可以上网查找并下载这些安装程序；第二种是购买安装光盘，一般软件都以光盘为载体，用户可以购买安装光

盘，然后将光盘放入计算机光驱内进行安装。

安装程序的可执行文件一般扩展名为".exe"，其名称一般为 Setup 或 Install，用户找到该文件，双击即可启动安装程序，之后按照提示框中的提示进行安装操作。

2. 运行软件

在 Windows 7 操作系统中，用户可以有很多种方式来运行安装好的软件程序。

1）从"开始"菜单选择。选择"开始"→"所有程序"命令，然后在程序列表中找到该运行软件的快捷方式即可。

2）双击桌面快捷方式。双击在桌面上的运行软件的快捷方式图标即可。

3）双击安装目录的可以执行文件。找到运行软件安装目录下的可执行文件（扩展名为 .exe），运行即可。

3. 卸载软件

卸载软件就是将该软件从计算机硬盘内删除，软件如果使用一段时间后不再需要，或者由于硬盘空间不足，用户可以选择一些软件将其删除。由于软件程序不是独立的文档和图片等文件，因此不是简单地使用"删除"命令就能完全将其删除。

（1）内置卸载　大部分软件都提供了内置的卸载功能，一般都是以"uninstall.exe"为文件名的可执行文件。用户可以在"开始"菜单中选择"卸载"命令来删除该软件。

（2）使用控制面板卸载软件　如果该程序没有自带卸载功能，用户则可以通过控制面板中的"程序和功能"窗口来卸载该程序。

2.8.2　硬件设备管理

Windows 7 系统用于查看和管理硬件设备的自带程序是设备管理器，用户可以通过设备管理器方便查看计算机已经安装硬件设备的各项属性，此外还能更改硬件设备的设置等操作。本节主要介绍使用设备管理器查看硬件属性、启用和禁用硬件设备、安装和卸载硬件驱动程序等内容。

1. 启动硬件设备管理器

在 Windows 7 中，打开设备管理器的方法有以下两种。

1）右击桌面上的"计算机"图标，从弹出的快捷菜单中选择"管理"命令，然后在随后打开的"计算机管理"窗口左侧树状列表中单击"设备管理器"选项，即打开设备管理器。

2）右击桌面上的"计算机"图标，从弹出的快捷菜单中选择"属性"命令，打开"系统"窗口；然后单击左侧任务列表中的"设备管理器"链接，打开"设备管理器"窗口，如图 2-30 所示。

2. 查看硬件属性

在 Windows 7 系统中，设备管理器会按照类型来显示所有的硬件设备。用户通过设备管理器，不仅能查看计算机硬件的基本属性，还可以查看硬件设备及其驱动程序的问题。

打开"设备管理器"窗口，单击每一个类型前面的下拉按钮 ▷ 即可展开该类型的设备，并查看属于该类型的具体设备，双击该设备就可以打开相应设备的属性对话框，如图 2-31 所示。

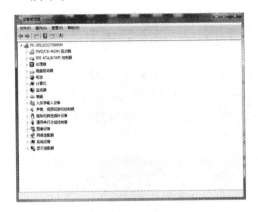
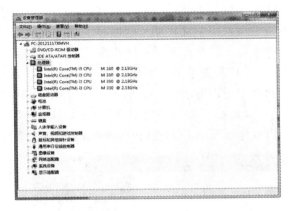

图 2-30　"设备管理器"窗口 1　　　　图 2-31　"设备管理器"窗口 2

右击具体设备，则可以在弹出的快捷菜单中执行相关的一些命令。

3．查看 CPU 速度和内存容量

计算机的性能主要取决于 CPU 速度和内存容量。CPU 速度和内存容量是计算机的重要参数，它们决定着计算机的工作速度。Windows 7 可以通过简单的方法快速地查看当前计算机的 CPU 速度和内存容量；用户只需要右击桌面的"计算机"图标，从弹出的快捷菜单中选择"属性"命令，随后在打开的"系统"窗口中可以查看 CPU 速度和内存容量。

4．启动和禁用硬件设备

在使用计算机的过程中，如果遇到某些已安装的硬件设备暂时不需要，或者为了节省系统分配给该硬件的资源，用户可以禁用该硬件设备。等到需要的时候，还可以重新启用该设备。启用和禁用设备，不用直接拆卸硬件设备，用户可以通过设备管理器进行设置。

5．安装和更新驱动程序

驱动程序（Device Driver，设备驱动程序）是一种可以使计算机和设备通信的特殊程序，可以说相当于硬件的接口，操作系统只有通过这个接口，才能控制硬件设备的工作，假如某设备的驱动程序未能正确安装，该设备便不能正常工作。因此，驱动程序被誉为"硬件的灵魂""硬件的主宰""硬件和系统之间的桥梁"等。

通常在安装新硬件设备时，系统会提示用户需要为硬件设备安装驱动程序，此时可以使用光盘、本地硬盘、联网等方式寻找与硬件相符的驱动程序。安装驱动程序可以先打开"设备管理器"窗口，选择菜单栏的"操作"→"扫描检测硬件改动"命令，系统会自动寻找新安装的硬件设备。

2.8.3　安装打印机

在 Windows 7 系统下安装打印机，可以使用控制面板中的添加打印机向导，指引用户按照步骤来安装打印机。要使用打印机还需要安装驱动程序，用户可以通过安装光盘或联网下载获得驱动程序，这两种安装方式和安装软件流程相似；用户可以选择 Windows 7 系统下自带的相应型号打印机驱动程序来安装打印机。

1）首先单击"开始"按钮，选择"设备和打印机"命令（见图 2-32）进入设置页面；也可以通过"控制面板"→"硬件和声音"→"设备和打印机"进入设置页面。

2）在"设备和打印机"页面，单击"添加打印机"按钮，此页面可以添加本地打印机或添加网络、无线或 Bluetooth 打印机，如图 2-33 所示。

　　　　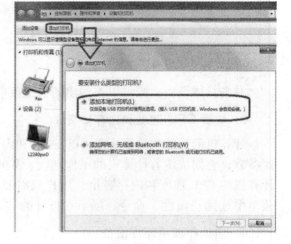

图 2-32　进入"设备和打印机"设置页面　　　　图 2-33　"设备和打印机"页面

3）选择"添加本地打印机"后，会进入到选择打印机端口类型界面，选择本地打印机端口类型后单击"下一步"按钮。

4）此页面需要选择打印机的"厂商"和"打印机类型"进行驱动加载，如"EPSON LASER LP – 2200 打印机"，选择完成后单击"下一步"按钮。如果 Windows 7 系统在列表中没有用户打印机的类型，可以单击"从磁盘安装"按钮来添加打印机的驱动程序；或单击"Windows Update"按钮，然后等待 Windows 联网检查其他驱动程序。

5）系统会显示出用户所选择的打印机名称，如图 2-34 所示，确认无误后，单击"下一步"按钮进行驱动程序安装。

6）打印机驱动程序加载完成后，系统会出现提示是否共享打印机的界面，如图 2-35 所示，用户可以选择"不共享这台打印机"或"共享此打印机以便网络中的其他用户可以找到并使用它"。如果选择共享此打印机，则需要设置共享打印机名称。

7）单击"下一步"按钮，添加打印机完成，设备处会显示所添加的打印机。用户可以通过"打印测试页"检测设备是否可以正常使用。

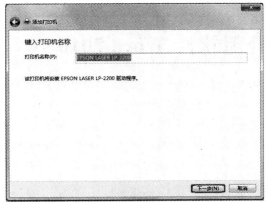

图 2-34　"添加打印机"窗口 1

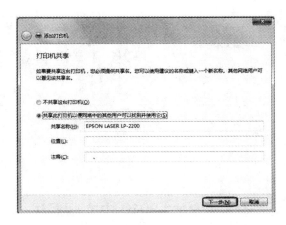

图 2-35　"添加打印机"窗口 2

本章小结

本章以 Windows7 为平台，以应用为目标介绍了必须掌握的相关操作系统的基本知识、使用方法和操作技巧。主要包括以下内容：

- 认识 Windows7 的基本特点和工作环境。
- 基本掌握桌面、开始菜单与任务栏的操作和个性化设置。
- Window7 的智能搜索框。
- Window7 管理磁盘、文件夹、文件的基本操作。
- Window7 常用的系统设置的功能和方法。

 **思考题**

1. 什么是操作系统？它有哪些功能？请列举几种具有代表性的操作系统。
2. 对话框中通常有哪些组件？各有什么功能？
3. 窗口有哪些基本操作？
4. 在桌面上自动排列窗口有哪几种方式？
5. 任务管理器的作用是什么？
6. 在 Windows 中如何复制文件、删除文件或为文件更名？如何恢复被删除的文件？
7. 如何安全地卸载一个 Windows 应用程序？
8. 在 Windows 中，如何设定系统日期？
9. 简述 Windows 附件中提供的一些系统维护工具和办公程序的功能和用法。

第 3 章　文字处理软件 Word 2010

3.1　Word 2010 中文版概述

Word 2010 是 Microsoft 公司开发的 Office 2010 办公组件之一，主要用于文字处理。Word 的最初版本是由 Richard Brodie 为了运行 DOS 的 IBM 计算机在 1983 年编写的。随后的版本可运行于 Apple Macintosh（1984 年）、SCO UNIX 和 Microsoft Windows（1989 年），并成为了 Microsoft Office 的一部分。

Word 2010 旨在向用户提供最上乘的文档格式设置工具，利用它还可更轻松、高效地组织和编写文档，并使这些文档随时可用。其主要功能是可以方便地进行文字处理，用户能够简单、快速地进行文字编辑、图文混排、表格设计、网页制作等工作。Word 2010 继承了以前 Word 版本的部分功能和特点，并在此基础上进行了改进和扩充，有了更新、更方便、更全面的功能。本节主要介绍 Word 2010 的基础知识。

3.1.1　Word 2010 的新增功能和改进

Word 2010 除了拥有 Office 2010 共同的新增功能之外，还具有以下新增功能。

（1）导航窗口　利用 Word 2010 可以更加便捷地查找信息，切换至主窗口上方的"视图"选项卡，在打开的视图列表中勾选"导航窗口"复选框，即可在主窗口的左侧打开导航窗口。在导航窗口搜索框中输入要查找的关键字后，单击后面的"放大镜"按钮，这时你会发现，过去的每一个版本只能定位搜索结果，而 Word 2010 在导航窗口中则可以列出整篇文档所有包含该关键词的位置，搜索结果快速定位并高亮显示与搜索相匹配的关键词；单击搜索框后面的"×"按钮即可关闭搜索结果并关闭所有高亮显示的文字。将导航窗口中的功能标签切换到中间的"浏览文档中的页面"选项卡时，可以在导航窗口中查看该文档的所有页面的缩略图，单击缩略图便能够快速定位到该页文档了。

（2）屏幕截图　以往我们需要在 Word 中插入屏幕截图时，都需要安装专门的截图软件，或者按键盘上的〈PrtSc〉键来完成，安装了 Word 2010 以后就不用再这么麻烦了；Word 2010 内置了屏幕截图功能，并可将截图即时插入到文档中。切换至主窗口上方的"插入"选项卡将编辑模式切换到插入模式，然后单击"屏幕截图"按钮。

（3）背景移除　使用 Word 2010 在 Word 中插入图片以后，用户还可以进行简单的抠图操作，而无须再启动 Photoshop，首先在"插入"选项卡下插入图片；图片插入后在打开的图片工具栏中单击"删除背景"图标按钮。

（4）屏幕取词　当用户用 Word 处理文档的过程中遇到不认识的英文单词时，大概首先会想到使用词典来查询；其实 Word 中就有自带的文档翻译功能，而在 Word 2010 中，除了以往的文档翻译、选词翻译和英语助手之外，还加入了一个"翻译屏幕提示"的功能，可以像电子词典一样进行屏幕取词翻译。首先使用 Word 2010 打开一篇带有英文的文档，然后单击主窗口上方的"审阅"按钮将模式切换到审阅状态下，单击"翻译"按钮，然后在弹出的下拉列表中单击"翻译屏幕提示（英语助手：简体中文）"选项。

（5）文字视觉效果　在 Word 2010 中用户可以为文字添加图片特效，如阴影、凹凸、发光以及反射等，同时还可以对文字应用格式，从而让文字完全融入图片中，这些操作实现起来非常容易，只需要单击几下鼠标即可。首先在 Word 2010 中输入文字，然后设置文字的大小、字体、位置等，选取文字单击主窗口上方的"A"图标文本效果按钮。

（6）图片艺术效果　Word 2010 还为用户新增了图片编辑工具，无须其他的照片编辑软件，即可插入、剪裁和添加图片特效，用户也可以更改图片颜色和饱和度、色调、亮度以及对比度，轻松、快速将简单的文档转换为艺术作品。首先在"插入"选项卡中单击"插入图片"图标按钮，然后在打开的对话框中选择要编辑的图片，将图片插入到 Word 文档中；图片插入以后在主窗口上方将显示出图片工具栏。

（7）SmartArt 图表　SmartArt 是 Office 2007 引入的一个很酷的功能，用户可以轻松制作出精美的业务流程图，而 Office 2010 在现有的类别下增加了大量的新模板，还新添了多个新类别，提供更丰富多彩的图表绘制功能；利用 Word 2010 提供的更多选项，用户可以将视觉效果添加到文档中，可以从新增的"SmartArt"图形中选择，在数分钟内构建令人印象深刻的图表，SmartArt 中的图形功能同样也可以将列出的文本转换为引人注目的视觉图形，以便更好地展示你的创意。

（8）轻松写博客　以往大家都是利用博客提供的在线编辑工具来写文章，因为在线工具的功能限制总是给博主们带来很多不便。其实，Word 2010 可以把 Word 文档直接发布到博客，不需要登录博客 Web 页也可以更新博客，而且 Word 2010 有强大的图文处理功能，可以让广大博主写起博客来更加舒心惬意。

微软办公套件 Office 2010 各大组件都有新的变化，文字处理 Word 2010 也对一些功能做了改进，下面为大家总结 Word 2010 的十大功能改进。

改进 1：搜索与导航体验。

在 Word 2010 中，用户可以更加迅速、轻松地查找所需的信息。利用改进的新"查找"功能，用户可以在单个窗口中查看搜索结果的摘要，并单击以访问任何单独的结果。改进的导航窗口会提供文档的直观大纲，以便于用户对所需的内容进行快速浏览、排序和查找。

改进 2：与他人协同工作，而不必排队等候。

Word 2010 重新定义了用户可针对某个文档协同工作的方式。利用共同创作功能，用户可以在编辑论文的同时，与他人分享自己的观点。用户也可以查看正在一起创作文档的他人的状态，并在不退出 Word 的情况下轻松发起会话。

改进3：几乎可从任何位置访问和共享文档。

在线发布文档，然后通过任何一台计算机或 Windows 电话对文档进行访问、查看和编辑。借助 Word 2010，用户可以从多个位置使用多种设备来尽情体会非凡的文档操作过程。

1）Microsoft Word Web App。当用户离开办公室、出门在外或离开学校时，可利用 Web 浏览器来编辑文档，同时不影响查看的质量。

2）Microsoft Word Mobile 2010。利用 Windows 电话的移动版本的增强型 Word，保持更新并在必要时立即采取行动。

改进4：向文本添加视觉效果。

利用 Word 2010，用户可以像应用粗体和下划线那样，将诸如阴影、凹凸、发光、映像等效果轻松应用到文档文本中；可以对使用了可视化效果的文本执行拼写检查，并将文本效果添加到段落样式中。现在可将很多用于图像的设计效果同时用于文本和图形中，从而使用户能够无缝地协调全部内容。

改进5：将文本转换为醒目的图表。

Word 2010 为用户提供用于使文档增加视觉效果的更多选项。从众多的附加 SmartArt 图形中进行选择，只需键入项目符号列表，即可构建精彩的图表。使用 SmartArt 可将基本的要点句文本转换为引人入胜的视觉画面，以便更好地阐释自己的观点。

改进6：为文档增加视觉冲击力。

利用 Word 2010 中提供的新型图片编辑工具，可在不使用其他图片编辑软件的情况下，添加特殊的图片效果。用户可以利用色彩饱和度和色温控件来轻松调整图片效果，还可以利用所提供的改进工具更轻松、精确地对图片进行裁剪和更正，从而有助于将一个简单的文档转化为一件艺术作品。

改进7：恢复丢失的文档。

在某个文档上编辑文件时，有可能出现在未保存该文档的情况下意外将其关闭。利用 Word 2010，用户可以像打开任何文件那样轻松恢复最近所编辑文件的草稿版本，即使从未保存过该文档也是如此。

改进8：跨越沟通障碍。

Word 2010 有助于用户跨不同语言进行有效的工作和交流，比以往更轻松地翻译某个单词、词组或文档。针对屏幕提示、帮助内容和显示，分别对语言进行不同的设置。利用英语文本到语音转换播放功能，为以英语为第二语言的用户提供更多的帮助。

改进9：将屏幕截图插入到文档。

直接从 Word 2010 中捕获和插入屏幕截图，快速、轻松地将视觉插图纳入到文档中。如果使用已启用 Tablet 的设备（如 Tablet PC 或 Wacom Tablet），则经过改进的工具使设置墨迹格式与设置形状格式一样轻松。

改进10：利用增强的用户体验完成更多工作。

Word 2010 可简化功能的访问方式。新的 Microsoft Office Backstage 视图将替代传统的

"文件"菜单，从而用户只需单击几次鼠标即可保存、共享、打印和发布文档。利用改进的功能区，可以更快速地访问常用命令，方法为自定义选项卡或创建自己的选项卡，从而使工作风格体现出个人的个性化经验。

3.1.2　Word 2010 的启动和退出

1．Word 2010 的启动

（1）通过运行应用程序正常启动　单击任务栏左侧的"开始"菜单→"所有程序"→"Microsoft Office"→"Microsoft Office Word 2010"选项，即可启动 Word 2010 中文版，如图 3-1 所示。

如果创建了该应用程序的快捷方式，可以通过双击该快捷方式的图标来启动 Word 2010 中文版。

（2）通过创建文档启动　单击任务栏左侧的"开始"菜单→"新建 Word 文档"选项，如图 3-2 所示。这时会弹出"新建 Word 文档"对话框，单击"空白文档"图标，然后单击"确定"按钮（或双击"空白文档"图标），就会启动 Word 2010 并创建一个新文档。

图 3-1　从"开始"菜单启动 Word 2010

图 3-2　新建 Word 文档

（3）通过打开文档启动　由于 Word 文档和 Word 应用程序建立了关联，打开一个已有的 Word 文档时，会自动启动 Word 应用程序，然后在该程序中打开并显示该文档。

以上操作的图示均是在 Windows XP 环境下的示例，在其他 Windows 版本中，由于"开始"菜单项的设置不同，操作也会略有不同。

2．Word 2010 的退出

1）右击标题栏，从弹出的快捷菜单中选择"关闭"命令。

2）单击应用程序窗口标题栏右侧的"关闭"按钮。

3）按〈Alt + F4〉组合键。

如果在执行退出命令之前没有保存修改过的文档，则会弹出如图3-3所示的提示对话框。单击"保存"按钮，Word 2010 中文版会保存该文档，然后退出；单击"不保存"按钮，则不保存该文档，直接退出。

单击"取消"按钮，则取消退出操作，回到刚才的 Word 2010 中文版编辑窗口。

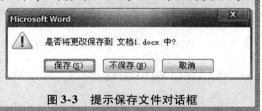

图 3-3　提示保存文件对话框

3.1.3　Word 2010 的窗口组成

启动 Word 2010 中文版后，进入如图3-4所示的 Word 2010 中文版窗口。窗口由①快速访问工具栏；②标题栏；③帮助按钮；④功能区；⑤水平标尺；⑥垂直标尺；⑦垂直滚动条；⑧水平滚动条；⑨状态栏；⑩视图区等组成。

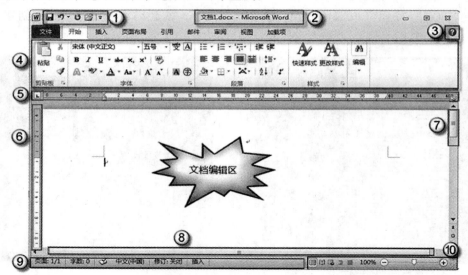

图 3-4　Word 2010 中文版窗口

Microsoft Word 从 Word 2007 升级到 Word 2010，其最显著的变化就是使用"文件"按钮代替了 Word 2007 中的 Office 按钮。另外，Word 2010 同样取消了传统的菜单操作方式，而代之以各种功能区。Word 2010 窗口上方看起来像菜单的名称其实是功能区的名称，单击这些名称时并不会打开菜单，而是切换到与之相对应的功能区选项卡。每个功能区根据功能的不同又分为若干个选项组，每个功能区所拥有的功能如下所述。

1."开始"功能区

"开始"功能区中包括剪贴板、字体、段落、样式和编辑 5 个选项组，对应 Word 2003 的"编辑"和"段落"菜单部分命令。该功能区主要用于帮助用户对 Word 2010 文档进行文字编辑和格式设置，是用户最常用的功能区，如图 3-5 所示。

图 3-5　"开始"功能区

2．"插入"功能区

"插入"功能区包括页、表格、插图、链接、页眉和页脚、文本、符号等选项组，对应 Word 2003 中"插入"菜单的部分命令，主要用于在 Word 2010 文档中插入各种元素，如图 3-6 所示。

图 3-6　"插入"功能区

3．"页面布局"功能区

"页面布局"功能区包括主题、页面设置、稿纸、页面背景、段落、排列等选项组，对应 Word 2003 的"页面设置"菜单命令和"段落"菜单中的部分命令，用于帮助用户设置 Word 2010 文档页面样式，如图 3-7 所示。

图 3-7　"页面布局"功能区

4．"引用"功能区

"引用"功能区包括目录、脚注、引文与书目、题注、索引和引文目录等选项组，用于实现在 Word 2010 文档中插入目录等比较高级的功能，如图 3-8 所示。

图 3-8　"引用"功能区

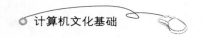

5."邮件"功能区

"邮件"功能区包括创建、开始邮件合并、编写和插入域、预览结果和完成等选项组，该功能区的作用比较专一，专门用于在 Word 2010 文档中进行邮件合并方面的操作，如图 3-9 所示。

图 3-9 "邮件"功能区

6."审阅"功能区

"审阅"功能区包括校对、语言、中文简繁转换、批注、修订、更改、比较和保护等选项组，主要用于对 Word 2010 文档进行校对和修订等操作，适用于多人协作处理 Word 2010 长文档，如图 3-10 所示。

图 3-10 "审阅"功能区

7."视图"功能区

"视图"功能区包括文档视图、显示、显示比例、窗口和宏等选项组，主要用于帮助用户设置 Word 2010 操作窗口的视图类型，以方便操作，如图 3-11 所示。

图 3-11 "视图"功能区

8."加载项"功能区

"加载项"功能区只包括菜单命令一个选项组，加载项是可以为 Word 2010 安装的附加属性，如自定义的工具栏或其他命令扩展。"加载项"功能区则可以在 Word 2010 中添加或删除加载项，如图 3-12 所示。

图 3-12　"加载项"功能区

3.1.4　文档窗口的视图方式

在 Word 2010 中提供了多种视图模式供用户选择，这些视图模式包括"页面视图""Web 版式视图""阅读版式视图""大纲视图"和"草稿视图"等 5 种视图模式。用户可以在"视图"功能区中选择需要的文档视图模式，也可以在文档窗口的右下方单击视图按钮来选择视图。

1. 页面视图

页面视图是 Word 最基本的视图方式，它简化了页面布局，显示速度相对较快，非常适合文字的录入。"页面视图"可以显示 Word 文档打印效果的外观，主要包括页眉页脚、图形对象、分栏设置、页面边距等元素，是最接近打印效果的页面视图，如图3-13所示。

2. Web 版式视图

Web 版式视图以网页的形式显示 Word 文档，Web 版式视图适用于发送电子邮件和创建网页。

Web 版式视图能够仿真 Web 浏览器来显示文档。该视图的优点是在屏幕上显示的文档效果最佳，文本能自动换行以适应窗口的大小，但它不是实际打印的效果。另外，这个版式中可看到给文档添加的背景，可以对文档的背景颜色进行设置，非常适用于创建网页，如图3-14所示。

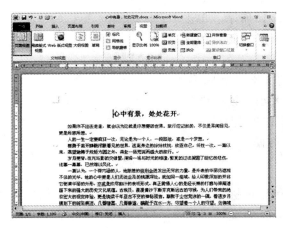

图 3-13　页面视图

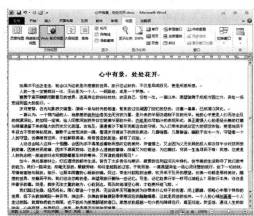

图 3-14　Web 版式视图

3. 阅读版式视图

阅读版式视图以图书的分栏样式显示 Word 文档，"Office" 按钮、功能区等窗口元素被隐藏起来。在阅读版式视图中，用户还可以单击"工具"按钮来选择各种阅读工具，阅读版式视图最大的优点是便于用户阅读操作。在阅读内容紧凑或包含文档元素较少的文档中多使用阅读版式视图，单击"文档结构图"按钮，可以在左侧打开文档结构窗口，这样在阅读文档时就能够根据目录结构有选择地阅读文档内容。阅读版式视图提供了更方便的文档阅读方式。在阅读版式视图中可以完整地显示每一张页面，就像展开书本一样，如图3-15所示。

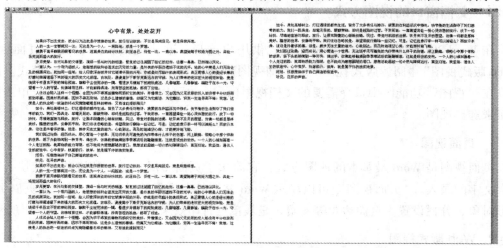

图 3-15　阅读版式视图

与其他视图相比，阅读版式视图隐藏了"Office"按钮、"标题栏""选项卡""功能区"等不必要的部分，增加了文档的可读性，便于用户阅读文档，使视图看上去更加亲切、赏心悦目。单击阅读版式视图窗口中的"视图选项"下拉列表框，可实现在一屏一页和一屏多页之间进行切换，增大或减小文本字号，允许输入、修订、显示批注和更改、显示原始/最终文档和显示打印页等操作，如图3-16所示。单击阅读版式视图窗口中的"关闭"按钮，即可退出阅读版式视图。

阅读版式视图中，页面上不在段落中的文本（如图形、艺术字、表格中的文本）显示时不能调整大小。该视图比较适合阅读结构简单、内容紧凑的文档，对于图文混排或包含多种元素的文档的阅读不如在页面视图中方便。

4. 大纲视图

大纲视图主要用于 Word 文档的设置和显示标题的层级结构，并可以方便地折叠和展开各种层级的文档。大纲视图广泛用于 Word 长文档的快速浏览和设置中，如图

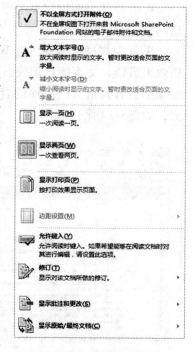

图 3-16　阅读版式视图选项

3-17 所示。

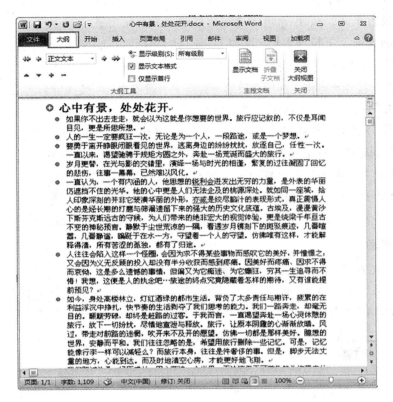

图 3-17　大纲视图

大纲视图按照文档中标题的层次显示文档，可以折叠文档，只显示文档的标题，或扩展文档，显示整个文档内容，可以方便地升降各标题的级别或移动标题来重新组织文档，非常适合为一个具有多重标题的文档创建文档大纲，查看和调整文档结构。

在大纲视图下，用户能够方便地查看文档结构、修改标题内容和设置格式，还可以通过折叠文档来查看主要标题。进入大纲视图后，系统会自动打开"大纲"选项卡，如图3-18所示。

图 3-18　"大纲"选项卡

"大纲"选项卡中提供一些编辑大纲中常用的功能按钮，通过这些按钮可进行"升级""降级""移位""展开""折叠"等操作。

1）"升级"按钮 可将光标所在段落的标题提升一级。

2）"降级"按钮 可将光标所在段落的标题下降一级。

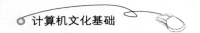

3）"提升至'标题1'"按钮 ⬅️ 可将光标所在段落的标题提升为"标题1"。

4）"降级为正文"按钮 ➡️ 可将选定的标题降为正文文字。

5）"大纲级别"下拉列表框 [正文文本 ▼] 可为光标所在的段落设定位置。

6）"上移"按钮 🔺 可将光标所在段落上移至前一段落之前，快捷键为〈Alt + Shift + ↑〉。

7）"下移"按钮 🔻 可将光标所在段落下移至下一段落之后，快捷键为〈Alt + Shift + ↓〉。

8）"展开"按钮 ➕ 可将选定标题的折叠子标题和正文展开。

9）"折叠"按钮 ➖ 可将选定标题的折叠子标题和正文隐藏。

10）"显示级别"下拉列表框 [所有级别 ▼] 可指定显示标题的级别。

11）"显示文本格式"复选框可在大纲视图中显示或隐藏字符的格式。

12）"仅显示首行"复选框只显示正文各段落的首行而隐藏其他行。

13）"显示文档"按钮 🖼️ 可以对文档进行"创建""插入"等编辑操作。

5. 草稿视图

草稿视图取消了页面边距、分栏、页眉、页脚和图片等元素，仅显示标题和正文，是最节省计算机系统硬件资源的视图方式。当然现在计算机系统的硬件配置都比较高，基本上不存在由于硬件配置偏低而使 Word 2010 运行遇到障碍的问题，如图3-19所示。

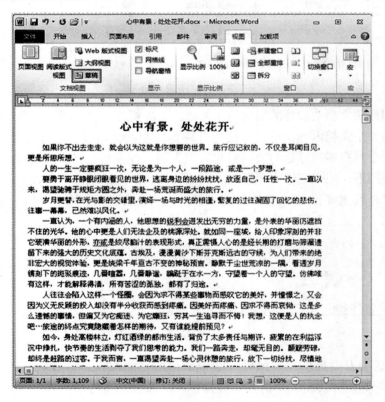

图3-19　草稿视图

3.2　Word 2010 的基本操作

文档的基本操作主要包括文档的创建、保存、打开和关闭等，掌握了这些基本操作，可以大大提高工作效率。

3.2.1　创建和保存文档

在使用 Word 编辑文档之前，首先要学会如何创建一个新文档，以及如何根据要求保存文档，这样才能进行 Word 文档的基本操作。

1.创建文档

创建新文档的方法有多种，用户可以使用其中任意一种来创建新的文档。

1）单击"开始"→"所有程序"→"Microsoft Office"→"Microsoft Word 2010"命令，启动 Word 2010 应用程序后，系统会自动创建一个名为"文档1"的文档。

2）用户也可按〈Ctrl + N〉快捷键来新建一个基于通用模板的空白文档。

3）单击"文件"按钮 文件 ，然后在弹出的菜单中选择"新建"命令，在菜单的右侧会显示可用模板，在其中选择一个要使用的模板就可以了，如图 3-20 所示。

在"可用模板"列表框中选择"空白文档"选项，单击"创建"按钮，即可创建一个空白文档。

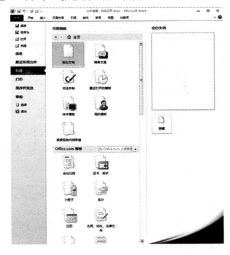

图 3-20　创建新文档

新建一个文档后，系统会自动将该文档暂命名为"文档 1""文档 2""文档 3"等。用户在保存文档时，可以按照自己的需要为文档重命名。

2.保存文档

编写文档的过程中，文档的内容只是临时性地保存在计算机内存，如果不保存在硬盘上，在系统发生故障而非正常退出 Word 2010 时会丢失。保存文档即把对当前文档所做的编辑和修改保存到磁盘文件中，以便以后使用。用户应该在开始使用 Word 2010 的时候就养成良好的习惯，及时保存文档，以防止数据丢失。Word 2010 为用户提供了多种保存文档的方法。

（1）保存新建文档　保存新建文档的具体操作步骤如下所示。

1）单击"文件"按钮，然后在弹出的菜单中选择"保存"命令，或按〈Ctrl + S〉快捷键，弹出"另存为"对话框，如图 3-21 所示。

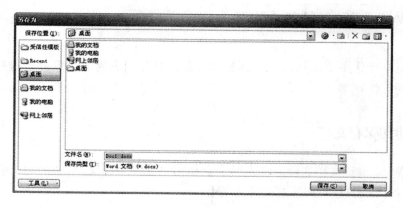

图 3-21 "另存为"对话框

2）在该对话框的"保存位置"下拉列表中选择要保存文件的文件夹位置。

3）在"文件名"下拉列表中输入文件名；在"保存类型"下拉列表中选择保存文件的格式。

4）设置完成后，单击"保存"按钮即可。

注 意

Word 2010 允许为文件起一个最多可达 255 个字符的文件名，文件名中可以有空格，可以中、英文混编，还可以区分大小写字母。Word 2010 默认的文档保存类型为 Word 文档，用户还可以在"保存类型"下拉列表框中选择 Word 2010 支持的其他文档类型来保存文档。

（2）保存已有文档　如果当前文档已经保存过，编辑修改后需要重新保存。保存已有文档有以下两种方法。

1）在原有位置保存。在对已有文档修改完成后，单击"文件"按钮，然后在弹出的菜单中选择"保存"命令，Word 2010 将以当前文档覆盖修改前的内容，并且不再弹出"另存为"对话框。

2）"另存为"方式保存。如果需要将已有的文档保存到其他的文件夹中，可在修改完文档之后，单击"文件"按钮，然后在弹出的菜单中选择"另存为"命令，弹出"另存为"对话框，在该对话框中的"保存位置"下拉列表中重新选择文件的位置；在"文件名"下拉列表中输入文件的名称；在"保存类型"下拉列表中选择文件的保存类型；最后单击"保存"按钮即可。

（3）自动保存文档　Word 2010 具有文档自动保存的功能，设置自动保存功能后，Word 应用程序每隔一定时间就会自动保存文档。这样，当系统遇到意外错误或应用程序停止响应，以致在没有保存修改后的文档的情况下，重新启动计算机或 Word 应用程序时，发生故障前处于打开状态的所有文档都会自动恢复，用户可以重新命名并保存这些恢复以后的文档。

设置自动保存功能的具体操作步骤如下所示。

1）单击"文件"按钮，然后在弹出的菜单中选择"选项"命令，弹出"Word 选项"对话框，在该对话框左侧单击"保存"选项，如图 3-22 所示。

图 3-22　"Word 选项"对话框

2）在该对话框右侧"保存文档"选项组的"将文件保存为此格式"下拉列表中选择文件保存的类型。

3）勾选"保存自动恢复信息时间间隔"复选框，并在其后的微调框中输入保存文件的时间间隔。在默认状态下自动保存时间间隔为 10min，一般 10～15min 较为合适。

4）在"自动恢复文件位置"文本框中输入保存文件的位置，或者单击"浏览"按钮，在弹出的"修改位置"对话框中设置保存文件的位置。

5）设置完成后，单击"确定"按钮，即可完成文档自动保存的设置。

（4）保存为其他类型的文件　将 Word 普通文件保存为其他类型的文件的具体操作步骤如下所示。

1）单击"文件"按钮，然后在弹出的菜单中选择"另存为"命令，如图 3-23 所示。

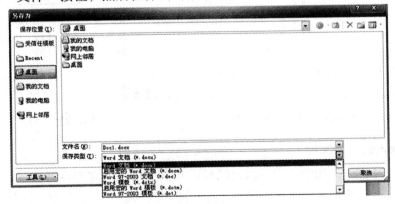

图 3-23　文件保存为其他类型

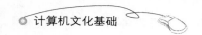

2）在弹出的"另存为"对话框的"保存类型"下拉列表框中选择保存的文件类型选项。

3）设置完成后，单击"保存"按钮，即可将 Word 文档保存为其他类型的文件。

3.2.2 打开和关闭文档

若要对已经存在的文档进行编辑、修改操作，需先将该文档打开，即将文档从硬盘读入内存，并在 Word 2010 窗口中显示。Word 2010 提供了多种打开文档的方法，这里介绍几种较常用的方法。

1. 使用"打开"对话框打开文档

1）单击"文件"按钮，然后在弹出的菜单中单击"打开"选项，弹出"打开"对话框，如图 3-24 所示。

2）在"查找范围"下拉列表中选择文档所在的位置，然后在文件列表中选择需要打开的文档。

3）在"文件类型"下拉列表中选择所需的文件类型。

4）单击"打开"按钮即打开需要的文档。

提示

在打开文档时，用户还可以根据需要选择不同的方式打开文档。单击"打开"按钮右侧的下拉按钮，弹出如图 3-25 所示的下拉菜单，在该下拉菜单中选择相应的命令即可按不同的方式打开文档。

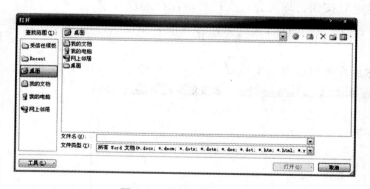

图 3-24　"打开"对话框

图 3-25　"打开"下拉菜单

2. 打开最近使用的文档

Word 2010 具有记忆功能，它可以记忆最近几次使用过的文档以及文件的位置。单击"文件"按钮，然后在弹出的菜单右侧最近使用的文档列表中，单击需要打开的文档即可，如图 3-26 所示。

在 Word 2010 中默认显示最近使用的 25 个文档。如果用户需要修改记录文档的数目，单击"文件"按钮，然后在弹出的菜单中选择"选项"命令，弹出"Word 选项"对话框，在该对话框左侧单击"高级"选项，如图 3-27 所示。在该对话框右侧"显示"选项组的"显示此数目的'最近使用的文档'"微调框中输入需要显示的文件个数，单击"确定"按钮即可。如果列表与屏幕大小不适应，则会显示较小的文档。

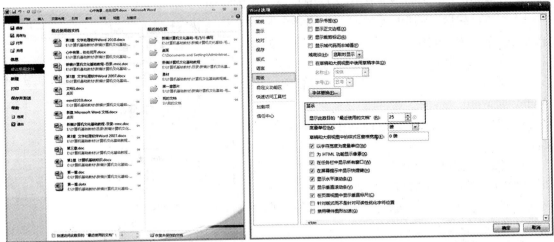

图 3-26　最近使用的文档　　　　　　图 3-27　"Word 选项"对话框

3. 使用"开始"菜单打开最近使用的文档

单击"开始"菜单，选择"我最近的文档"命令，然后从文档列表中选择要打开的文档，单击即可启动 Word 2010 应用程序并打开该文档，如图 3-28 所示。

图 3-28　文档列表

4. 使用 Word 2010 打开其他类型的文件

Word 2010 是一种功能强大的编辑软件，它不仅能用于编辑普通的 Word 文档，还可用于编辑纯文本文件、网页等多种其他类型的文件。在利用 Word 编辑其他类型的文件之前，首先要打开该文件。

利用 Word 2010 打开其他类型文件的具体操作步骤如下所示。

1）在需要打开的其他类型文件上右击，从弹出的快捷菜单中选择"打开方式"命令，弹出"打开方式"对话框，如图 3-29 所示。

2）在该对话框的"程序"列表框中选择"Microsoft Word"选项。

3）单击"确定"按钮即可打开该类型的文件。

文档编辑完成后就可以关闭该文档。关闭 Word 2010 文档的方法有以下几种：

① 单击"文件"按钮，然后在弹出的菜单中选择"关闭"命令。

② 单击"标题栏"右侧的"关闭"按钮。

③ 单击"文件"按钮，然后在弹出的菜单中选择"退出"命令。

④ 双击文档左上角的"文件"按钮💟。

⑤ 右击"标题栏"，在弹出的快捷菜单中选择"关闭"命令。

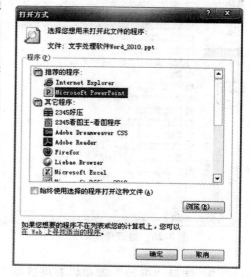

图 3-29 "打开方式"对话框

3.3 文本的基本操作

文本的基本操作主要包括输入文本、编辑文本以及查找和替换文本。

3.3.1 输入文本

输入文本是编辑文档的基本操作，在 Word 2010 中，用户可以输入普通文本、插入符号和特殊符号、插入日期和时间等。

1. 定位插入点

（1）普通定位　Word 中有两种形态的光标，一种是随鼠标移动的"I"字形光标，一种是编辑区中闪烁的"I"字形光标（也称为插入点），它指明了当前文档的输入位置。输入文本时，文本将显示在插入点处，插入点自动向右移动。在编辑文档时经常需要移动光标来重新选择输入位置。要重新定位插入点，只需移动鼠标，将"I"字形光标指向新的位置，然后单击即可；也可以利用键盘上的〈↑〉〈↓〉〈←〉〈→〉〈PageUp〉〈Page-Down〉等键或"定位"命令来重新定位插入点。

除了使用鼠标来定位插入点外，还可以使用键盘定位插入点。表 3-1 为定位插入点的快捷键列表。

表 3-1　定位插入点的快捷键列表

快　捷　键	光　标　移　动
←	光标左移一个字符
→	光标右移一个字符
↑	光标上移一行
↓	光标下移一行
Ctrl + ←	光标左移一个字或一个单词
Ctrl + →	光标右移一个字或一个单词
Ctrl + ↑	屏幕向上滚动一行
Ctrl + ↓	屏幕向下滚动一行
PageUp	光标上移一屏
PageDown	光标下移一屏
Ctrl + PageUp	向上翻一屏
Ctrl + PageDown	向下翻一屏
End	光标移到当前行的末尾
Home	光标移到当前行的开头，即第 1 列
Ctrl + Home	光标移到文件头，即第 1 行第 1 列
Ctrl + End	光标移到文件末尾，即最后 1 行最后 1 个字符后

（2）定位到特定位置　如果一个文档很长，或者知道将要定位的位置，则可使用"定位"命令直接定位到特定位置。使用"定位"命令进行定位的具体操作步骤如下所示。

1）在功能区用户界面"开始"选项卡的"编辑"选项组中单击"查找"按钮，在弹出的下拉菜单中单击"转到"选项，弹出"查找和替换"对话框，默认情况下打开"定位"选项卡。

2）在"定位目标"列表框中选择所需的定位对象，如单击"页"选项。

3）在"输入页号"文本框中输入具体的页号，如输入"6"，如图 3-30 所示。

图 3-30　"定位"选项卡

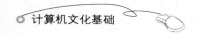

4）单击"定位"按钮，插入点将移至第6页第一行的起始位置。

5）单击"关闭"按钮，关闭对话框。

2. 输入普通文本

普通文本包括英文文本和中文文本两种类型。

（1）输入英文文本　用户可在键盘上直接输入英文文本。按〈CapsLock〉大写锁定键可在大小写状态之间进行切换。按住〈Shift〉键，再按包含要输入字符的双字符键，即可输入双排字符键中的上排字符，否则输入的是双排字符键中的下排字符。按住〈Shift〉键，再按需要输入英文字母键，即在小写输入状态时输入相对应的大写字母，在大写输入状态时输入相对应的小写字母。

（2）输入中文文本　中文的输入要借助某种中文输入法，因此在输入中文前需要先选择一种中文输入法（如搜狗输入法、王码五笔型输入法等）。

其具体操作方法如下：

用户可以按〈Ctrl + 空格〉组合键在中、英文输入方式来回切换，按〈Ctrl + Shift〉组合键选择所需的中文输入法；也可单击任务栏上的输入法按钮，从弹出的菜单中选择输入法。如果右击输入法按钮，可以从弹出的快捷菜单中选择"设置"命令，打开"文字服务和输入语言"对话框，在该对话框中可添加其他的输入语言、中文输入法、设置快捷键等。

（3）插入符号　在输入文本的过程中，有时需要插入一些键盘上没有的特殊符号。其具体操作步骤如下：

1）在功能区用户界面"插入"选项卡的"符号"选项组中单击"符号"按钮，在弹出的下拉菜单中单击"其他符号"选项，打开"符号"对话框，如图3-31所示。

2）在该对话框中的"字体"下拉列表中选择所需的字体选项。

3）在列表框中选择需要的符号，单击"插入"按钮，即可在插入点处插入该符号。

4）此时对话框中的"取消"按钮变为"关闭"按钮，单击"关闭"按钮关闭对话框。

5）在"符号"对话框中打开"特殊字符"选项卡，如图3-32所示。

图3-31　"符号"对话框　　　　　图3-32　"特殊字符"选项卡

6）选中需要插入的特殊字符，然后单击"插入"按钮，再单击"关闭"按钮，即可完成特殊字符的插入。

> **注意**
>
> 在"符号"对话框中单击"快捷键"按钮，弹出"自定义键盘"对话框，如图 3-33 所示。将光标定位在"请按新快捷键"文本框中，然后直接按要定义的快捷键，单击"指定"按钮，再单击"关闭"按钮，完成插入符号的快捷键设置。这样，当用户需要多次使用同一个符号时，只需按所定义的快捷键即可插入该符号。

（4）插入日期和时间　用户可以在文档中直接输入日期和时间，也可以使用 Word 2010 提供的插入日期和时间功能，操作步骤如下：

1）将插入点定位在要插入日期和时间的位置。

2）在"插入"选项卡的"文本"选项组中单击"日期和时间"按钮，弹出"日期和时间"对话框，如图 3-34 所示。

图 3-33　"自定义键盘"对话框

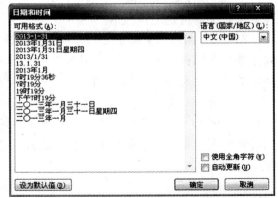

图 3-34　"日期和时间"对话框

3）用户可以根据需要在"语言（国家/地区）"列表框中选择一种语言；在"可用格式"列表框中选择一种日期和时间格式。

4）如果勾选"自动更新"复选框，则以域的形式插入当前的日期和时间。该日期和时间是一个可变的数值，可以根据打印日期的改变而改变。取消勾选"自动更新"复选框，则可将插入的日期和时间作为文本永久地保留在文档中。

5）单击"确定"按钮完成设置。

3.3.2　编辑文本

在文档中输入文本后，往往还需要对文本进行编辑，主要包括文本的选定、复制、移动、删除等操作。

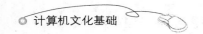
1. 选定文本

"先选定，后操作"是 Windows 环境下操作的基本规则。在 Word 2010 中，如果要对某些文本进行操作，首先必须选定该文本。选定的文本区域将呈蓝底黑字显示。

（1）使用鼠标选定文本　使用鼠标选定文本是最直接、最基本的选定方法。有以下几种方法：

1）按住鼠标左键拖过目标文本，然后释放鼠标左键；或在目标文本的首部（或尾部）单击，然后按住〈Shift〉键，再在目标文本的尾部（或首部）单击。此方法可选定任意长度的文本。

2）将光标移到某句任意位置，双击可选定该句。

3）将光标移到某行的左侧空白处，直到光标变为形状时，单击即可选定该行文本。

4）将光标移到某行的左侧空白处，直到光标变为形状时，然后向上或向下拖动光标到需要的位置，可选定多行文本。

5）按住〈Alt〉键，同时按住鼠标左键拖过目标文本区域，可选定垂直的一块矩形文本。

6）将光标移到段落的左侧空白处，直到光标变为形状时双击，或者是三击该段落的任意位置，即可选定该段落。

7）将光标移到文档正文的左侧空白处，直到光标变为形状时，三击鼠标左键，即可选定整篇文档；或是在单击"开始"选项卡中单击"编辑"选项组的"选择"按钮，在弹出的菜单中选择"全选"命令。

（2）使用键盘选定文本　Word 2010 提供了一系列利用键盘选定文本的组合键，通过〈Ctrl〉〈Shift〉和方向键可以方便地进行文本的选定。在使用键盘进行文本选定之前，必须将光标定位在将要选定区域的起始位置，然后才能进行键盘选定的操作。常用的操作和按键见表 3-2。

提示

选定文本后，如果输入了其他字母键、符号键、数字键或输入汉字，则选定的文本将被输入的内容替换。

表 3-2　使用键盘选定文本

快捷键	选择范围
Shift + ←	向左选定一个字符（若按住〈Shift + ←〉快捷键不放时是以字符为单位依次向左连续选定多个字符）
Shift + →	向右选定一个字符（若按住〈Shift + →〉快捷键不放时是以字符为单位依次向右连续选定多个字符）
Shift + ↑	向上选定一行（若按住〈Shift + ↑〉快捷键不放时是以行为单位依次向上连续选定多行）

（续）

快捷键	选择范围
Shift + ↓	向下选定一行（若按住〈Shift + ↓〉快捷键不放时是以行为单位依次向下连续选定多行）
Shift + Ctrl + ←	选定内容向前扩展至汉语词组或英语单词（含单字符但不含空格）的开头
Shift + Ctrl + →	选定内容向后扩展至汉语词组或英语单词（含单字符但不含空格）的结尾
Shift + Ctrl + ↑	选定内容扩展至光标所在段首
Shift + Ctrl + ↓	选定内容扩展至光标所在段尾
Shift + Home	选定内容扩展至光标所在行首
Shift + End	选定内容扩展至光标所在行尾
Shift + PageUp	选定内容向上扩展一屏
Shift + PageDown	选定内容向下扩展一屏
Shift + Ctrl + Home	选定内容扩展至整个文档开始处
Shift + Ctrl + End	选定内容扩展至整个文档结尾处
Shift + Ctrl + Alt + PageUp	选定内容扩展至光标当前窗口开始处
Shift + Ctrl + Alt + PageDown	选定内容扩展至光标当前窗口结尾处

2．复制、移动和删除文本

在输入和编辑文本时，经常需要移动、复制和删除文本。这些操作都可以通过鼠标、键盘或剪贴板来完成。

（1）复制文本　对于在文档中多次重复出现的文本，利用 Word 的复制与粘贴功能，可以提高输入速度，节省输入时间。复制文本的具体操作步骤如下：

1）选定要复制的文本。

2）在功能区用户界面的"开始"选项卡的"剪贴板"选项组中单击"复制"按钮；也可以右击选中的文本，在快捷菜单中选择"复制"命令；或按〈Ctrl + C〉组合键。

3）将光标定位在目标位置，在功能区用户界面的"开始"选项卡中，单击"剪贴板"选项组的"粘贴"命令；也可以右键单击要插入文本的位置，在弹出的快捷菜单中选择"粘贴"命令；或按〈Ctrl + V〉组合键。

复制文本还可以通过拖动鼠标的方法实现，具体方法如下：

选定要复制的文本，把光标指向选中的文本，当光标变成左向的空心箭头时按住〈Ctrl〉键不放，同时按住鼠标左键进行拖动。达到目标位置后先后松开鼠标左键然后松开〈Ctrl〉键即可。

（2）移动文本　移动文本的具体操作步骤如下：

1）选定要移动的文本。

2）在功能区用户界面的"开始"选项卡中，单击"剪贴板"选项组的"剪切"按钮；也

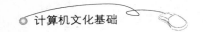

可以右键单击选中的文本，在弹出的快捷菜单中选择"剪切"命令；或按〈Ctrl + X〉组合键。

3）将光标定位在目标位置，在功能区用户界面的"开始"选项卡中，单击"剪贴板"选项组的"粘贴"选项；也可以右击选中的文本，在弹出的快捷菜单中选择"粘贴"命令；或按〈Ctrl + V〉组合键。

通过拖动鼠标的方法也可以实现文本的移动，移动文本时只需移动光标到选定的文本上，按住鼠标左键，并将该文本块拖到目标位置，然后释放鼠标即可。

（3）删除文本 在编辑文本的过程中，有时需要把多余或错误的文本删除。操作方法如下：

1）按〈BackSpace〉键删除插入点左边的一个字符。

2）按〈Delete〉键删除插入点右边的一个字符。

3）如果要删除一段文本，可选定要删除的文本，按〈Delete〉键、〈BackSpace〉键或〈Shift + Delete〉组合键都可以。

3.3.3 查找和替换文本

Word 2010 提供了强大的查找和替换功能。在 Word 2010 中使用查找和替换功能，不仅可以查找和替换字符，还可以查找和替换字符格式（如查找或替换字体、字号、字体颜色等格式），大大提高了工作效率。操作步骤如下所示。

1. 查找文本

1）打开 Word 2010 文档窗口，在"开始"选项卡的"编辑"选项组中依次单击"查找"→"高级查找"按钮，如图3-35 所示，单击"高级查找"按钮后会弹出"查找和替换"对话框，如图3-36 所示。

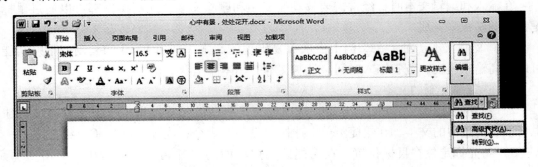

图3-35 单击"高级查找"按钮

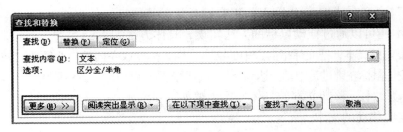

图3-36 "查找和替换"对话框

2）在打开的"查找和替换"对话框中单击"更多"按钮，以显示更多的查找选项，如图 3-37 所示。

图 3-37　单击"更多"按钮

3）在"查找内容"下拉列表中单击，使光标位于下拉列表中，然后单击"查找"选项组的"格式"按钮，如图 3-38 所示。

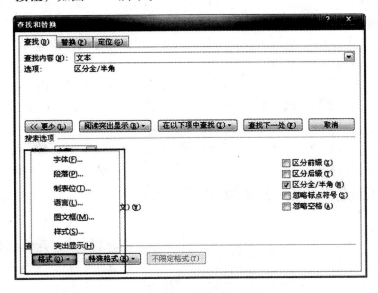

图 3-38　单击"格式"按钮

4）在打开的格式菜单中单击相应的格式类型（如"字体""段落"等），本实例单击"字体"命令。

5）打开"查找字体"对话框，可以选择要查找字体的字形（加粗、倾斜）、字号、

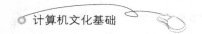
字体、颜色等选项。本例单击"加粗"选项，并单击"确定"按钮，如图3-39所示。

6）返回"查找和替换"对话框，单击"查找下一处"按钮继续查找，如图3-40所示。

图3-39 "查找字体"对话框

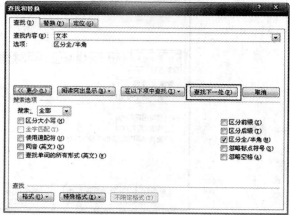

图3-40 单击"查找下一处"按钮

2. 替换文本

1）在功能区用户界面的"开始"选项卡的"编辑"选项组中单击"替换"按钮，弹出"查找和替换"对话框，默认打开"替换"选项卡，如图3-41所示。

2）在该选项卡中的"查找内容"下拉列表中输入要查找的内容；在"替换为"下拉列表中输入要替换的内容。

3）单击"替换"按钮，将查找文档中第一个和"查找内容"相同的内容，如果找到并单击"替换"按钮则实现内容的替换。这样依次单击"替换"按钮即可完成查找和替换。

4）如果要一次性替换文档中的全部被替换对象，可单击"全部替换"按钮，系统将自动替换全部被替换对象，替换完成后，系统弹出如图3-42所示的提示框。

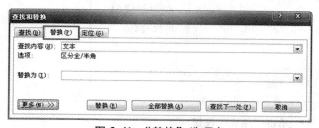

图3-41 "替换"选项卡

图3-42 替换提示框

5）单击"替换"选项卡中的"更多"按钮，将打开"替换"选项卡的高级形式。在该选项卡中单击"格式"按钮可对替换文本的字体、段落格式等进行设置。

3.4　文档格式设置

为了增强文档的可读性及艺术性，使文档更加清晰、美观，文档的格式设置是必不可少的，用户可以通过对字符、段落等格式的设置，对文档进行必要的修饰，使版面更加赏心悦目。

3.4.1　字符格式

Word 2010 中提供了丰富的字符格式，包括字体、字号、颜色、字形等各种字符属性。

Word 对字符格式的设置是"所见即所得"，即在屏幕上看到的字符显示效果就是实际打印时的效果。通过选用不同的格式可以使所编辑的文本更加美观、灵活多样、富有个性。

字符格式设置有三种方法。

1. 使用字体组按钮设置

单击"开始"选项卡，打开"字体"选项组，如图 3-43 所示。

图 3-43　"字体"选项组

单击"字体"选项组中的按钮即可对选中的文本进行字符格式的设置。相关按钮及其功能如下所示。

"字体"下拉列表框：打开该下拉列表框后，可以为选中的文本选择一种字体。

"字号"下拉列表框 小五 ▼：打开该下拉列表框后，可以为选中的文本选择一种字号。

"增大字体"按钮 A⁺：单击一次将选中的文本增大一个字号。

"缩小字体"按钮 A⁻：单击一次将选中的文本缩小一个字号。

"清除格式"按钮 ：清除所选内容的所有格式，只留下纯文本。

"字符边框"按钮 A：为选中的文字加上或取消字符边框。

"加粗"按钮 B：为选中的文字设置或取消粗体。

"倾斜"按钮 I：为选中的文字设置或取消倾斜。

"下划线"按钮 U ▼：为选中的文字加上或取消下划线。单击右侧的下拉按钮可以弹出下划线类型下拉列表框，选择下划线类型和下划线颜色。

"更改大小写"按钮 **Aa**：将选中的文字更改为全部大写、全部小写或其他常见的大小写形式。

"以不同颜色突出显示文本"按钮 **✎**：为选中的文字设置背景底色，突出显示文字。单击右侧的下拉按钮可以选择不同的颜色。

"字体颜色"按钮 **A**：为选中的文字设置字体颜色。单击右侧的下拉按钮可以选择不同的颜色。

"字符底纹"按钮 **A**：为选中的文字加上或取消底纹。

"拼音指南"按钮 **变**：为选中的文字加上拼音。

"带圈字符"按钮 **⊕**：为选中的文字加上圆圈等符号。

"删除线"按钮 **abe**：在选中的文字中间加一条线。

"下标"按钮 **x₂**：在文字基线下方创建小字符。

"上标"按钮 **x²**：在文字基线上方创建小字符。

2．使用对话框设置

"字体"选项组中只提供了一些比较常用的字符格式设置按钮，而阴影、空心、阳文等特殊格式则需要在"字体"对话框中进行设置。

使用"字体"对话框设置字符格式的操作步骤如下：

1）打开"开始"选项卡，在"字体"选项组中单击"对话框启动器"按钮 **▣**，弹出"字体"对话框，如图3-44所示。

2）在"字体"选项卡中设置字符的基本格式。

3）在"高级"选项卡中精确设置字符的显示比例、间距和位置。

4）完成设置后单击"确定"按钮，即可应用字符格式。

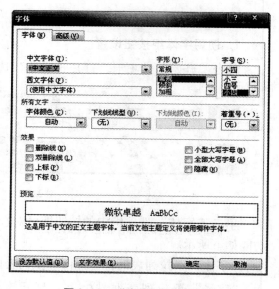

图3-44　"字体"对话框

3．使用格式刷复制格式

使用"剪切板"选项组中的"格式刷"按钮可以将一个文本的格式复制到其他文本上。方法如下：

选定已设置好格式的原文本。单击"格式刷"按钮 **✒**，此时光标变成一个带有小刷子的"I"字形光标，按住鼠标左键拖动光标扫过目标文本，然后释放鼠标左键，则将选定文本的格式应用到该文本上。要将源文本格式复制到多处文本上，则双击"格式刷"按钮 **✒**，然后逐个扫过要复制格式的各处文本，复制完后，再次单击"格式刷"按钮，结束复制。

3.4.2　段落格式

段落是指两个段落标记（回车符）之间的文本，是划分文章的基本单位，用户可以将整个段落作为一个整体进行格式设置。段落格式是指控制段落外观的格式设置，包括段落的对齐方式、段落缩进、行间距和段间距等。一般情况下，在输入时按〈Enter〉键表示换行并开始一个新的段落，新段落的格式会自动设置为上一段字符和段落的格式。

1. 段落对齐方式

段落对齐是指段落相对于某一个位置的排列方式。Word 2010 提供的段落对齐方式有"文本左对齐""居中""文本右对齐""两端对齐""分散对齐"5 种段落对齐方式。

其中"两端对齐"是系统默认的对齐方式。

用户可以在功能区用户界面"开始"选项卡的"段落"选项组中设置段落的对齐方式。

1）单击"文本左对齐"按钮，选定的文本沿页面的左边对齐。

2）单击"居中"按钮，选定的文本居中对齐。

3）单击"文本右对齐"按钮，选定的文本沿页面的右边对齐。

4）单击"两端对齐"按钮，选定的文本沿页面的左右两边对齐。

5）单击"分散对齐"按钮，选定的文本均匀分布。

段落对齐方式也可以通过"段落"对话框来进行设置。在功能区用户界面"开始"选项卡的"段落"选项组中单击对话框启动器按钮，弹出"段落"对话框，如图 3-45 所示。在该对话框的"常规"选项组中可设置段落的对齐方式，还可以在"大纲级别"下拉列表中设置段落的级别。

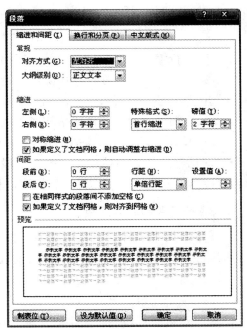

图 3-45　"段落"对话框

用户也可以将插入点移到需要设置对齐方式的段落中，按〈Ctrl + J〉快捷键设置两端对齐；按〈Ctrl + E〉快捷键设置居中对齐；按〈Ctrl + L〉快捷键设置左对齐；按〈Ctrl + R〉快捷键设置右对齐；按〈Ctrl + Shift + J〉快捷键设置分散对齐。

2. 段落缩进

段落缩进是设置文本与页边距之间的距离，其中页边距是指文档与页面边界之间的距离。段落缩进一般包括首行缩进、悬挂缩进、左缩进和右缩进。设置段落缩进可以将一个段落与其他段落分开，使得文档条理清晰，便于阅读。有多种方法可以实现段落缩进，分别说明如下：

1）使用"段落"选项组的按钮，将光标定位在需要设置段落缩进的段落中，单击"开始"选项卡的"段落"选项组中"减少缩进量"按钮▉，将当前段落左移一个默认制表位的距离；单击"增加缩进量"按钮▉，将当前段落右移一个默认制表位的距离。用户可根据需要多次单击按钮以达到缩进目的。

2）使用水平标尺上的段落缩进滑块。在水平标尺上有首行缩进、悬挂缩进、左缩进和右缩进4个滑块，分别用来控制段落的4种缩进方式，是进行段落缩进最方便的方法。按住鼠标左键拖动这些滑块到需要的位置，即可为插入点所在段落或选定段落设置缩进方式，如图3-46所示。

图3-46　水平标尺缩进滑块

① 首行缩进。改变段落中第一行第一个字符的起始位置。

② 悬挂缩进。改变段落中除第一行以外的其他所有行的起始位置。

③ 左缩进。设置整个段落相对于页面左边距向右缩进的位置。

④ 右缩进。设置整个段落相对于页面右边距向左缩进的位置。

3）使用"段落"对话框。在功能区用户界面"开始"选项卡的"段落"选项组中单击"对话框启动器"按钮▉，弹出"段落"对话框。在该对话框的"缩进"选项组中可设置段落的左缩进、右缩进、悬挂缩进和首行缩进，在其后的微调框中设置具体的数值。

3. 行间距和段落间距

行间距是指段落中行之间的距离，段落间距是指段落之间的距离。Word 2010默认的行间距为一个行高，段落间距为0行。设置行间距和段间距的操作步骤如下：

1）选中要更改行间距及段间距的文本。

2）在"开始"选项卡的"段落"选项组中单击"对话框启动器"按钮▉，弹出"段落"对话框（或右击选中的文本，在弹出的快捷菜单中选择"段落"命令），切换到"缩进和间距"选项卡。

3）在"间距"选项组的"行距"下拉列表框中选择一种行距（默认是"单倍行距"），如图3-47所示；也可以直接在"设置值"微调框中输入相应的数值。

"行距"下拉列表框中各选项的含义如下所示。

单倍行距、1.5倍行距、2倍行距：指行距是该行最大字高的1倍、1.5倍、2倍。

最小值：在"设置值"微调框中输入固定的行间

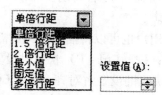

图3-47　"段落"对话框中的"行距"
下拉列表及"设置值"微调框

距，当该行中的文字或图片超过该值时，Word 自动扩展行间距。

固定值：在"设置值"微调框中输入固定的行间距，当该行中的文字或图片超过该值时，Word 不会自动扩展行间距。

多倍行距：在"设置值"微调框中输入值为行间距，此时的单位为行，而不是磅。

4）在"段落"对话框中的"段前"和"段后"微调框中分别设置段前距离以及段后距离，此方法设置的段间距与字号无关。用户还可以直接按〈Enter〉键设置段落间隔距离，此时的段间距与该段文本字号有关，是该段字号的整数倍。如果相邻的两段都通过"段落"对话框设置间距，则两段间距是前一段的"段后"值和后一段的"段前"值之和。

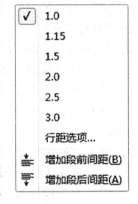

图 3-48　"行距"
下拉列表

5）设置完成后单击"确定"按钮，即可应用段间距和行间距。

另外，设置行间距也可以单击"开始"选项卡的"段落"选项组中"行距"按钮，弹出"行距"下拉列表，如图 3-48 所示。在该下拉列表中选择合适的行距，或者选择"行距选项"命令，在弹出的"段落"对话框"间距"选项组的"行距"下拉列表中设置段落行间距。

4. 设置边框和底纹

为了进一步美化文档，用户可以为文字、段落添加边框、底纹等特殊效果，进而突出显示这些文本和段落。

（1）添加边框　为文本或段落添加边框的具体操作步骤如下：

1）选定需要添加边框的文本或段落。

2）在功能区用户界面"开始"选项卡的"段落"选项组中单击"下框线"按钮，在弹出的快捷菜单中选择"边框和底纹"命令，弹出"边框和底纹"对话框，如图 3-49 所示。

图 3-49　"边框和底纹"对话框

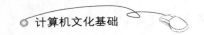
3）在该对话框"边框"选项卡的"设置"选项组中选择边框类型；在"样式"列表框中选择边框的线型。

4）单击"颜色"下拉列表右侧的下拉按钮，如图 3-50 所示，在该下拉列表中选择需要的颜色。

5）如果在"颜色"下拉列表中没有用户需要的颜色，可单击"其他颜色"选项，弹出"颜色"对话框，在该对话框中选择需要的标准颜色或者自定义颜色。

6）在"宽度"下拉列表中选择边框的宽度。

7）在"应用于"下拉列表中选择边框的应用范围。

8）设置完成后，单击"确定"按钮即可为文本或段落添加边框。

（2）添加底纹　为文本或段落添加底纹的具体操作步骤如下：

1）选定需要添加底纹的文本或段落。

图 3-50　"颜色"下拉列表

2）在功能区用户界面的"开始"选项卡的"段落"选项组中单击"下框线"按钮，在弹出的快捷菜单中选择"边框和底纹"命令，弹出"边框和底纹"对话框，切换至"底纹"选项卡，如图 3-51 所示。

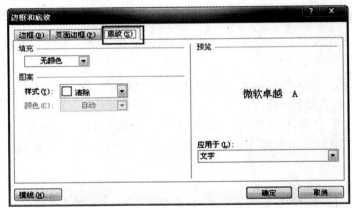

图 3-51　"底纹"选项卡

3）在该选项卡"填充"选项组的下拉列表中选择填充的颜色。

4）在"图案"选项组的"样式"和"颜色"下拉列表中选择图案的样式和颜色。

5）设置完成后，单击"确定"按钮即可为文本或段落添加底纹。

5．设置段落制表位

制表位用来指定文字缩进的距离或一栏文字开始的位置和对齐方式。默认情况下，每 0.75cm（2 个字符）就有一个左对齐的制表位。每按一次〈Tab〉键，插入点及其右边的正文就会向右移动到下一个制表位。用户可以修改制表位的位置和设置文字在制表位位置的对齐方式。

用户可以使用以下两种方法设置制表位。

（1）使用"制表符"按钮

1）在水平标尺的左侧有一个"制表符"按钮，单击一次就变换为另一个按钮，所有"制表符"按钮及其对齐方式见表3-3。

2）根据需要选择对齐方式，在标尺上的目标位置单击，即可在标尺上留下一个制表符。

表 3-3　"制表符"按钮及其对齐方式

制表符按钮	对 齐 方 式	制表符按钮	对 齐 方 式
L	左对齐方式	⊥	小数点对齐方式
⊥	居中对齐方式	I	竖线对齐方式
⊥	右对齐方式		

3）将光标定位到目标文档的开始处，输入文本，按〈Tab〉键将光标移动到相邻的制表符处，输入的文本将按照指定的对齐方式对齐。

提 示

将光标指向水平标尺上的制表符，按住鼠标左键在水平标尺上左右拖动，可以改变制表位的位置。按住〈Alt〉键，然后按住鼠标左键拖动制表符，可以看到移动制表符时的制表位位置的精确数值标度。按住鼠标左键将制表符拖出水平标尺可将该制表位删除。

（2）使用"制表位"对话框　用户还可以使用"制表位"对话框来精确地设置制表位，其具体操作步骤如下：

1）在功能区用户界面"开始"选项卡的"段落"选项组中单击"对话框启动器"按钮，弹出"段落"对话框。

2）在该对话框中单击"制表位"按钮，弹出"制表位"对话框，如图3-52所示。

3）在该对话框中的"制表位位置"文本框中输入具体的数值；在"对齐方式"选项组中选择一种制表位对齐方式；在"前导符"选项组中选择一种前导符。

4）单击"设置"按钮继续设置第二个制表位。

5）设置完成后，单击"确定"按钮。

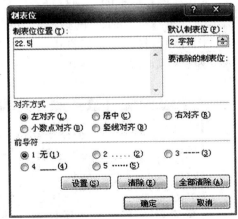

图 3-52　"制表位"对话框

6. 添加项目符号和编号

Word 2010 为用户提供了自动添加编号和项目符号的功能。项目符号就是放在文本或列表前用以添加强调效果的符号。在排版文档时，可以通过为段落添加编号或项目符号，使文档更具层次感和可读性。

在添加项目符号或编号时，可以先输入文字内容，再给文字添加项目符号或编号；也可以先创建项目符号或编号，然后输入文字内容，自动实现项目的编号，不必手工编号。

（1）创建项目符号列表　创建项目符号列表的具体操作步骤如下：

1）将光标定位在要创建项目符号列表的开始位置。

2）在功能区用户界面"开始"选项卡的"段落"选项组中单击"项目符号"按钮 ≔ 右侧的下拉按钮，弹出"项目符号库"下拉列表，如图 3-53 所示。

3）在该下拉列表中选择项目符号，或单击"定义新项目符号"选项，弹出"定义新项目符号"对话框，如图 3-54 所示。

图 3-53　"项目符号库"下拉列表　　　　　　图 3-54　"定义新项目符号"对话框

4）在该对话框的"项目符号字符"选项区中单击"符号"按钮，在弹出的如图3-55所示的"符号"对话框中选择需要的符号；单击"图片"按钮，在弹出的如图3-56所示的"图片项目符号"对话框中选择需要的图片符号；单击"字体"按钮，在弹出的"字体"对话框中设置项目符号中的字体格式。

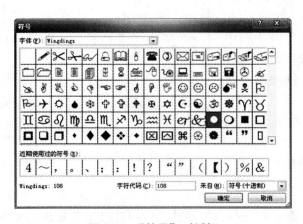

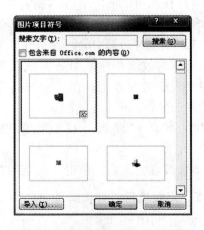

图 3-55　"符号"对话框　　　　　　　　图 3-56　"图片项目符号"对话框

5）设置完成后，单击"确定"按钮，为文本添加项目符号。

（2）创建编号列表　编号列表是在实际应用中最常见的一种列表，它和项目符号列表类似，只是编号列表用数字替换了项目符号。在文档中应用编号列表，可以增强文档的顺序感。创建编号列表的具体操作步骤如下：

1）将光标定位在要创建编号列表的开始位置。

2）在功能区用户界面的"开始"选项卡的"段落"选项组中单击"编号"按钮 ：· 右侧的下拉按钮，弹出"编号库"下拉列表，如图 3-57 所示。

3）在该下拉列表中选择编号的格式，单击"定义新编号格式"选项，弹出"定义新编号格式"对话框，如图 3-58 所示。在该对话框中定义新的编号样式、格式以及编号的对齐方式。

图 3-57　"编号库"下拉列表

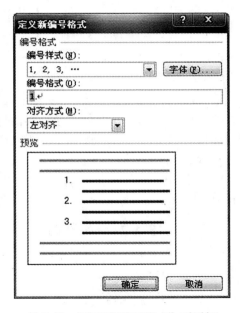

图 3-58　"定义新编号格式"对话框

4）单击"设置编号值"选项，弹出"起始编号"对话框，如图 3-59 所示。在该对话框中设置起始编号的具体值。

（3）创建多级符号列表　多级符号列表可以清晰地表明各层次之间的关系。多级符号列表中每段的项目符号或编号根据缩进范围变化，最多可生成有 9 个层次的多级符号列表。创建多级符号列表的具体操作步骤如下：

1）在功能区用户界面的"开始"选项卡的"段落"选项组中单击"多级列表"按钮右侧的下拉按钮，弹出"列表库"下拉列表，如图 3-60 所示。

2）在该下拉列表框中选择编号的格式，单击"定义新的

图 3-59　"起始编号"对话框

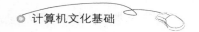

多级列表"选项,弹出"定义新多级列表"对话框,如图 3-61 所示。

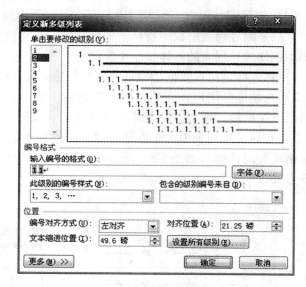

图 3-60 "列表库"下拉列表　　　　图 3-61 "定义新多级列表"对话框

3)在"单击要修改的级别"列表框中选择当前要定义的列表级别;在"输入编号的格式"文本框中输入编号或项目符号及其前后紧接的文字;在"此级别的编号样式"下拉列表中选择列表要用的项目符号或编号样式。在"位置"选项组中根据需要设置编号位置或文字位置等。

4)在"列表库"下拉列表中单击"定义新的列表样式"选项,弹出"定义新列表样式"对话框,如图 3-62 所示。在该对话框中定义新列表的样式。

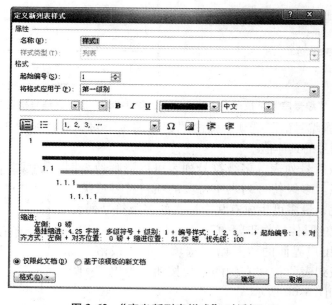

图 3-62 "定义新列表样式"对话框

5）输入列表内容，并在每一项的结尾按〈Enter〉键。

6）输入完成后，连续按〈Enter〉键两次，以停止创建多级符号列表。

7）将光标定位在列表中的任意位置，再单击"段落"选项组中的"减少缩进量"按钮 或"增加缩进量"按钮 ，也可以直接按〈Tab〉键，调整列表到合适的级别。

7. 中文版式

中文版式是自定义中文或混合文字的版式，主要包括纵横混排、合并字符、双行合一、调整宽度和字符缩放等。这些功能极大地方便了中文的编辑操作。其具体操作步骤如下：

1）选定要设置中文版式的文本。

2）在功能区用户界面"开始"选项卡的"段落"选项组中单击"中文版式"按钮，在弹出的下拉列表中选择相应的版式进行设置即可，如图 3-63 所示。

图 3-63　中文版设置

3.4.3　样式和模板的使用

样式和模板是 Word 中最重要的排版工具。应用样式，可以直接将文字和段落设置成事先定义好的格式；应用模板，可以轻松制作出精美的传真、信函、报告等公文。

1. 样式

样式是一系列预置的排版格式，包括字体、段落、制表位和页边距等。使用样式不仅可快捷地排版具有统一格式的文本，保证文档格式的一致，提高效率，而且便于文档格式的修改，当修改了某一样式后，文档中应用该样式的所有文本会自动随之修改。

（1）创建样式　创建样式的具体操作步骤如下：

1）在功能区用户界面的"开始"选项卡的"样式"选项组中单击"对话框启动器"按钮 ，打开"样式"任务窗口，如图 3-64 所示。

2）在该任务窗口中单击"新建样式"按钮，弹出"根据格式设置创建新样式"对话框，如图 3-65 所示。

3）在该对话框"属性"选项组的"名称"文本框中输入新样式名称；在"样式类型"下拉列表中单击"字符"或"段落"选项。

4）单击"格式"按钮，在弹出的下拉菜单中选择相应的命令，设置相应的字符或段落格式。例如，选择"字体"命令，在弹出的"字体"对话框中设置字体格式。

图 3-64　"样式"
任务窗口

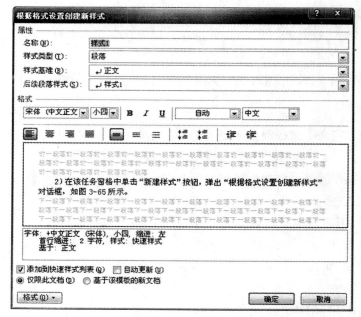

图 3-65　"根据格式设置创建新样式"对话框

　　5）设置完成后，单击"确定"按钮，返回到"根据格式设置创建新样式"对话框，勾选"添加到快速样式列表"和"自动更新"复选框，单击"确定"按钮，完成样式的创建。

　　用户也可以基于已排好版的文本创建新样式，方法如下：选定已排好版的段落，在功能区用户界面的"开始"选项卡的"样式"选项组中单击"其他"按钮 ⤓，在弹出的菜单中选择"将所选内容保存为新快速样式"命令，在弹出的"根据格式设置创建新样式"对话框的"名称"文本框中输入样式名，然后单击"确定"按钮即可。所创建的样式名即添加到样式列表中，所选段落的字符格式、段落格式等都将包括在所建样式之中。

　　（2）应用样式　对文本应用样式的具体操作步骤如下：

　　1）选定要应用样式的字符或段落。

　　2）在功能区用户界面"开始"选项卡的"样式"选项组中单击"其他"按钮 ⤓，在弹出的菜单中直接选择样式即可，如图 3-66 所示；或单击菜单下方的"应用样式"按钮打开"应用样式"对话框，如图 3-67 所示。

图 3-66　样式菜单

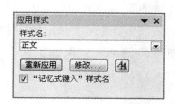

图 3-67　"应用样式"对话框

3）在该对话框中的"样式名"下拉列表中选择相应的样式，即可应用于所选的字符或段落中。

4）用户还可以在"样式"任务窗口（见图3-64）中选择需要的样式。

（3）修改样式　如果对设置好的样式不满意，可以对样式进行修改。修改样式的具体操作步骤如下：

1）在"应用样式"对话框中单击"修改"按钮（或单击"样式"窗口中要修改的样式并单击其右侧的下拉按钮，在弹出的菜单中进行修改；也可以直接在样式菜单中右击要修改的样式），弹出"修改样式"对话框，如图 3-68 所示。

图 3-68　"修改样式"对话框

2）在该对话框中对样式的名称、格式等进行修改。

3）修改完成后，勾选"添加到快速样式列表"复选框，单击"确定"按钮即可。

（4）管理样式　管理样式的具体操作步骤如下：

1）在功能区用户界面"开始"选项卡的"样式"选项组中单击"对话框启动器"按钮，打开"样式"任务窗口。

2）在该任务窗口中单击"管理样式"按钮，弹出"管理样式"对话框，如图3-69所示。

3）在该对话框中可对样式进行编辑、推荐、限制、设置默认值等管理操作。

图 3-69　"管理样式"对话框

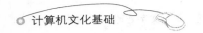

4）设置完成后，单击"确定"按钮即可。

提示

在 Word 文档中可以把不需要的样式删除，但有一些内建样式不允许用户进行删除，如"正文""标题1"等。

2. 模板

Word 2010 允许用户创建自定义的 Word 模板，以适合实际工作需要。用户可以将自定义的 Word 模板保存在"我的模板"文件夹中，以便随时使用。

模板是一类特殊的文档，它提供了创建文档的基本框架，包括字体、快捷键指定方案、菜单、页面设置、特殊格式、样式以及宏等。使用模板创建文档，模板中的文本和样式等会自动添加到新文档中，可以快速生成所需类型文档的基本框架，为创建某类形式相同、具体内容有所不同的文档提供了便利。

用户在打开模板时会创建模板本身的副本。在 Word 2010 中，模板可以是".dotx"文件，也可以是".dotm"文件（".dotm"类型文件允许在文件中启用宏）。在将文档保存为".docx"或".docm"类型文件时，文档会与文档基于的模板分开保存。

用户可以在模板中提供建议的部分或必需的文本以供其他人使用，还可以提供内容控件（如预定义下拉列表或特殊徽标），在这方面模板与文档极其相似；可以对模板中的某个部分添加保护，或者对模板应用密码以防止对模板的内容进行更改。

（1）创建模板　除了使用 Word 预定义的模板，用户还可以自己创建模板，以满足某些特殊的需求。用户可以从空白文档开始并将其保存为模板，或者基于现有的文档或模板创建模板。

创建模板的具体操作步骤如下所示。

1）打开要创建模板的文档，单击"文件"按钮，在弹出的下拉菜单中选择"另存为"命令，弹出"另存为"对话框，如图 3-70 所示。

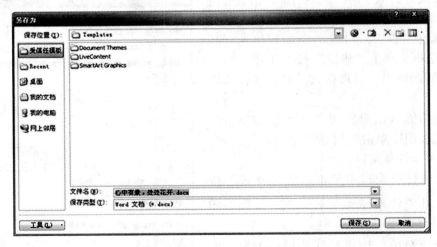

图 3-70　"另存为"对话框

2）在该对话框中单击"受信任模板"选项，在"文件名"文本框中指定新模板的文件名，在"保存类型"下拉列表中单击"Word 模板"选项，在"保存位置"下拉列表中选择所需位置，一般情况下使用默认的"Templates"文件夹，然后单击"保存"按钮，即可创建新模板。

提 示

用户还可以将模板保存为"启用宏的 Word 模板"（".dotm"文件）或者"Word 97—2003 模板"（".dot"文件）。

（2）使用模板创建文档　使用模板创建文档的步骤如下：

1）单击"文件"按钮，在弹出的下拉菜单中选择"新建"命令，在下拉菜单的右侧打开"新建文档"的可用模板界面，如图3-71所示。

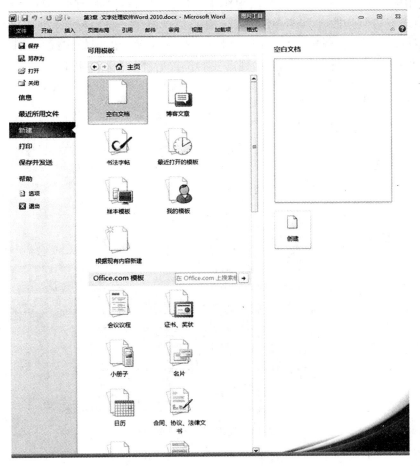

图 3-71 "新建文档"对话框

2）在"可用模板"选项组中选择要使用的文档类型，单击"创建"按钮，即可创建一个文档。

3.4.4 页面排版

页面排版主要包括页面设置、添加页眉页脚和页面背景设置等操作。重新设置页面后，文档会随之重新排版，因此，一般先进行页面设置，然后再进行其他排版操作。

1. 页面设置

页面设置是指设置页边距、纸张类型、版式、文档网格等。在建立新的文档时，Word已经自动设置默认的页边距、纸型、纸张的方向等页面属性。为了编排出一个简洁美观的版式，用户必须根据需要对页面属性进行重新设置。

（1）设置页边距　页边距即文本距离纸张上、下、左、右边界的距离。设置页边距能够控制文本的宽度和长度，还可以留出装订边。设置页边距的方法有以下三种。

1）使用标尺设置页边距。在页面视图中，用户可以通过拖动水平标尺和垂直标尺上的页边距线来设置页边距。具体操作方法：在页面视图中，将鼠标指针指向标尺的页边距线，此时鼠标指针变为↕或↔形状；按住鼠标左键并拖动，出现的虚线表明改变后的页边距位置，如图 3-72 所示；将鼠标拖动到需要的位置后释放鼠标左键即可。

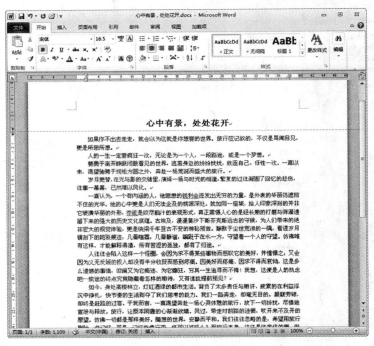

图 3-72　使用标尺设置页边距

提 示

在使用标尺设置页边距时按住〈Alt〉键，将显示出文本区和页边距的具体数值。

2）使用页边距菜单设置页边距。在"页面布局"选项卡的"页面设置"选项组中单击"页边距"按钮，在弹出菜单中直接选择某个"页边距"选项即可。

3）使用"页面设置"对话框设置页边距。如果需要精确设置页边距，或者需要添加装订线等，就必须使用"页面设置"对话框来进行设置。具体操作步骤如下所示。

① 在"页面布局"选项卡的"页面设置"选项组中单击"页边距"按钮，在弹出的菜单中选择"自定义边距"命令（或在"页面设置"选项组中单击"对话框启动器"按钮），弹出"页面设置"对话框，单击"页边距"选项卡，如图 3-73 所示。

② 在该选项卡中"页边距"选项组的"上""下""左""右"微调框中分别输入页边距的数值；在"装订线"微调框中输入装订线的宽度值；在"装订线位置"下拉列表中单击"左"或"上"选项。

③ 在"纸张方向"选项组中单击"纵向"或"横向"选项来设置文档的方向。

④ 在"页码范围"选项组中单击"多页"下拉列表右侧的下拉按钮，在弹出的下拉列表中单击相应的选项，可设置页码范围类型。

⑤ 在"预览"选项组的"应用于"下拉列表中选择要应用新页边距设置的文档范围；在预览区中即可看到设置的预览效果。

⑥ 设置完成后，单击"确定"按钮即可。

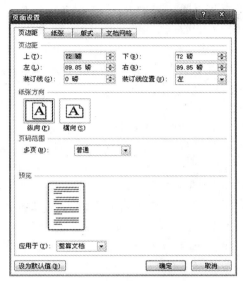

图 3-73　"页边距"选项卡

（2）设置纸张类型　Word 2010 默认的打印纸张为 A4 纸，其宽度为 21cm，高度为 29.7cm，且页面方向为纵向。如果实际需要的纸张类型与默认设置不一致，就会造成分页错误，此时就必须重新设置纸张类型。

设置纸张类型的具体操作步骤如下：

1）在"页面布局"选项卡的"页面设置"选项组单击"纸张大小"下拉列表的"其他页面大小"选项（或在"页面设置"选项组中单击"对话框启动器"按钮），弹出"页面设置"对话框，单击"纸张"选项卡，如图 3-74 所示。

2）在该选项卡中单击"纸张大小"下拉列表右侧的下拉按钮，选择一种纸型。用户还可在"宽度"和"高度"微调框中设置具体的数值，自定义纸张的大小。

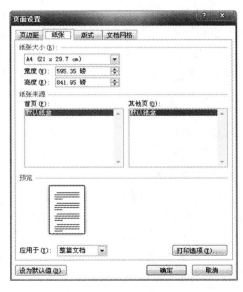

图 3-74　"纸张"选项卡

3）在"纸张来源"选项组中设置打印机的送纸方式。在"首页"列表框中选择首页的送纸方式；在"其他页"列表框中设置其他页

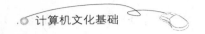
的送纸方式。

4）在"应用于"下拉列表中选择当前设置的应用范围。

5）单击"打印选项"按钮，可在弹出的"Word 选项"对话框的"打印选项"选项组中进一步设置打印属性。

6）设置完成后，单击"确定"按钮即可。

（3）设置版式　Word 2010 提供了设置版式的功能，可以设置有关节的起始位置、页眉和页脚、页面垂直对齐方式、行号以及边框等特殊的版式。设置版式的具体操作步骤如下：

1）在"页面布局"选项卡的"页面设置"选项组中单击"对话框启动器"按钮，弹出"页面设置"对话框，单击"版式"选项卡，如图 3-75所示。

2）在该选项卡的"节的起始位置"下拉列表中选择节的起始位置，用于对文档分节。

3）在"页眉和页脚"选项区中可以确定页眉和页脚的显示方式。如果需要奇数页和偶数页不同，可勾选"奇偶页不同"复选框；如果需要首页不同，可勾选"首页不同"复选框。在"页眉"和"页脚"微调框中可设置页眉和页脚距边界的具体数值。

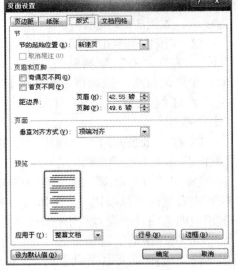

图 3-75　"版式"选项卡

4）在"垂直对齐方式"下拉列表中可设置页面的一种垂直对齐方式。

5）在"预览"选项区中单击"行号"按钮，弹出"行号"对话框，勾选"添加行号"复选框，如图 3-76 所示。在"起始编号""距正文""行号间隔"微调框中选择或输入相应的数值；在"编号"选项区中根据需要选择一种编号方式。单击"确定"按钮，返回"页面设置"对话框。

6）单击"边框"按钮，弹出"边框和底纹"对话框，根据需要设置即可。

图 3-76　"行号"对话框

7）在"预览"选项区中单击"应用于"下拉列表，选择版式的应用范围。

8）单击"确定"按钮完成版式的设置。

（4）设置文档网格　利用 Word 中的文档网格，可以设置文字的排列方向、分栏、网格、文档中每行字符的个数以及每页行数等。设置文档网格的具体操作步骤如下：

1）在"页面布局"选项卡的"页面设置"选项组中单击"对话框启动器"按钮，弹出"页面设置"对话框，单击"文档网格"选项卡，如图 3-77 所示。

2）在该选项卡的"文字排列"选项组中设置文字排列的方向和栏数。

3）在"网格"选项组中可设置不同的网格类型。

4）在"字符数"和"行数"选项组中分别设置每行的字符数和每页的行数。

5）在"预览"选项组中单击"绘图网格"按钮，弹出如图 3-78 所示的"绘图网络"对话框，在该对话框中设置网格格式，如勾选"在屏幕上显示网格线"复选框，单击"确定"按钮后，即可看到屏幕上显示的网格线。

6）在"预览"选项组中单击"字体设置"按钮，弹出"字体"对话框，在该对话框中设置页面中的字体格式。

7）在"预览"选项组中单击"应用于"下拉列表，选择设置的应用范围。

8）最后单击"确定"按钮，完成文档网格的设置。

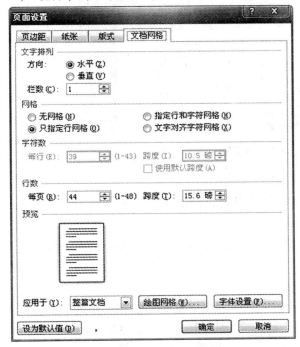

图 3-77　"文档网格"选项卡

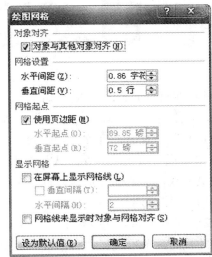

图 3-78　"绘图网格"对话框

2．添加页眉和页脚

页眉位于文档中每页的顶端，页脚位于文档中每页的底端。它们主要用来显示文档的一些附加信息，一般由文本或图标组成，如标题、页码、日期等信息。页眉和页脚的格式化与文档内容的格式化方法相同。

（1）插入页眉和页脚　用户可以在文档中插入不同格式的页眉和页脚。例如，可插入与首页不同的页眉和页脚，或者插入奇、偶页不同的页眉和页脚。插入页眉和页脚的具体操作步骤如下：

1）在"插入"选项卡的"页眉和页脚"选项组中单击"页眉"下拉按钮，选择"编辑页眉"命令。进入页眉编辑区，并打开"页眉和页脚工具"任务窗口，如图 3-79 所示。

2）在页眉编辑区中输入页眉内容，并编辑页眉格式。

3）在"页眉和页脚工具"任务窗口的"导航"选项组中单击"转至页脚"按钮，切换到页脚编辑区。

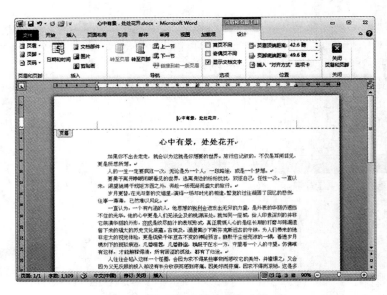

图 3-79 "页眉和页脚工具"任务窗口

4）在页脚编辑区输入页脚内容，并编辑页脚格式。

5）设置完成后，在"页眉和页脚工具"任务窗口的"关闭"选项组中单击"关闭页眉和页脚"按钮，返回文档编辑窗口。

（2）设置页眉线 在默认状态下，Word 自动在页眉的底端插入一条页眉线。用户可以对页眉线进行删除和重新设置。对页眉线的具体操作步骤如下：

1）选定页眉文本后面的回车符。

2）在"开始"选项卡的"段落"选项组中单击"下框线"按钮右侧的下拉按钮，在弹出的快捷菜单中选择"无框线"命令，删除默认的页眉线，如图 3-80 所示。

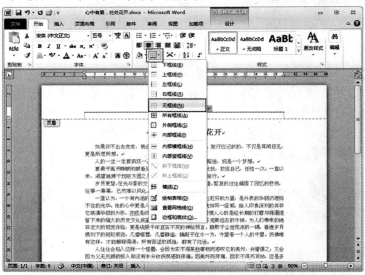

图 3-80 设置页眉线格式

3）将插入点定位到要插入页眉线的位置，单击"下框线"按钮右侧的下拉按钮，在弹出的快捷菜单中选择"横线"命令，即可手工插入页眉线。

4）双击页眉线，弹出"设置横线格式"对话框，可对其格式进行设置，如图 3-81 所示。

3．页面背景设置

页面背景设置主要包括添加页面背景颜色、页面边框和数字水印等。页面背景设置主要是通过单击"页面布局"选项卡，在"页面背景"选项组中分别单击"页面颜色"按钮、"页面边框"按钮和"水印"按钮进行设置即可。

图 3-81　"设置横线格式"对话框

3.5　表格操作

Word 2010 提供了强大的表格处理功能，用户可以在文档的任意位置创建各种复杂的表格，对表格进行格式化、计算、排序等操作。

3.5.1　表格的创建

在 Word 2010 中，用户可以通过从一组预先设置好格式的表格（包括示例数据）中选择，或通过设置需要的行数和列数来插入表格，同时也可以将表格插入到文档中，或将一个表格插入到其他表格中以创建更复杂的表格。

1．使用表格模板

用户可以使用表格模板插入一组预先设置好格式的表格。表格模板包含有示例数据，便于用户理解添加数据时的正确位置。具体操作步骤如下：

1）将光标定位在需要插入表格的位置。

2）在"插入"选项卡的"表格"选项组中单击"表格"按钮，在弹出的下拉列表中选择"快速表格"命令，然后从级联菜单中选择一种表格模板即可。如果在该级联菜单下方选择"将所选内容保存到快速表格库"命令，弹出"新建构建基块"对话框，如图 3-82 所示。在该对话框中设置表格模板的名称、类别、说明、保存位置等内

图 3-82　"新建构建基块"对话框

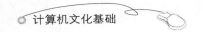

容，单击"确定"按钮，即可创建快速表格模板。

2．使用表格按钮

使用表格按钮插入表格的具体操作步骤如下：

1）将光标定位在需要插入表格的位置。

2）在"插入"选项卡的"表格"选项组中单击"表格"按钮，然后在弹出的下拉列表中拖动鼠标，以选择需要的行数和列数，如图 3-83 所示。

3．使用"插入表格"命令

使用"插入表格"命令插入表格，可以让用户在将表格插入文档之前，选择表格尺寸和格式。具体操作步骤如下：

1）将光标定位在需要插入表格的位置。

2）在"插入"选项卡的"表格"选项组中单击"表格"按钮，然后在弹出的下拉列表中选择"插入表格"命令，弹出"插入表格"对话框，如图 3-84 所示。

图 3-83　选择表格的行数和列数　　　　图 3-84　"插入表格"对话框

3）在该对话框"表格尺寸"选项区的"列数"和"行数"微调框中输入具体的数值；在"'自动调整'操作"选项区选中相应的单选按钮，设置表格的列宽。

4）设置完成后，单击"确定"按钮，即可插入相应的表格。

4．手工绘制表格

在 Word 文档中，用户可以绘制复杂的表格。例如，绘制包含不同高度单元格的表格或每行列数不同的表格。绘制表格的具体操作步骤如下：

1）将光标定位在需要插入表格的位置。

2）在"插入"选项卡的"表格"选项组中单击"表格"按钮，然后在弹出的下拉列表中选择"绘制表格"命令，此时光标变为 ⬮ 形状，将光标移动到文档中需要插入表格的位置。

3）按住鼠标左键并拖动，当到达合适的位置后释放鼠标左键，即可绘制表格边框。

4）用鼠标继续在表格边框内自由绘制表格的横线、竖线或斜线，绘制出表格的单元格。

5）如果要删除单元格边框线，可在"表格工具"的"设计"选项卡中单击"绘图边框"选项组的"擦除"按钮，此时光标变为 形状，按住鼠标左键并拖动经过要删除的线，即可删除表格的边框线。

3.5.2　表格的编辑

在文档中插入表格后，即可向表格中输入所需内容（文字、图形等），还可以随时修改表格，如增加、删除行或列，合并、拆分单元格等。

1．输入文本

创建好表格后，用户可在单元格中输入文本，并对其进行各种编辑。在表格中输入文本和在表格外的文档中输入文本一样，首先将插入点定位到目标单元格中，然后即可输入。当输入的文本超过了单元格的宽度时，会自动换行，并增大行高以容纳文本。按〈Enter〉键可在当前单元格中开始一个新段，按〈Tab〉键可将插入点移到下一个单元格中。

2．定位插入点

在表格中输入和编辑文本之前，需要定位插入点。将插入点定位在表格的某个单元格中，最简单的方法是用鼠标在该单元格中单击，也可以使用键盘定位。使用键盘定位插入点的具体操作方法见表3-4。定位好插入点之后，即可进行输入和编辑操作。

表 3-4　在表格中定位插入点的快捷键

快 捷 键	定 位 目 标
↑	移至上一行
↓	移至下一行
←	左移一个字符，插入点位于单元格开头时移至上一个单元格中
→	右移一个字符，插入点位于单元格末尾时移至下一个单元格中
Tab	移至下一个单元格中
Shift + Tab	移至上一个单元格中
Alt + Home	移至本行的第一个单元格中
Alt + End	移至本行的最后一个单元格中
Alt + PageUp	移至本列的第一个单元格中
Alt + PageDown	移至本列的最后一个单元格中

3．文本的编辑

在表格中可以像在普通文档中一样编辑文本。在"开始"选项卡的"字体"选项组中单击"对话框启动器"按钮，弹出"字体"对话框。在对话框的"字体"和"字符间距"两个选项卡中可以对表格中的文字进行格式编辑。

4. 在表格中选定内容

对表格的编辑操作也遵循"先选定，后操作"的原则。表格内容选定主要包括选定单元格、选定行、选定列和选定整个表格等。

（1）选定单元格　将光标移到单元格内部左边界处，当光标变为向右指向的实心箭头时单击，即可选定所需的单元格。

（2）选定行　将光标移到要选定行左侧空白处，当光标变为向右指向的空心箭头时单击，即可选定所需的行。

（3）选定列　将光标移到要选定列的上边界处，当光标变为垂直向下指向的实心箭头时单击，即可选定所需的列。

（4）选定整个表格　选定整个表格的具体操作步骤如下：

当光标指向表格中的任意位置时，表格左上角就会出现一个移动控制点⊞，然后将光标指向该移动控制点，光标变成✛形状时单击，即可选定整个表格。

提示

把光标指向移动控制点，当光标变成✛状时，按住鼠标左键拖动可移动表格。另外，在表格中选定内容也可以通过以下方法来选定：在"表格工具"的"布局"选项卡的"表"选项组中单击"选择"按钮，然后从弹出的菜单中选择相应的命令即可，如图3-85所示。

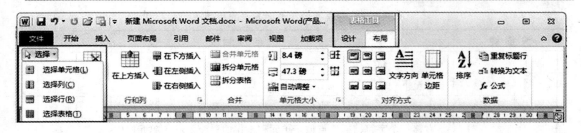

图3-85　"选择"选项

5. 插入单元格

插入单元格的具体操作步骤如下：

1）在要插入单元格的位置选定若干个单元格，选定的单元格数应与要插入的单元格数相同。

2）在"表格工具"的"布局"选项卡中单击"行和列"选项组中相应的按钮即可，也可单击"行和列"选项组中的"对话框启动器"按钮，弹出"插入单元格"对话框，如图3-86所示。

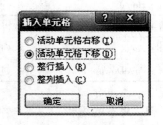

图3-86　"插入单元格"对话框

3）在该对话框中选择相应的单选按钮，例如选中"活动单元格下移"单选按钮，单击"确定"按钮，即可插入单元格。

6．插入行和列

插入行和列的具体操作步骤如下：

1）选定要插入新行（列）位置的行（列），选定的行数（列数）应与要插入的行数（列数）相同。

2）在"表格工具"的"布局"选项卡中单击"行和列"选项组的"在上方插入""在下方插入""在左侧插入"或"在右侧插入"按钮，即可插入相应的行或列；或者右击，从弹出的快捷菜单中选择插入行或列即可。

7．删除单元格、行或列

在制作表格时，如果某些单元格、行或列是多余的，可将其删除。具体操作步骤如下：

1）首先选定要删除的单元格（或将光标定位在需要删除的单元格中）、行或列。

2）在"表格工具"的"布局"选项卡中单击"行和列"选项组的"删除"按钮，在弹出的下拉列表中选择相应的删除命令即可，如图 3-87 所示；或者在要删除的单元格上右击，从弹出的快捷菜单中选择"删除"命令即可。

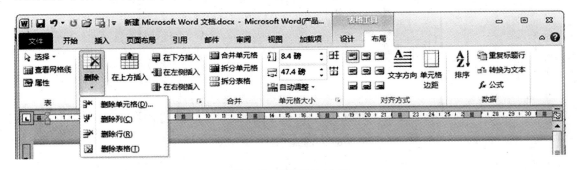

图 3-87　"删除"选项

8．合并和拆分单元格

在编辑表格时，有时需要对选中的单元格进行合并或拆分，其具体操作步骤如下：

1）选中要合并或拆分的单元格。

2）在"表格工具"的"布局"选项卡中，单击"合并"选项组中的"合并单元格"或"拆分单元格"命令，如图 3-88 所示；或者右击选中的对象，从弹出的快捷菜单中选择"合并单元格"或"拆分单元格"命令即可。

图 3-88　"合并"选项组

提 示

拆分表格时需要将光标定位在要拆分表格的位置，在"表格工具"的"布局"选项卡中单击"合并"选项组的"拆分表格"命令即可。

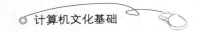

3.5.3　表格的格式化

表格的格式化即设置表格的外观效果，包括表格的行高、列宽、边框、底纹、对齐方式等。

1．调整表格的行高和列宽

1）将光标定位在需要调整行高和列宽的表格中。

2）在"表格工具"的"布局"选项卡的"单元格大小"选项组的高度和宽度文本框中设置表格行高和列宽；或者单击"单元格大小"选项组的"对话框启动器"按钮，弹出"表格属性"对话框，单击"行"或"列"选项卡进行调整即可，如图3-89所示。

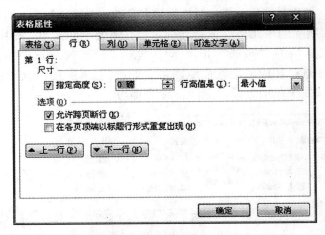

图3-89　"表格属性"对话框

提示

　　右击表格，从弹出的快捷菜单中选择"表格属性"命令，也可打开"表格属性"对话框。另外，将光标指向要调整行高或列宽的行或列的边框线上，当光标变成双向箭头时，按住鼠标左键拖动，也可调整行高和列宽。

2．自动调整表格

Word 2010还提供了自动调整表格功能，使用该功能可以根据需要方便地调整表格。具体操作步骤如下：

1）选定要调整的表格或表格中的某部分。

2）在"表格工具"的"布局"选项卡中单击"单元格大小"选项组的"自动调整"按钮，弹出如图3-90所示的级联菜单。

3）在该菜单中选择相应的命令，对表格进行调整。

> 根据内容自动调整表格(C)
> 根据窗口自动调整表格(W)
> 固定列宽(N)

图3-90　"自动调整"
级联菜单

3．表格的对齐方式

单元格中文本水平方向有左、中、右 3 种对齐方式，垂直方向有上、中、下 3 种对齐方式，水平方向和垂直方向组合起来共有 9 种对齐方式。对表格中的文本设置对齐方式的具体操作步骤如下：

图 3-91　"对齐方式"
选项组

1）选定要设置对齐方式的区域。

2）在"表格工具"的"布局"选项卡的"对齐方式"选项组中设置文本的对齐方式，如图 3-91 所示。

4．表格的自动套用格式

Word 2010 中提供了大量的预定义表格样式，用户可以直接套用这些样式来快速格式化表格。使用表格自动套用格式的具体操作步骤如下：

1）将光标定位在需要套用格式的表格中的任意位置。

2）在"表格工具"的"设计"选项卡的"表样式"选项组中设置即可，也可单击"其他"按钮。在弹出的"表格样式"下拉列表中选择表格的样式，如图 3-92 所示。

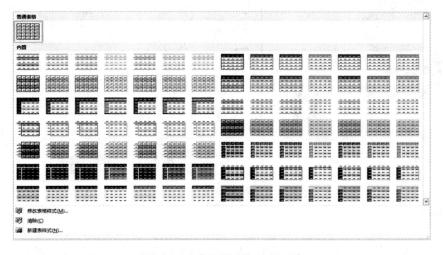

图 3-92　"表格样式"下拉列表

3）在该下拉列表中选择"修改表格样式"命令，弹出"修改样式"对话框，在该对话框中可修改所选表格的样式。

4）在该下拉列表中选择"新建表格样式"命令，弹出"根据格式设置创建新样式"对话框，在该对话框中可新建表格样式。

5．设置表格的边框和底纹

在 Word 2010 中创建的表格，默认使用单线边框，不设置底纹。用户可以根据需要为表格添加任意的边框和底纹效果。设置表格边框和底纹的具体操作步骤如下：

1）选定要添加边框或底纹的单元格或表格。

2）在"表格工具"的"设计"选项卡中单击"表样式"选项组的"底纹"按钮，在弹出的下拉列表中设置表格的底纹颜色，或者选择"其他颜色"命令，弹出"颜色"对话框，如图3-93所示，在该对话框中可选择其他的颜色。

3）在"表格工具"的"设计"选项卡中单击"表样式"选项组的"边框"按钮；或者右击表格，从弹出的快捷菜单中选择"边框和底纹"命令，打开"边框和底纹"对话框，再单击"边框"选项卡，如图3-94所示。

4）在该选项卡的"设置"选项组中选择相应的边框形式；在"样式"列表框中设置边框线的样式；在"颜色"和"宽度"下拉列表中分别设置边框的颜色和宽度；在"预览"选项组中设置相应的边框，或者单击"预览"选项组中左侧和下方的按钮进行设置；在"应用于"下拉列表中选择应用的范围。

5）设置完成后，单击"确定"按钮。

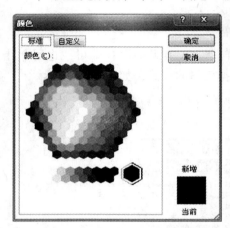

图3-93 "颜色"对话框

图3-94 "边框"选项卡

3.5.4 表格的高级应用

在这里主要介绍表格和文本的相互转换、表格中数据的排序和计算以及由表格生成图等高级操作。

1．文本转换成表格

在Word 2010中，可以将已经输入的文本转换成表格。要将文本转换成表格，文本之间要有有效的分隔符间隔（如制表符、逗号、空格等）。具体操作步骤如下：

1）选定要转换成表格的文本。

2）在"插入"选项卡的"表格"选项组中单击"表格"按钮，然后在弹出下拉列表中选择"文本框

图3-95 "将文字转换成表格"对话框

转换成表格"命令，弹出"将文字转换成表格"对话框，如图 3-95 所示。

3）该对话框"表格尺寸"选项组的"列数"微调框中的数值为 Word 自动检测出的列数。用户可以根据实际情况，在"自动调整操作"选项组中选择所需的单选按钮，在"文字分隔位置"选项区中选择或者输入一种分隔符。

4）设置完成后，单击"确定"按钮，即可将文本转换成表格。

2．表格转换成文本

要将一个表格转换成文本的操作步骤如下：

1）选定要转换成文本的表格。

2）在"表格工具"的"布局"选项卡中单击"数据"选项组的"转换为文本"按钮，弹出"表格转换成文本"对话框，如图 3-96 所示。

3）在该对话框中选择将原表格中各单元格文本转换成文字后的分隔符。

4）单击"确定"按钮。

3．表格中数据的排序

Word 2010 可以方便地对表格中的数据按某一列（单关键字）或某几列（多关键字）排序。具体操作步骤如下：

1）将光标定位在需要排序的表格中。

2）在"表格工具"的"布局"选项卡中单击"数据"选项组的"排序"按钮，弹出"排序"对话框，如图 3-97 所示。

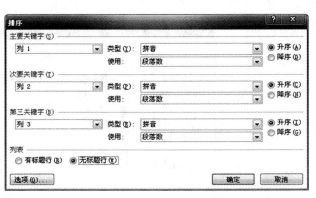

图 3-96 "表格转换成文本"对话框　　　　　　　**图 3-97** "排序"对话框

3）在该对话框中，排序依据可分别为"主要关键字""次要关键字"和"第三关键字"三级，下拉列表用于选择排序的依据；"类型"下拉列表用于指定排序类型；"升序"或"降序"单选按钮用于选择排序的顺序。

4）单击"选项"按钮，在弹出的"排序选项"对话框中可设置排序选项。

5）设置完成后，单击"确定"按钮。

4．表格中数据的计算

Word 2010 提供了表格中数据的基本计算功能，可以完成大部分的计算操作。表格中

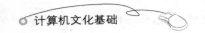

列以 A、B、C 等字母编号,行以 1、2、3 等数字编号,行和列交叉部分的长方格称为单元格,单元格以相应的列号和行号标识,如 C2 表示第二行第三列单元格。利用该单元格的标识符可以对表格中的数据进行计算,具体操作步骤如下:

1)将光标定位在存放计算结果的单元格中。

2)在"表格工具"的"布局"选项卡中单击"数据"选项组的"公式"按钮,弹出"公式"对话框,如图 3-98 所示。

3)在该对话框中的"公式"文本框中输入公式;在"编号格式"下拉列表中选择一种合适的计算结果格式;在"粘贴函数"下拉列表中选择一种函数。

4)单击"确定"按钮,即可在表格中显示计算结果。

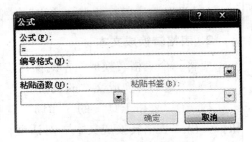

图 3-98 "公式"对话框

5. 由表格生成图

在 Word 2010 中,用户可以根据表格的数据生成各种统计图,使得文档图文并茂。操作方法如下:

1)选定要生成图的数据表格。

2)在"插入"选项卡的"文本"选项组中单击"对象"按钮,然后在弹出的下拉列表中选择"对象"命令,弹出"对象"对话框,单击"新建"选项卡,如图 3-99 所示。

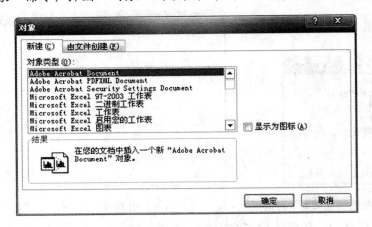

图 3-99 "对象"对话框

3)在"对象类型"列表框中单击"Microsoft Graph 图表"选项,单击"确定"按钮,进入图表编辑状态。

4)此时,屏幕上除了原来的文档之外,还有一个"数据表"面板和根据"数据表"生成的图表。如果希望图表随着表格中数据的变化而变化,只需在"数据表"面板中修改对应的数据即可。单击文档编辑区,关闭"数据表"面板,恢复原来文档状态,产生的图表即插入到表格下面。

3.6 图文混排

在 Word 文档中，除了文字和表格外，还可以插入图片、艺术字，绘制各种图形等。用户可以对文档内容进行图文混排，使文档图文并茂、生动活泼、引人入胜。

3.6.1 绘制图形

在实际工作中，有时需要在文档中插入一些简单的图形，来说明一些特殊的问题。Word 2010 提供了强大的绘图功能，用户可以直接绘制和编辑各种图形，并可为绘制的图形设置所需的图形格式（颜色、边框、图案、三维效果等）。

1. 绘制自选图形

Word 2010 提供了一系列现成的图形，如矩形等基本图形、各种线条和连接符、箭头总汇、流程图、星与旗帜、标注等。在"插入"选项卡的"插图"选项组中单击"形状"按钮，弹出下拉列表，如图 3-100 所示。在该下拉列表中选择需要绘制的自选图形的形状，此时光标变为"+"形状，将光标移到要插入自选图形的位置，按住鼠标左键拖动到适当的位置释放鼠标，即可绘制相应的自选图形。绘制正多边形（如正方形）则需在拖动时按住〈Shift〉键。

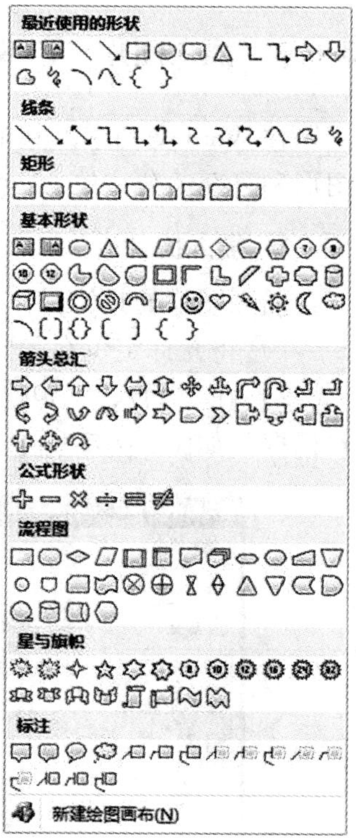

2. 编辑自选图形

在文档中绘制好自选图形后，就可以对其进行各种编辑操作。

（1）在图形中添加文字 绘制图形后，右击图形，在弹出的菜单中选择"添加文字"命令，并输入文字。

（2）设置形状填充 在默认情况下，用白色填充所绘制的自选图形对象。用户还可以用颜色过渡、纹理、图案以及图片等内容对自选图形进行填充，具体操作步骤如下：

1）选定需要设置填充效果和线型的自选图形。

2）右击图形，从弹出的快捷菜单中选择"设置形状格式"命令；或在"文本框工具"中的"格式"选项卡中单击"形状样式"选项组的"对话框启动器"按钮，弹出"设置形状格式"对话框。在该对话框中单击"填充"选项卡，如图 3-101 所示。

图 3-100 "形状"下拉列表

3）在该选项卡中，包含 5 种填充选项，无填充、纯色填充、渐变填充、图片或纹理填充和图案填充，用户可以根据自己的需要进行形状内的填充效果的设置。

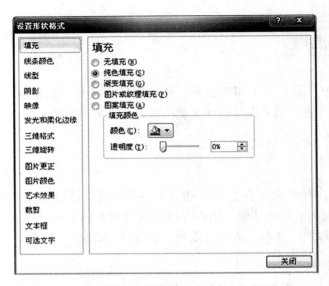

图 3-101　"设置形状格式"对话框

3.6.2　插入图片、艺术字和文本框

在 Word 文档中，除了图形外，还可以插入图片、剪贴画、艺术字、文本框、SmartArt 图形和复杂的公式等。

1．插入图片

插入图片的具体操作步骤如下：

1）将光标定位在需要插入图片的位置。

2）在"插入"选项卡的"插图"选项组中单击"图片"按钮，弹出"插入图片"对话框，如图 3-102 所示。

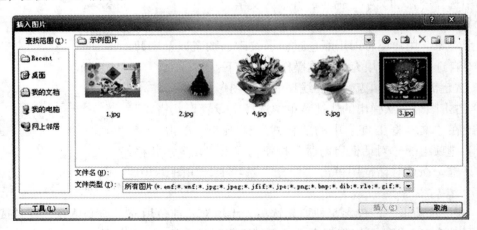

图 3-102　"插入图片"对话框

3）在"查找范围"下拉列表中选择图片所在的文件夹，在其列表框中选中所需的图片文件。

4）单击"插入"按钮，即可在文档中插入图片。

2．插入剪贴画

Word 提供了一个剪贴画库，其中包含了大量的图片，如人物图片、动物图片、建筑类图片等。用户可以很容易地将它们插入到文档中。具体操作步骤是：

1）将光标定位在需要插入剪贴画的位置。

2）在"插入"选项卡的"插图"选项组中单击"剪贴画"按钮，打开"剪贴画"任务窗口，如图 3-103 所示。

3）在"搜索文字"文本框中输入剪贴画的相关主题或类别；在"结果类型"下拉列表中选择文件类型。

4）单击"搜索"按钮，即可在"剪贴画"任务窗口中显示查找到的剪贴画。

5）单击要插入到文档中的剪贴画，即可插入到文档中。

图 3-103　"剪贴画"任务窗口

3．插入艺术字

艺术字即具有一定艺术效果的文字。在 Word 2010 中，艺术字作为一种图形对象插入，所以用户可以像编辑图形对象那样编辑艺术字。在文档中插入艺术字的具体操作步骤如下：

1）将光标定位在需要插入艺术字的位置。

2）在"插入"选项卡的"文本"选项组中单击"艺术字"按钮，弹出下拉列表，如图 3-104 所示。

3）在该下拉列表中选择一种艺术字样式，单击即在 Word 中显示艺术字的文本框。

4）在该文本框中输入需要插入的艺术字；选中艺术字文本框，在"艺术字工具"的"格式"选项卡的"艺术字样式"选项组中设置文本填充、文本轮廓和文本效果选项中设置相关效果。

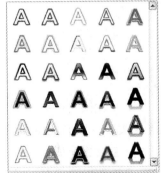

图 3-104　"艺术字"下拉列表

4．插入文本框

文本框是 Word 2010 提供的一种可以在页面上任意处放置文本的工具。使用文本框可以将段落和图形组织在一起，或者将某些文字排列在其他文字或图形周围。例如，当在一页横排文档中的某处使用竖排文本时，使用正文文本的编辑方法就不可能做到，此时就可以利用文本框完成。插入文本框的具体操作步骤如下：

1）在"插入"选项卡的"文本"选项组中单击"文本框"按钮，在弹出下拉列表中选择"绘制文本框"或"绘制竖排文本框"命令，此时光标变为+形状。

2）将光标移至需要插入文本框的位置，按住鼠标左键并拖动至合适大小，松开鼠标

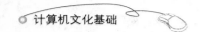

左键，即可在文档中插入文本框。

3）将光标定位在文本框内，就可以在文本框中输入文字。输入完毕，单击文本框以外的任意地方即可，如图3-105所示。

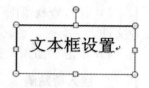

图 3-105　文本框

5. 插入 SmartArt 图形

创建具有设计师水准的插图很困难，用户可以使用 SmartArt 图形功能，只需单击几下，即可创建具有设计师水准的插图。SmartArt 图形是信息和观点视觉表示形式，可以通过从多种不同布局中进行选择来创建 SmartArt 图形，从而快速、轻松、有效地传达信息。在文档中插入 SmartArt 图形的具体操作步骤如下：

1）将光标定位在需要插入 SmartArt 图形的位置。

2）在功能区用户界面的"插入"选项卡中单击"插图"选项组中"SmartArt"按钮，弹出"选择 SmartArt 图形"对话框，如图 3-106 所示。

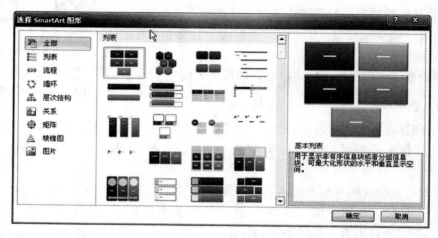

图 3-106　"选择 SmartArt 图形"对话框

3）在该对话框左侧的列表框中选择 SmartArt 图形的类型；在中间的"列表"框中选择子类型；在右侧将显示 SmartArt 图形的预览效果。

4）设置完成后，单击"确定"按钮，即可在文档中插入 SmartArt 图形。

5）如果需要输入文字，可在写有"文本"字样处单击，即可输入文字。

6）选中输入的文字，即可像普通文本一样进行格式化编辑。

3.6.3　图片的编辑和格式化

文档中插入图片后，图片的大小、位置和格式等不一定符合要求，需要进行各种编辑才能达到令人满意的效果。选中图片，可在"图形工具"的"格式"选项卡中对图片进行各种编辑和格式化操作，如图 3-107 所示。如果要进行详细的设置，只需单击相应的"对话框启动器"按钮即可。例如，单击"图片样式"组右侧的"对话框启动器"按钮就弹出"设置图片格式"对话框，如图 3-108 所示；单击"大小"选项组右侧的"对话框启动器"按钮就弹出"布局"对话框，如图 3-109 所示。然后用户可以对图片进行详细的格式设置。

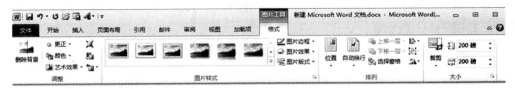

图 3-107　"图片格式"选项卡

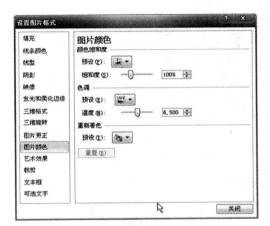

图 3-108　"设置图片格式"对话框

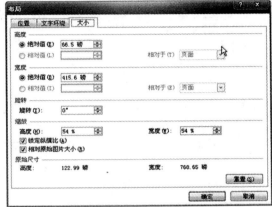

图 3-109　"布局"对话框

提示

用户也可以右击选中的图片，在弹出的快捷菜单中进行编辑和格式化操作，如图 3-110所示。快速调整图片大小的操作方法如下：单击要缩放的图片，将光标指向图片四周的尺寸控制点，当光标变成双向箭头时，按住鼠标左键并进行拖动，出现的虚线框表示缩放的大小，释放鼠标完成缩放。

由于文本框和艺术字具有类似于图形、图片的属性，所以对于文本框及艺术字的编辑和格式化方法与对图片的操作方法类似。

3.7　打印设置与打印

文档编写完成后，经过页面排版，形成了一份比较理想的文档，这时就可以将文档打印出来。下面介绍如何在打印前进行打印设置和预览。

1．打印预览

Word 2010 具有强大的打印功能，在打印前用户可以使用 Word 中的"打印预览"功能在屏幕上观看即将打印的效果，如果不满

图 3-110　图片格式设置快捷菜单

意还可以对文档进行修改。打印预览的操作步骤如下：在"文件"选项卡中，单击"打印"选项，或单击快速访问工具栏中的"打印预览和打印"按钮 🔍，即可打开文档的预览窗口，如图 3-111 所示。

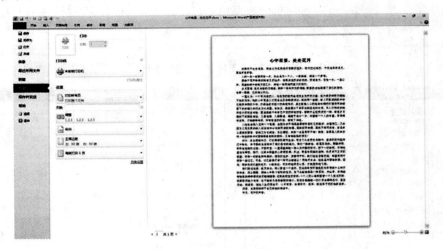

图 3-111　文档的预览窗口

2. 打印

　　如果对打印预览的效果满意，用户就可以开始打印文档。在打印文档之前，应该对打印机进行检查和设置，确保计算机已正确连接到打印机，并安装了相应的打印机驱动程序。所有设置检查完成后，即可打印文档。具体操作步骤如下：

　　1）在"文件"选项卡中，单击"打印"选项，在预览页面左侧设置相关信息，如图 3-112 所示。

　　2）在"打印机"选项组的"名称"下拉列表中可选择打印机的名称，并查看打印机的状态、类型、位置等信息。

　　3）在"设置"选项组中，可以设置要打印的页面。

　　4）在"页数"选项组中，设置调整、页面版式、边距设置和每版打印页数信息。

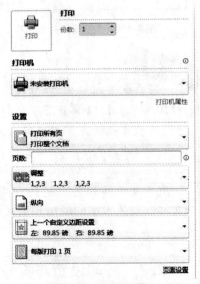

图 3-112　打印设置

> **提 示**
>
> 　　如果不需要进行打印设置，则可以使用快速打印的功能，方法如下：单击左上角快速访问工具栏，单击"快速打印"按钮，即可进行快速打印。如果没有此按钮，就需要再单击快速启动工具栏中的下拉按钮，在弹出的"自定义快速访问工具栏"菜单中选择"快速打印"命令。

3.8　应用案例

下面以制作新年贺卡为例，介绍如何利用 Word 2010 来创建新文档，如何设置文档背景，如何插入艺术字、剪贴画以及设置文档格式等。贺卡的效果如图 3-113 所示。

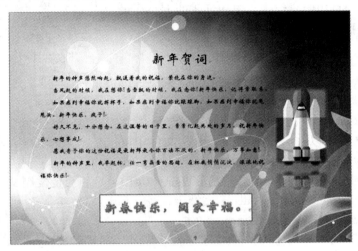

图 3-113　贺卡效果图

在动手制作贺卡之前，首先必须准备好制作贺卡的素材，如图片、祝福文字和背景音乐等。素材准备好后，就可以按以下步骤来制作电子贺卡了。

1. 新建空白 Word 文档

单击"文件"按钮，然后在弹出的菜单中选择"新建"命令，打开"新建文档"对话框，在该对话框左侧的"模板"列表框中单击"空白文档"选项，然后在对话框右侧的列表框中单击"创建"按钮，即可创建一个空白文档，如图 3-114 所示。

图 3-114　创建文档

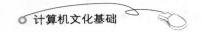
2．设置纸张大小和页边距

单击"页面布局"选项卡的"页面设置"选项组中的"对话框启动器"按钮，弹出"页面设置"对话框，如图3-115所示。在该对话框的"页边距"和"纸张"选项卡中设置页边距、纸张方向和纸张的大小，最后单击"确定"按钮。

3．添加文字、图片、艺术字等素材

贺卡的大小、背景等主题风格确定之后，就可以把准备好的各种素材添加上去了。

图3-115　"页面设置"对话框

（1）添加文字　在文档中输入文本"新年贺词……"，具体文本可以在"新年贺词.txt"文件中复制，具体过程为：打开"新年贺词.txt"文件，按〈Ctrl + A〉组合键选中所有文本信息，然后再按〈Ctrl + C〉组合键复制文本信息，最后再将光标切换到新建的"新年贺词.doc"文档中，按〈Ctrl + V〉组合键，将选中的贺词文本信息粘贴到当前文档中。

设置"字体"为"华文新魏"，标题"新年贺词"字号设置为"小初"，正文字号设置为"小二"。

（2）插入艺术字　在"插入"选项卡的"文本"选项组中单击"艺术字"按钮，在弹出的下拉列表中选择第5行、第3列的样式，如图3-116所示。

艺术字在"格式"选项卡中可以进行设置，艺术字的边框样式（包括形状填充、形状轮廓、形状效果）、艺术字样式（包括文本填充、文本轮廓、文本效果）及文本的方向、对齐方式等设置根据自己需要设置到满意为止，如图3-117所示。

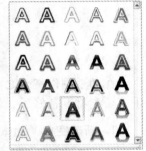

图3-116　"艺术字"样式

图3-117　"格式"选项卡

（3）插入剪贴画　在"插入"选项卡的"插图"选项组中单击"剪贴画"按钮，打开"剪贴画"对话框，如图3-118所示，单击剪贴画即可插入到当前文档中；然后在"图片工具"的"格式"选项卡中单击"排列"选项组的自动换行按钮，在弹出的下拉列表中选择"四周型环绕"命令，即可通过拖动来调整剪贴画的大小和位置，如图3-119所示。

图 3-118　"剪贴画"对话框　　　　　　**图 3-119　添加剪贴画效果**

右击剪贴画，在弹出的快捷菜单中选择"设置图片格式"命令，打开"设置图片格式"对话框，在该对话框中可对剪贴画格式进行设置。当然也可以单击选中的目标剪贴画，然后单击"图片工具"的"格式"选项卡，在该选项卡中对剪贴画的格式进行详细设置。在本贺卡中剪贴画图片样式设置为"柔化边缘椭圆"，柔化边缘幅度选择 10 磅；映像效果选择"紧密映像"。对剪贴画进行格式设置后的贺卡效果如图3-113所示。

4．设置贺卡的背景

在"页面布局"选项卡的"页面背景"选项组中单击"页面颜色"按钮，弹出"主题颜色"下拉列表，如图 3-120 所示。用户可以在其中选择一种颜色作为背景色，也可单击"填充效果"选项，弹出"填充效果"对话框，如图 3-121 所示。单击"图片"选项卡，在该选项卡中单击"选择图片"按钮，在弹出的"选择图片"对话框中选择需要作为背景的图片，单击"插入"按钮，返回到"填充效果"对话框中，单击"确定"按钮即可。

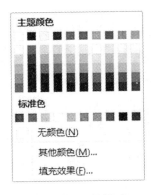

图 3-120　主题颜色　　　　**图 3-121　"填充效果"对话框**

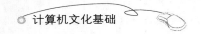

至此，所制作的贺卡就基本成型了，用户还可以根据自身需要进一步调整贺卡的一些设置，如添加文字、调整素材的格式和位置等。

❖ 本章小结 ❖

本章介绍了 Microsoft Office 2010 办公自动化软件中的文字处理软件 Word 2010。从 Word 2010 的新增功能和特点入手，逐步介绍了 Word 2010 的工作界面、Word 2010 的基本操作、文本的基本操作、文档格式设置、表格操作、图文混排、打印设置与打印。

通过本章循序渐进地学习，用户对 Word 2010 的基本知识可以有一个初步的了解和掌握，从而可以灵活使用 Word 2010 文字处理软件来进行编辑和排版工作，制作出各种满足实际需要的专业化文档，并为以后进一步的学习打好基础。

思考题

1. Word 2010 的新增功能和特点有哪些？

2. Word 2010 的窗口由哪些部分组成？

3. 在快速访问工具栏上如何添加或删除工具按钮？

4. Word 2010 提供了几种文档窗口视图方式？各有什么特点？

5. 如何把一个 Word 文档保存为其他类型的文件？

6. Word 中段落的对齐方式有哪几种？如何调整段落缩进？

7. 如何实现文本的查找和替换？

8. 如何新建和应用样式？

9. 模板的用途是什么？如何应用模板创建文档？

10. Word 中创建表格有哪几种方法？如何设置表格中文字的对齐方式？

11. Word 中图片的环绕方式有哪几种？如何设置？

12. 如何插入页眉、页脚？

第4章 电子表格处理软件 Excel 2010

Microsoft Excel 是办公自动化中非常重要的一款软件，很多国际企业都是依靠Excel进行数据管理。它不仅能够方便地处理表格和进行图形分析，其更强大的功能体现在对数据的自动处理和计算方面。Microsoft Excel 2010 是微软公司的办公软件 Microsoft Office 2010 的组件之一，是由 Microsoft 为 Windows 和 Apple Macintosh 操作系统的计算机编写的一款试算表软件。直观的界面、出色的计算功能和图表工具，再加上成功的市场营销，使 Excel 成为最流行的微机数据处理软件。

4.1 Excel 2010 中文版概述

Microsoft Excel 2010 电子表格可以输入、输出、显示数据，可以帮助用户制作各种复杂的表格文档，进行烦琐的数据计算，并能对输入的数据进行各种复杂统计运算并且显示为可视性极佳的表格，同时它还能形象地将大量枯燥无味的数据变为多种漂亮的彩色商业图表显示出来，极大地增强了数据的可视性。另外，电子表格还能将各种统计报告和统计图打印出来。

4.1.1 Excel 2010 的新增功能和特点

Microsoft Excel 2010 电子表格，作为 Microsoft Office 2010 产品中的一个重要组件，较前一版有很多的改进，但总体来说改变不大，几乎不影响所有目前基于 Office 2007 产品平台上的应用，不过 Office 2010 也是向上兼容的，即它支持大部分早期版本中提供的功能。下面简单介绍一下。

1. 增强的 Ribbon 工具条

什么是 Ribbon 工具条？接触过 Excel 2007 的用户应该比较熟悉了。Microsoft Office 产品在从 2003 到 2007 的升级过程中做了很多的改进，几乎涉及整个产品的框架，在用户界面体验部分的一个新亮点就是 Ribbon 工具条的引入，如图 4-1 所示。

图 4-1　Excel 2010 Ribbon 工具条

单从界面上来看与 Excel 2007 并没有特别大的变化，界面的主题颜色和风格有所改变。在 Excel 2010 中，Ribbon 的功能更加增强了，用户可以设置的东西更多，使用更加方便。而且，创建电子表格更加便捷。

2．XLSX 格式文件的兼容性

XLSX 格式文件伴随着 Excel 2007 被引入到 Office 产品中，它是一种压缩包格式的文件。默认情况下，Excel 文件被保存成 XLSX 格式的文件（当然也可以保存成 2007 以前版本的兼容格式，带 vba 宏代码的文件可以保存成 XLSX 格式），你可以将扩展名修改成"rar"，然后用 WinRAR 打开它，可以看到里面包含了很多 XML 文件，这种基于 XML 格式的文件在网络传输和编程接口方面提供了很大的便利性。相比 Excel 2007，Excel 2010 改进了文件格式对前一版本的兼容性，并且较前一版本更加安全。

3．Excel 2010 对 Web 的支持

较前一版本而言，Excel 2010 中一个最重要的改进就是对 Web 功能的支持，用户可以通过浏览器直接创建、编辑和保存 Excel 文件，以及通过浏览器共享这些文件。Excel 2010 Web 版是免费的，用户只需要拥有 Windows Live 账号便可以通过互联网在线使用 Excel 电子表格，除了部分 Excel 函数外，Microsoft 声称 Web 版的 Excel 将会与桌面版的 Excel 一样出色。另外，Excel 2010 还提供了与 SharePoint 的应用接口，用户甚至可以将本地的 Excel 文件直接保存到 SharePoint 的文档中。

4．在图表方面的亮点

在 Excel 2010 中，一个非常方便好用的功能被加入到了"插入"选项卡中，这个被称之为"迷你图"的功能，可以根据用户选择的一组单元格数据描绘出波形趋势图，同时用户可以有好几种不同类型的图形选择，如图 4-2 所示。

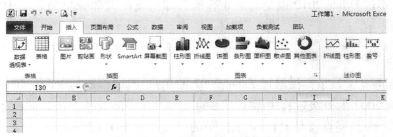

图 4-2　Excel 2010 的"迷你图"

这种小的图表可以嵌入到 Excel 的单元格内，让用户获得快速可视化的数据表示，对于股票信息而言，这种数据表示形式将会非常适用。

5．其他改进

Excel 2010 提供的网络功能允许其他人同时分享数据，包括多人同时处理一个文档等。另外，对于商业用户而言，Microsoft 推荐为 Excel 2010 安装 Project Gemini 加载宏，可以处理极大量数据，甚至包括亿万行的工作表。它在 2010 年作为 SQL Server 2008 R2 的一部分发布。

4.1.2　Excel 2010 的启动与退出

Microsoft Excel 是一套功能完整、操作简易的计算机软件，提供了丰富的函数及强大的图表和报表制作功能，能有效率地建立与管理资料。

1．启动 Excel 2010

1）单击桌面底部的"开始"→"所有程序"→"Microsoft Office"→"Microsoft Excel 2010"。

2）如果 Windows 桌面上有 Excel 2010 图标，双击它即可启动 Excel 2010。

3）通过双击 Excel 文档，间接启动 Excel 2010。启动界面如图 4-3 所示。

图 4-3　Excel 2010 启动界面

2．退出 Excel 2010

1）单击 Excel 2010 窗口右上角的"关闭"按钮。

2）选择 Excel 2010 窗口的"文件"→"退出"命令。

4.1.3　Excel 2010 的工作界面

启动 Excel 2010 后，用户可以看到如图 4-4 所示的工作界面。

1．认识选项卡

Excel 2010 中所有的功能操作分类为 8 个选项卡，包括文件、开始、插入、页面布局、公式、数据、审阅和视图。各选项卡中收录相关的功能群组，方便使用者切换、选用。例如，"开始"选项卡中就是基本的操作功能，如字形、对齐方式等设定，只要切换到该选项卡即可看到其中包含的内容。

2．认识功能区

窗口上半部分称为功能区，放置了编辑工作表时需要使用的工具按钮。开启 Excel 2010 时预设会显示"开始"选项卡下的工具按钮，当单击其他的功能选项卡时，便会显示该选项卡所包含的工具按钮。

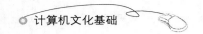

另外，为了避免整个画面太凌乱，有些选项卡会在需要使用时才显示。例如，当用户在工作表中插入一个图表，此时与图表有关的工具才会显示出来。

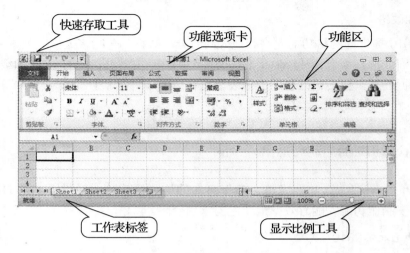

图 4-4　Excel 2010 工作界面

除了使用鼠标来选择选项卡及功能区内的按钮外，也可以按下键盘上的〈Alt〉键，即可显示各选项卡的快速键提示信息。当用户按下选项卡的快速键之后，会显示功能区中各功能按钮的快速键，让用户以键盘来进行操作，如图 4-5 所示。

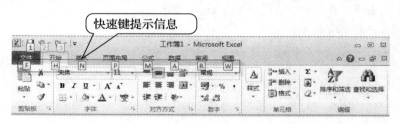

图 4-5　Excel 2010 快速键窗口

4.2　工作簿的基本操作

工作簿是 Excel 2010 建立和操作的文件，用来存储用户建立的工作表。工作簿文件的扩展名是".xls"，一个工作簿对应一个扩展名为".xls"文件，该类文件的图标是。

一个工作簿由若干个工作表组成，最多可包括 255 个工作表。在 Excel 2010 新建的工作簿中，默认包含 3 个工作表，名称分别是"Sheet1""Sheet2""Sheet3"。

在 Excel 2010 中，常用的工作簿操作包括新建工作簿、保存工作簿、打开工作簿、关闭工作簿。

4.2.1　新建工作簿

Excel 2010 中，新建工作簿有以下方法：

1）启动 Excel 文件，就会顺带开启一份空白的工作簿。

2）单击"文件"选项卡，选择"新建"命令，单击"空白工作簿"按钮来建立新的工作簿。

3）按〈Ctrl + N〉组合键，立即开启一份空白的工作簿。

开启的新工作簿，Excel 会依次以工作簿 1、工作簿 2……来命名，要重新替工作簿命名，可在存储文件时变更。

4.2.2　保存工作簿

Excel 2010 工作时，工作簿的内容暂存在计算机内存和硬盘的临时文件中，没有正式保存。常用保存工作簿有两种方式：保存和另存为。

1. 保存工作簿

1）单击"保存"按钮。

2）选择"文件"→"保存"命令。

3）按〈Ctrl + S〉组合键。

如果工作簿已被保存，则系统自动以原来的文件名保存在原来的文件夹中。如果工作簿从未保存，系统需要用户指定文件名和文件夹，相当于执行下面所讲的另存为操作。

2. 另存为工作簿

另存为是指把当前工作簿以新文件保存起来。选择"文件"→"另存为"命令，弹出如图 4-6 所示的"另存为"对话框，让用户重新命名或选择新文件夹并保存。

在"另存为"对话框中，可进行以下操作。

1）在"保存位置"下拉列表框中，选择要保存到的文件夹，也可在对话框左侧的预设位置列表中，选择要保存到的文件夹。

2）在"文件名"文本框内，输入另存为的文件名。

3）在"保存类型"下拉列表中，选择要保存的文件类型（通常使用默认的"Excel 工作簿"）。

4）单击"保存"按钮，保存文件。

图 4-6　"另存为"对话框

4.2.3　打开工作簿

打开工作簿有以下几种方法。

1）单击快速访问工具栏中"打开"按钮。

2）选择"文件"→"打开"命令。

3）按〈Ctrl + O〉组合键。

4）如果在打开的文件菜单底部显示有先前打开过的工作簿文件名，单击其中的一个文件名，也可打开相应的文件。

采用最后一种方法时，Excel 2010 直接打开指定的工作簿；用前三种方法，系统会弹出如图4-7所示的"打开"对话框。

在"查找范围"下拉列表中，选择工作簿所在的文件夹，也可在对话框左侧的预设位置列表框中，选择要打开的工作簿所在的文件夹；在文件夹列表框中双击工作簿文件，打开该工作簿文件；在文件夹列表框中单击选中该工作簿文件，文件名出现在"文件名"文本框中；也可在"文件名"文本框中，直接输入要打开的文件名。

图4-7　"打开"对话框

5）单击"打开"按钮，打开相应的工作簿文件。

4.2.4　关闭工作簿

在 Excel 2010 中，关闭工作簿文件有以下两种方法。

1）单击窗口右上角的"关闭"按钮。

2）选择"文件"→"退出"命令。

如果曾在 Excel 窗口中做过输入或编辑的工作，关闭时会出现提示是否保存信息，按需要选择即可，如图4-8所示。

图4-8　是否保存对话框

4.3　工作表的基本操作

Excel 2010 常用的工作表的操作包括插入、删除、重命名、移动、复制等。

4.3.1　选定单元格和单元格区域

1. 选取多个单元格

在单元格内单击，即可选取该单元格；若要一次选取多个相邻的单元格，将光标放在目标范围的第一个单元格，然后按住鼠标左键拖动到目标范围的最后一个单元格，最后再放开鼠标左键。

2. 选取不连续的多个范围

如果要选取多个不连续的单元格范围，如 A2:B3 和 C5:D6，先选取 A2:B3 范围，然后按住〈Ctrl〉键，再选取第 2 个范围 C5:D6，选好后再放开〈Ctrl〉键，就可以同时选取多个单元格范围了，如图 4-9 所示。

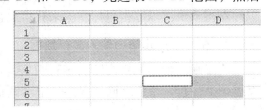

图 4-9　选取不连续区域范围

3. 选取整行或整列

若要选取整行或整列，可将鼠标移到行编号或列编号上单击，即可选取整行或整列。

4. 选取整张工作表

若要选取整张工作表，则单击左上角的"全选"按钮即可选取整张工作表，如图 4-10 所示。

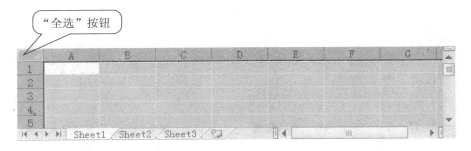

图 4-10　选取整张工作表

4.3.2　数据的输入

建立工作表，首先要向表格中输入文本、数字等内容，然后才能进行计算、汇总、分析等数据处理工作。

1. 输入数据

1）单击 A1 单元格，使其成为活动单元格。在单元格内输入数据表的标题"硬件部 2005 年销售额"，按〈Enter〉键确认，如图 4-11 所示。

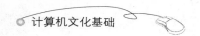

2）从 A2 单元格起，分别输入“类别”“上半年”“下半年”等内容，如图4-12所示。

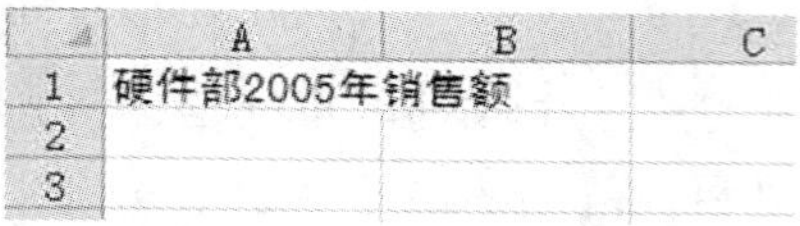

	A	B	C
1	硬件部2005年销售额		
2			
3			

图 4-11　输入数据表标题

	A	B	C	D	E	F
1	硬件部2005年销售额					
2	类别	上半年		下半年		总计
3		第一季度	第二季度	第三季度	第四季度	
4	便携机	21000	16000	30000	25000	
5	工控机	20000	18000	28000	20000	
6	网络服务器	28000	25000	18000	27000	
7	微机	25000	20000	21000	23000	
8	合计					

图 4-12　输入数据表内容

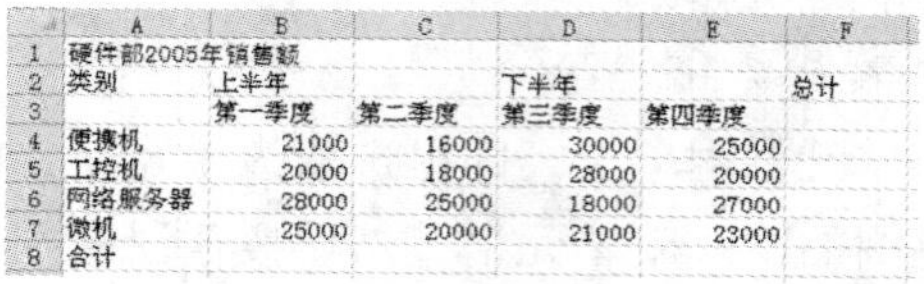

3）如果单元格不能完全显示内容，可以调整单元格的宽度。将鼠标指针移到列号栏上的列与列交界处时，指针变成✛形状，按住鼠标左键拖动，调整到合适的宽度时，释放鼠标左键；也可以双击鼠标左键来获得最合适的列宽。

2. 在一个单元格内输入多行数据

若想在一个单元格内输入多行数据，可在换行时按下〈Alt + Enter〉组合键，则插入点移到下一行，便能在同一单元格中继续输入下一行数据。双击 A2 单元格，将光标移到“类别”后，按下〈Alt + Enter〉组合键，接着输入“名称”，如图 4-13 所示。

3. 快速填充相同数据

将鼠标指针移至所选单元格的右下角，即可显示呈十字形的填充柄，通过拖动填充柄来填充单元格。该方法可使相邻单元格数据的填充更简单、方便。

1）鼠标单击 B2 单元格，移动鼠标指针至 B2 单元格右下角，此时指针呈十字形，如图4-14所示。

	A	B	C	D	E	F
1	硬件部2005年销售额					
2	类别 名称	上半年		下半年		总计
3		第一季度	第二季度	第三季度	第四季度	
4	便携机	21000	16000	30000	25000	
5	工控机	20000	18000	28000	20000	
6	网络服务器	28000	25000	18000	27000	
7	微机	25000	20000	21000	23000	
8	合计					

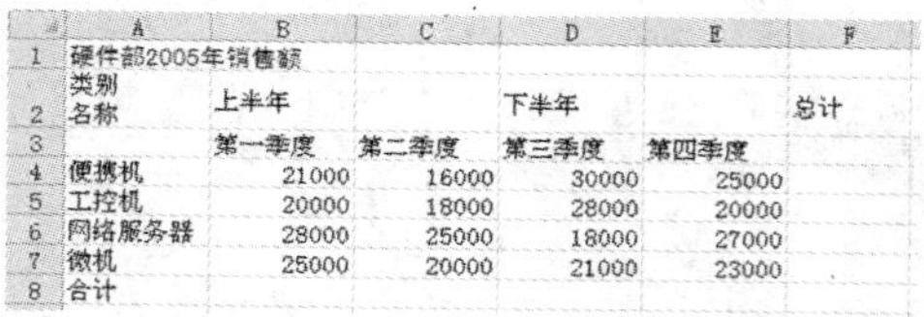

图 4-13　在一个单元格输入多行数据

	A	B	C	D
1	学生编号	班级	姓名	
2		12431		
3				
4				

图 4-14　鼠标指针呈十字形

2）按住鼠标左键不放并向下拖动至 B7 单元格，释放鼠标后即可看到 B2:B7 单元格区域中填充了与 B2 单元格相同的数据，如图 4-15 所示。

4. 填充序列数据

首先要说明数列的类型，以便清楚知道哪些数列可由 Excel 的功能来自动建立。Excel 可建立的数列类型有以下 4 种。

（1）建立等差数列

1）要在 A2:A7 单元格中，建立 1、3、5、7、9、11 的等差数列。首先，A2、A3 单元格分别输

	A	B	C
1	学生编号	班级	姓名
2		12431	
3		12431	
4		12431	
5		12431	
6		12431	
7		12431	
8			

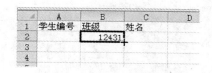

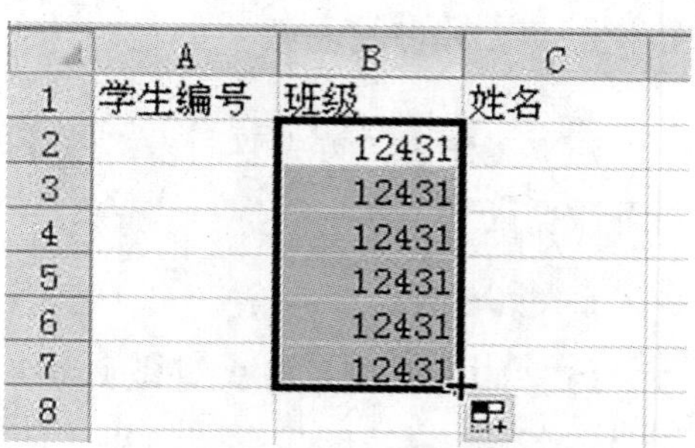

图 4-15　填充相同数据

入 1、3，并选取 A2:A3 范围作为来源单元格，也就是要有两个初始值（如 1、3），如图 4-16 所示，这样 Excel 才能判断等差数列的间距值是多少。

2）将鼠标指针移到 A3 单元格右下角，指针呈十字形时，按住鼠标左键不放，向下拖动至 A7 单元格，松开鼠标左键，等差数列就建立好了，如图 4-17 所示。

图 4-16　选取 A2:A3 范围 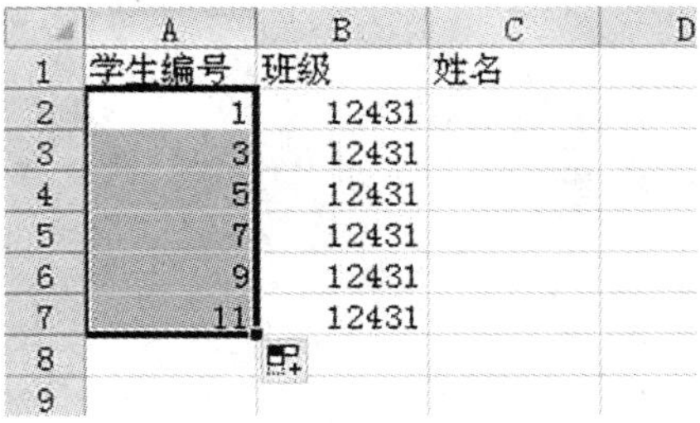　　　　　图 4-17　建立等差数列

3）建立数列后，"自动填充选项"按钮出现，单击此按钮，出现如图 4-18 所示的下拉列表，默认选中"填充序列"单选按钮。如果选中"复制单元格"单选按钮，则 A2:A7 单元格范围变为 1、3、1、3…。

（2）建立日期数列

1）在 D2 单元格输入起始日期，如 2012-7-8。

2）选中 D2 单元格，将鼠标指针移到 D2 单元格右下角，指针变成十字形，按下鼠标左键并拖动至 D7 单元格即可建立日期数列，如图 4-19 所示。

（3）建立文字数列

1）Excel 还内建许多常用的自动填入数列。例如，在 E2 单元格输入"一月"。

图 4-18　打开下拉列表

2）选中 E2 单元格，将鼠标指针移到 E2 单元格右下角，指针变成十字形，按下鼠标左键并拖动至 E7 单元格即可建立文字数列，如图 4-20 所示。

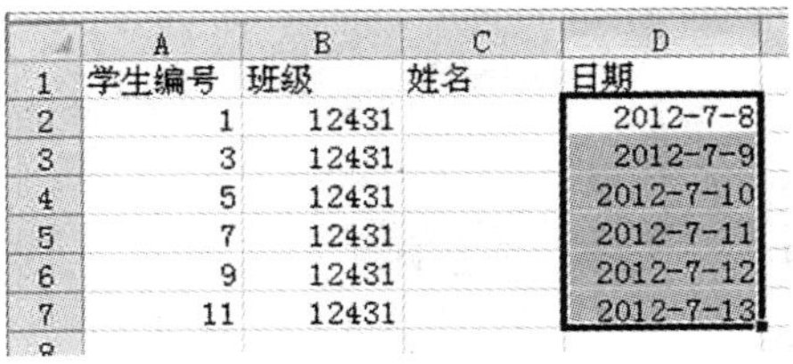

图 4-19　建立日期数列 　　　　　图 4-20　建立文字数列

（4）建立等比数列　例如，要在 B1:B10 建立 2、4、8…的等比数列，具体操作如下。

1）在 B1 单元格中输入 2，接着选取 B1:B10 的区域范围。

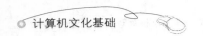

2）切换到"开始"选项卡，单击"编辑"选项组的"填充"按钮，在下拉列表中选择"系列"命令，如图4-21所示。

3）打开如图4-22所示的"序列"对话框。"序列产生在"选项组中选中"列"单选按钮；"类型"选项组中选中"等比序列"单选按钮；"步长值"文本框中输入"2"；"终止值"文本框中可设定数列最后结束的数字，若未设定将延伸到选取范围为止。

图4-21 "填充"下拉列表

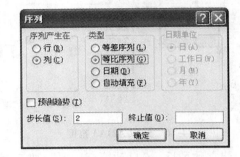
图4-22 "序列"对话框

4）单击"确定"按钮，等比数列就建立完成了，如图4-23所示。

5．清除单元格内容

如果要清除单元格的内容，先选取欲清除的单元格，然后进行以下三种操作均可。

1）单击键盘上〈Delete〉键。

2）右击单元格，在弹出的快捷菜单中选择"清除内容"命令。

3）切换至"开始"选项卡，在"编辑"选项组中单击"清除"按钮，在弹出的下拉列表中选择"清除内容"命令，如图4-24所示。

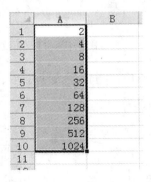
图4-23 建立等比数列

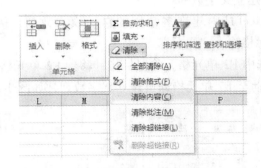
图4-24 "清除"下拉列表

4.3.3 工作表的格式设置

建立和编辑好工作表后，就可对工作表进行格式化，用户可以从数字显示、文字对齐、字形和字体、框线图案颜色等多种方面对工作表进行修饰，制作出各种美观的工作表。

1．单元格数据的格式化

单元格数据的格式化主要包括设置字符格式、设置数字格式、设置对齐方式等。

（1）设置字符格式　为了让工作表中的字体不再单调，用户可以对工作表中数据的字符格式进行设置，即对字体、字形、字号、颜色进行设置，从而将不同含义的数据设置成不同的格式。操作步骤如下所述：

1）单击准备设置字符格式的单元格，使单元格处于选中状态。

2）在"开始"选项卡的"字体"选项组中，可以分别设置字体、字号、颜色、加粗、倾斜、下划线等格式，如图 4-25 所示。

图 4-25　字体功能区

3）如"硬件部 2005 年销售额"数据表中，将标题格式设置为黑体，字号为 16，粗体，红色；表头行和最左列设为粗体，其他单元格为默认字体、字号，如图 4-26 所示。

	A	B	C	D	E	F
1	硬件部2005年销售额					
2	类别	上半年		下半年		总计
3		第一季度	第二季度	第三季度	第四季度	
4	便携机	21000	16000	30000	25000	
5	工控机	20000	18000	28000	20000	
6	网络服务器	28000	25000	18000	27000	
7	微机	25000	20000	21000	23000	
8	合计					

图 4-26　设置字符格式

（2）设置数字格式　Excel 2010 中有多种数字格式，在"开始"选项卡的"数字"选项组中，可通过以下工具按钮设置常用的格式。

单击"会计数字格式"按钮，设置数字为货币样式（数字前加"￥"符号，千分位用","分隔，小数按四舍五入原则保留两位）。

单击"百分比样式"按钮，设置数字为百分比样式（如 1.23123%）。

单击"千位分隔样式"按钮，为数字增加千分位（如 123456.789 变为 123，456.789）。

单击"增加小数位数"按钮为数字，增加小数位数（以"0"补）。

单击"减少小数位数"按钮，为数字减少小数位数（四舍五入）。

用户还可以通过按下"数字"功能组右下角的图按钮，开启"设置单元格格式"对话框，对"数字"选项卡进行详细设定。

下面将工作表中的数据设置成会计专用格式，保留2位小数，应用货币符号，操作步骤如下：

1）选定B4:F8数据单元格区域范围。

2）单击"开始"选项卡中"数字"选项组右下角的图按钮，打开"设置单元格格式"对话框，在"数字"选项卡中"分类"列表下单击"会计专用"选项，进行如图4-27所示的设置。

3）单击"确定"按钮，则工作表中的数据变成如图4-28所示的格式。如果单元格内数据显示"#"，则说明单元格宽度不能完全显示数据，可以调整列宽以适应数据。

图4-27 "设置单元格格式"对话框

图4-28 设置数字格式后的工作表

（3）设置对齐方式 切换至"开始"选项卡的"对齐方式"选项组中，单击相应的工具按钮，如图4-29所示，可以设置数据在单元格中对齐方式。

图4-29 "对齐方式"选项组

三个按钮用来设置数据在单元格中垂直方向对齐。

三个按钮用来设置数据在单元格中水平方向对齐。

按钮组用来设置文字在单元格中沿对角线或垂直方向旋转角度。

按钮用来设置减少文字与单元格边框的距离。单击此按钮后单元格内的数据左边可减少缩进1个单位（两个字符）。

按钮用来设置增加文字与单元格边框的距离。单击此按钮后单元格内的数据左边可增加缩进1个单位（两个字符）。

按钮设置文字自动换行，当数据超过单元格宽度时，超出单元格宽度的文字会自动显示在下一行。

按钮组用来设置单元格合并，单击右侧的下拉按钮，打开如图4-30所示的下拉列表。选择其中的一个命令，即可将选定的单元格设置成相应格式。

用户还可以通过单击"数字"选项组右下角的图按钮，打开"设置单元格格式"对话框，对"对齐"选项卡进行详细设定，如图4-31所示。

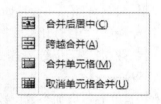

图4-30 设置单元格合并样式

（4）删除格式 改变字符格式后，如果要清除所设置的格式，恢复成默认格式。则可在"开始"选项卡的"编辑"选项组中，单击"清除"按钮，在打开的下拉列表中选择"清除格式"命令，即可清除所设置的字符格式。

图 4-31 "对齐"选项卡

2. 单元格表格的格式化

常用的操作包括设置行高、设置列宽、设置边框、设置底纹等。

（1）设置行高 改变某一行或某些行的高度，有以下方法。

1）将鼠标指针移到要调整行高的行分隔线上，鼠标指针成 ✚ 状后，垂直拖动鼠标，即可改变行高。

2）选定若干行，用前面的方法调整其中一行的高度，则其他各行也同时设置成同样的高度。

3）将鼠标指针移到要调整行高的行分隔线上，鼠标指针成 ✚ 状后，双击行边界，则当前行或被选定的行根据行中的数据自动调整行的高度，达到最适合的行高。

4）用鼠标选择所要调整行高的行，右击该行，出现浮动面板，选择"行高"命令，则出现如图 4-32 所示的对话框。输入行高值，单击"确定"按钮，即可精确设置行高。

5）右击选定行，在弹出的快捷菜单中选择"隐藏"命令，当前行或选定的行被隐藏。如果某行被隐藏，选定与被隐藏行上下相邻的两行，再选择快捷菜单中的"取消隐藏"命令，隐藏的行则又会出现。

图 4-32 "行高"对话框

（2）设置列宽

1）将鼠标指针移动到要调整列宽的列分隔线上，鼠标指针成 ✚ 状后，水平拖动鼠标，即可改变列宽。

2）选定若干列，用上面的方法调整其中某列的宽度，则其他各列也同时设置成同样的宽度。

3）将鼠标指针移到要调整列宽的列分隔线上，鼠标指针成 ✚ 状后，双击行边界，则当前列或被选定的列根据列中的数据自动调整列的宽度，达到最适合的列宽。

4）用鼠标选择所要调整列宽的列，右击该列，出现快捷菜单，选择"列宽"命令，则弹出如图 4-33 所示的对话框。输入列宽值，单击"确定"按钮，即可精确设置列宽。

图 4-33 "列宽"对话框

5）右击选定列，在弹出的快捷菜单中选择"隐藏"命令，当前列或被选定的列会被隐藏。如果某列被隐藏，选定与被隐藏列左右相邻的两列，再选择快捷菜单中的"取消隐藏"命令，隐藏的列则又会出现。

（3）设置边框 选定单元格后，单击"字体"选项组中"下框线"按钮右侧的下拉按钮，弹出边框列表，单击其中的一个选项，即可将所选定单元格的边框设置成相应格式。

用户还可以通过单击"字体"选项组右下角的 ⬚ 按钮，弹出"设置单元格格式"对话框，单击"边框"选项卡进行详细设定，如图 4-34 所示。在"边框"选项卡中，用户可进行以下设置。

1）单击"预置"选项组中的按钮，可取消边框、设置外边框和内框线。

2）单击"边框"选项组中的按钮，可设置或取消上外边线、下外边线、左外边线、右斜线等。

3）在"样式"列表中，可选择边框线的样式。

4）在"颜色"下拉列表中，可选择边框线的颜色。

执行以上操作时，在"边框"选项组中会出现相应的边框效果，根据边框效果，用户可设置成所需要的边框。

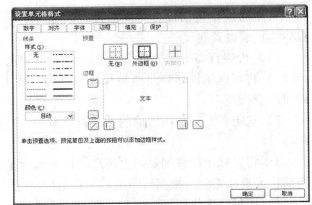

图 4-34 "边框"选项卡

（4）设置底纹 用户不仅能够改变文字的颜色，还可以改变单元格的颜色，给单元格增加底纹效果，以凸起显示或丑化局部单元格。应用纯色或特定图案填充单元格可以为单元格增添底纹。如果不再需要单元格底纹，用户可以删除它。

1）用纯色填充单元格。选择要运用或删除底纹的单元格或单元格区域，单击"开始"选项卡，在"字体"选项组中执行以下操作之一。

① 单击"填充颜色"按钮 ⬚ 旁边的下拉按钮，在出现的调色板上单击所需的颜色。

② 若要利用最近选择的颜色，请单击"填充颜色"按钮 ⬚。

③ 若要删除底纹，单击"填充颜色"按钮 ⬚ 旁边的下拉按钮，在出现的调色板上单击"无填充颜色"选项，如图 4-35 所示。

2）用图案填充单元格。选择要用图案填充的单元格或单元格区域，单击"开始"选项卡，在"字体"选项组中单击右下角的 ⬚ 按钮，打开"设置单元格格局"对话框，单击"填充"选项卡，如图 4-36 所示。在"背景色"选项组中，单击想要使用的背景色，然后执行下列操作之一。

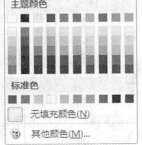

图 4-35 调色板

① 若要使用包括两种颜色的图案，则在"图案颜色"下拉列表中单击另一种颜色，在"图案样式"下拉列表中挑选图案样式。

②若要使用特殊效果的图案，则单击"填充效果"按钮，打开如图 4-37 所示的"填充效果"对话框，设置所需要的底纹效果。

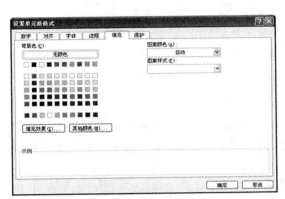

图 4-36　"填充"选项卡

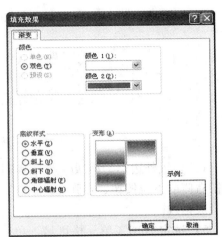

图 4-37　"填充效果"对话框

下面将"硬件部 2005 年销售额"数据表进行格式设置，操作步骤如下：

1）将标题设置跨列居中。选定 A1:F1 单元格区域，单击"对齐方式"选项组中的 按钮，弹出"设置单元格格式"对话框，在"水平对齐"下拉列表中选择"跨列居中"命令，单击"确定"按钮，如图 4-38 所示。

	A	B	C	D	E	F
1			硬件部2005年销售额			
2	类别	上半年		下半年		总计
3		第一季度	第二季度	第三季度	第四季度	
4	便携机	￥21,000.00	￥16,000.00	￥30,000.00	￥25,000.00	
5	工控机	￥20,000.00	￥18,000.00	￥28,000.00	￥20,000.00	
6	网络服务器	￥28,000.00	￥25,000.00	￥18,000.00	￥27,000.00	
7	微机	￥25,000.00	￥20,000.00	￥21,000.00	￥23,000.00	
8	合计					

图 4-38　标题跨列居中

2）合并单元格。选定 A2:A3 单元格区域，单击"对齐方式"选项组中的"合并后居中"按钮；选定 B2:C2 单元格区域，单击"对齐方式"选项组中的"合并后居中"按钮；选定 D2:E2 单元格区域，单击"对齐方式"选项组中的"合并后居中"按钮；选定 F2:F3 单元格区域，单击"对齐方式"功能区中的"合并后居中"按钮；将选定单元格合并且内容居中，如图 4-39 所示。

图 4-39　合并单元格

3）设置边框。选定 A2:F8 单元格区域，单击"字体"选项组中"下框线"按钮右侧的下拉按钮，在弹出的边框类型列表中单击"所有框线"选项，如图 4-40 所示。

	A	B	C	D	E	F
1		硬件部2005年销售额					
2	类别	上半年		下半年		总计
3		第一季度	第二季度	第三季度	第四季度	
4	便携机	￥21,000.00	￥16,000.00	￥30,000.00	￥25,000.00	
5	工控机	￥20,000.00	￥18,000.00	￥28,000.00	￥20,000.00	
6	网络服务器	￥28,000.00	￥25,000.00	￥18,000.00	￥27,000.00	
7	微机	￥25,000.00	￥20,000.00	￥21,000.00	￥23,000.00	
8	合计					

图 4-40　设置边框

4）设置外边框为粗线。选定 A2:F8 单元格区域，单击"字体"选项组中"下框线"按钮右侧的下拉按钮，在弹出的边框类型列表中单击"粗匣框线"选项，则表格外边框线条变成粗线。

5）选定 A2:F3 单元格区域，单击"字体"选项组中"下框线"按钮右侧的下拉按钮，在弹出的边框类型列表中单击"其他边框"选项，打开"设置单元格格式"对话框，在"边框"选项卡中的"线条样式"列表下选择"双线"样式，在"边框"预览区中，单击表格最下边的外边框，单击"确定"按钮，则表格标题行下面边框变成双线，如图 4-41 所示。

	A	B	C	D	E	F
1		硬件部2005年销售额					
2	类别	上半年		下半年		总计
3		第一季度	第二季度	第三季度	第四季度	
4	便携机	￥21,000.00	￥16,000.00	￥30,000.00	￥25,000.00	
5	工控机	￥20,000.00	￥18,000.00	￥28,000.00	￥20,000.00	
6	网络服务器	￥28,000.00	￥25,000.00	￥18,000.00	￥27,000.00	
7	微机	￥25,000.00	￥20,000.00	￥21,000.00	￥23,000.00	
8	合计					

图 4-41　设置双线

6）设置底纹。选定 A2:F3 单元格区域，单击"字体"选项组中"填充颜色"按钮旁边的下拉按钮，在出现的调色板上单击"橙色"；选定 A4:A8 单元格区域，单击"字体"选项组中"填充颜色"按钮旁边的下拉按钮，在出现的调色板上单击"绿色"；设置数据单元格区域为"黄色"，最终效果如图 4-42 所示。

	A	B	C	D	E	F
1		硬件部2005年销售额					
2	类别	上半年		下半年		总计
3		第一季度	第二季度	第三季度	第四季度	
4	便携机	￥21,000.00	￥16,000.00	￥30,000.00	￥25,000.00	
5	工控机	￥20,000.00	￥18,000.00	￥28,000.00	￥20,000.00	
6	网络服务器	￥28,000.00	￥25,000.00	￥18,000.00	￥27,000.00	
7	微机	￥25,000.00	￥20,000.00	￥21,000.00	￥23,000.00	
8	合计					

图 4-42　最终效果图

4.3.4　工作表的编辑

学会数据的输入方法后，现在我们再来学学如何在工作簿中新增及切换工作表。当资料量多的时候，善用工作表可以帮助用户有效率地完成工作。

1．编辑单元格

（1）插入单元格　在对工作表的输入或者编辑过程中，可能会发生错误，要在某一单元格的位置插入、删除单元格等操作。

1）选中要插入单元格的位置，如图 4-43 所示的 A1:A2 单元格区域。

2）单击"开始"选项卡的"单元格"选项组中"插入"按钮，打开如图 4-44 所示的下拉列表。

图 4-43　选择 A1:A2 单元格区域　　　图 4-44　"插入"下拉列表

3）在下拉列表中单击"插入单元格"选项。

4）打开如图 4-45 所示的"插入"对话框，选中"活动单元格右移"单选按钮。

5）单击"确定"按钮，就会看到 A1:A2 单元格中的内容向右移动到 B1:B2 单元格中，如图 4-46 所示。

图 4-45　"插入"对话框　　　图 4-46　A1:A2 单元格内数据右移

（2）删除单元格

1）删除单元格的操作和插入单元格的操作类似。选定要删除的单元格 A2，单击"开始"选项卡的"单元格"选项组中"删除"按钮，在弹出如图 4-47 所示的下拉列表中单击"删除单元格"选项。

2）在打开的"删除"对话框中，选中"右侧单元格左移"单选按钮，如图 4-48 所

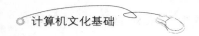

示。单击“确定”按钮，则会看到B2单元格的内容向左移动到A2单元格，如图4-49所示。

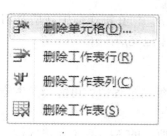

图4-47 “删除”下拉列表

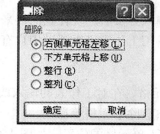

图4-48 “删除”对话框

（3）移动行或列　如果发现行或列数据顺序不正确，可以将数据移动到正确的位置上，如图4-46所示的工作表中将“第一阻力位”一行和“第二阻力位”一行进行位置对调，具体操作如下：

1）选取欲搬移的原数据B5:G5，单击“开始”选项卡的“剪贴板”选项组中“剪切”按钮，工作表如图4-50所示。

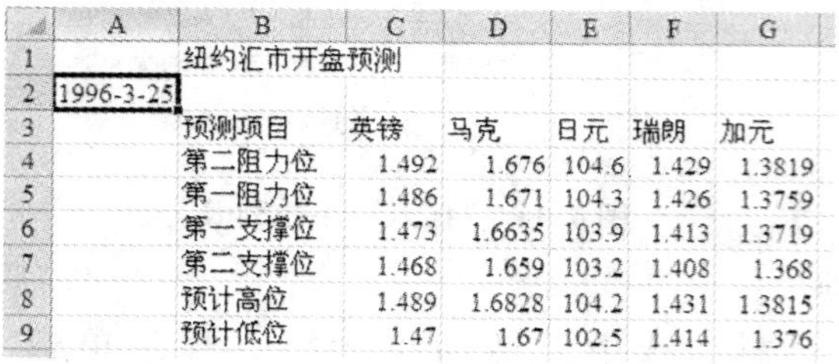

	A	B	C	D	E	F	G
1		纽约汇市开盘预测					
2	1996-3-25						
3		预测项目	英镑	马克	日元	瑞朗	加元
4		第二阻力位	1.492	1.676	104.6	1.429	1.3819
5		第一阻力位	1.486	1.671	104.3	1.426	1.3759
6		第一支撑位	1.473	1.6635	103.9	1.413	1.3719
7		第二支撑位	1.468	1.659	103.2	1.408	1.368
8		预计高位	1.489	1.6828	104.2	1.431	1.3815
9		预计低位	1.47	1.67	102.5	1.414	1.376

图4-49　B2单元格内容左移

	A	B	C	D	E	F	G
1		纽约汇市开盘预测					
2	1996-3-25						
3		预测项目	英镑	马克	日元	瑞朗	加元
4		第二阻力位	1.492	1.676	104.6	1.429	1.3819
5		第一阻力位	1.486	1.671	104.3	1.426	1.3759
6		第一支撑位	1.473	1.6635	103.9	1.413	1.3719
7		第二支撑位	1.468	1.659	103.2	1.408	1.368
8		预计高位	1.489	1.6828	104.2	1.431	1.3815
9		预计低位	1.47	1.67	102.5	1.414	1.376

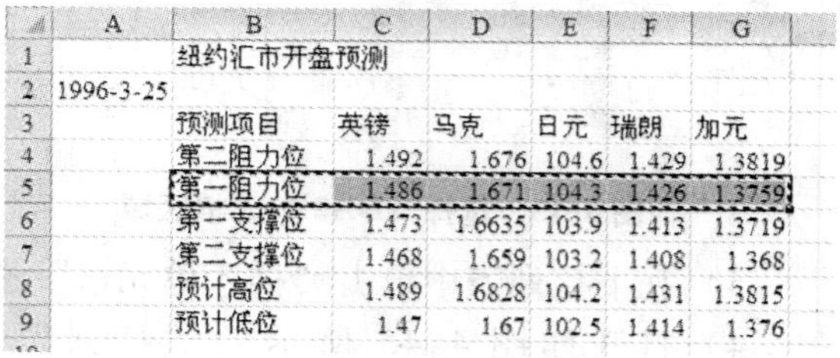

图4-50　剪切“第一阻力位”一行数据

2）接着选定B4单元格，单击“开始”选项卡的“单元格”选项组中“插入”按钮，在弹出的下拉列表中选择“插入剪切的单元格”命令，则两行记录的位置对调，如图4-51所示。

（4）重命名单元格　Excel 2010每个单元格都有自己的名字，默认状态下是列名+行名，如第一行第一列的单元格就是A1单元格。为了便于记忆，可以把单元格名称改成熟悉的名字，操作步骤如下：

	A	B	C	D	E	F	G
1		纽约汇市开盘预测					
2	1996-3-25						
3		预测项目	英镑	马克	日元	瑞朗	加元
4		第一阻力位	1.486	1.671	104.3	1.426	1.3759
5		第二阻力位	1.492	1.676	104.6	1.429	1.3819
6		第一支撑位	1.473	1.6635	103.9	1.413	1.3719
7		第二支撑位	1.468	1.659	103.2	1.408	1.368
8		预计高位	1.489	1.6828	104.2	1.431	1.3815
9		预计低位	1.47	1.67	102.5	1.414	1.376

图4-51　两行位置对调

1）单击工作表中A8单元格，在工具栏下左侧的名称框中显示出单元格的名字。

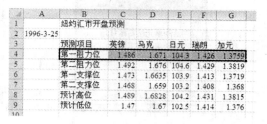

2）将光标插入名称框中，删除“A8”，输入“预计高位”，按〈Enter〉键，则将A8单元格名称更改为“预计高位”，如图4-52所示。

需要注意的是在修改Excel 2010单元格名字时，将字母或汉字放在第一位，单元格的名字最多为255个字符，可以包含大、小写字符，但是名称中不能有空格且不能与单元格引用相同。

（5）为单元格添加批注　在面对工作表中大量的数据时，往往自己也分不清一些数据的用意，这个时候就可以利用 Excel 中的批注功能，给 Excel 加上标注，然后写上说明，每当光标放到加批注的单元格上时就可以清楚地看到标注的信息。为单元格添加批注具体操作如下：

图 4-52　更改单元格名称

1）单击要添加批注的单元格 D9。

2）单击"审阅"选项卡，单击"批注"选项组中"新建批注"按钮，如图4-53所示。

图 4-53　"批注"功能区

3）在所选单元格旁出现一个批注文本框，在文本框中输入批注文字，如图 4-54 所示。

4）输入完文本并设置格式后，单击批注框外部的工作表区域，即可为单元格添加上批注了。单元格边角中的红色三角形表示单元格附有批注，将光标放在红色三角形上时会显示批注。

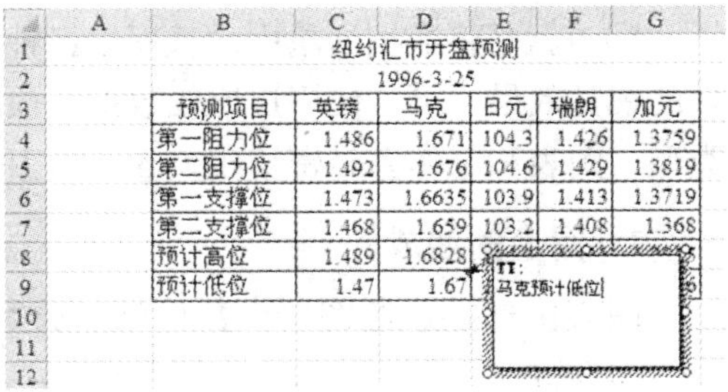

2．编辑工作表

（1）插入与切换工作表　一本工作簿预设有 3 张工作表，若不够用时，可以单击工作表标签最右侧的"插入工作表"按钮，自行

图 4-54　添加批注

插入新的工作表，如图 4-55 所示。目前使用中的工作表，标签会呈白色，如果想要编辑其他工作表，只要单击该工作表的标签，即可将它切换成当前工作表。

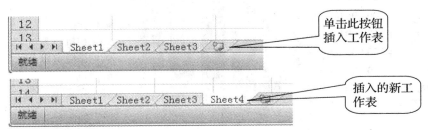

图 4-55　插入工作表

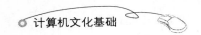

（2）为工作表重新命名　Excel 会以 Sheet1、Sheet2、Sheet3 等为工作表命名，但这类名称没有意义，当工作表数量多时，应更改为有意义的名称，以利辨识。例如，将 Sheet1 工作表重新命名为"硬件部 2005 年销售情况表"。操作步骤如下：

1）双击 Sheet1 工作表名称，使"Sheet1"处于黑色选取状态。

2）输入"硬件部 2005 年销售情况表"，按〈Enter〉键，则工作表重新命名，如图 4-56 所示。

	A	B	C	D	E	F
1		硬件部2005年销售额				
2	类别	上半年		下半年		总计
3		第一季度	第二季度	第三季度	第四季度	
4	便携机	￥21,000.00	￥16,000.00	￥30,000.00	￥25,000.00	
5	工控机	￥20,000.00	￥18,000.00	￥28,000.00	￥20,000.00	
6	网络服务器	￥28,000.00	￥25,000.00	￥18,000.00	￥27,000.00	
7	微机	￥25,000.00	￥20,000.00	￥21,000.00	￥23,000.00	
8	合计					

硬件部2005年销售情况表 ╱ sheet2 ╱ Sheet3 ╱ Sheet4

图 4-56　重命名工作表

（3）删除工作表　对于不再需要的工作表，可在工作表的标签上右击，选择"删除"命令将其删除。若工作表中含有内容，则会出现提示框确认是否要删除，避免误删了重要的工作表。

4.3.5　图表的制作

图表就是将数据清单中的数据以各种图表的形式显示，使得数据更加直观。图表具有较好的视觉效果，可方便用户比较数据、预测趋势。图表有多种类型，每一种类型又有若干种类型。图表和工作表是密切相关的，当工作表中的数据发生变化时，图表也随之变化。

1. 图表的组成

图表由标题、绘图区、数值轴、分类轴和图例 5 部分组成，如图 4-57 所示。

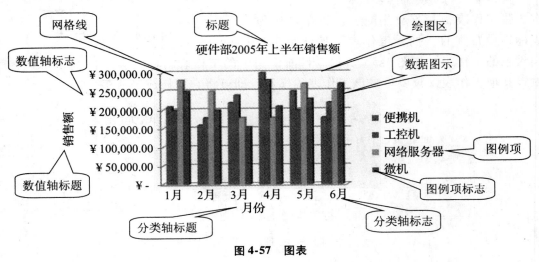

图 4-57　图表

（1）标题　标题在图表的顶端，用来说明图表的名称、种类或性质。

（2）绘图区　绘图区是图表中数据的图形显示，包括网格线和数据图示。

网格线：把数值轴水平分成若干相同的部分。

数据图示：根据数据的大小和分类，显示相应高度的图例项标志。

（3）数值轴　数值轴是图表中的垂直轴，用来区分数据的大小。

数值轴标题：在图表左边，用来说明数据数值的种类。

数值轴标志：数据数值大小的刻度值。

（4）分类轴　分类轴是图表的水平轴，用来区分数据的类别。

分类轴标志：数据的各分类名称。

（5）图例　图例用于区分数据各系列的彩色小方块和名称。

图例项：数据的系列名称。

图例项标志：代表某一系列的彩色小方块。

2．创建图表

在 Excel 2010 中，切换到"插入"选项卡，在"图表"选项组中可看到内建的图表类型，如图 4-58 所示。

图 4-58　"图表"选项组

单击"图表"选项组右下角的按钮，弹出"插入图表"对话框，内建了多达 70 余种的图表样式，用户只要选择适合的样式，马上就能制作出一张具有专业水平的图表。

以图 4-59 所示的硬件部销售数据表为例，来创建一个图表。具体操作步骤如下：

	A	B	C	D	E	F
1		硬件部2005年销售额				
2	类别	上半年		下半年		总计
3		第一季度	第二季度	第三季度	第四季度	
4	便携机	￥21,000.00	￥16,000.00	￥30,000.00	￥25,000.00	
5	工控机	￥20,000.00	￥18,000.00	￥28,000.00	￥20,000.00	
6	网络服务器	￥28,000.00	￥25,000.00	￥18,000.00	￥27,000.00	
7	微机	￥25,000.00	￥20,000.00	￥21,000.00	￥23,000.00	
8	合计					

图 4-59　硬件部销售数据表

1）选取 A4:E7 区域范围，切换到"插入"选项卡，选择"图表"选项组中"柱形图"选项，在打开的列表中选择"三维簇状柱形图"。

2）随即在工作表中建立好一个图表，如图 4-60 所示。

3）在建立好图表后，图表会呈选取状态，功能区还会自动出现几个"图表工具"的选项卡，用户可以在此页中进行图表的各项美化、编辑工作。

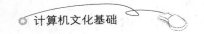

3．布局图表

1）添加标题。切换到"布局"选项卡，在"标签"选项组中单击"标题"按钮，在弹出的如图 4-61 所示下拉列表中选择"图表上方"命令，随即在图表中出现一个文本框，在文本框中输入"硬件部 2005 年销售额"。

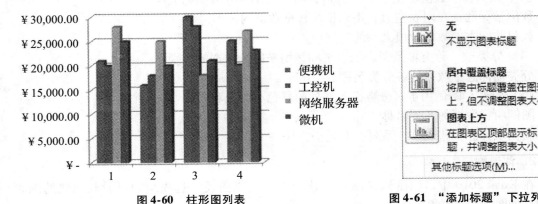

图 4-60　柱形图列表

图 4-61　"添加标题"下拉列表

2）添加横坐标轴标题。切换到"布局"选项卡，在"标签"选项组中单击"坐标轴标题"按钮，在弹出的下拉列表中，选择"主要横坐标轴标题"→"坐标轴下方标题"命令，如图 4-62 所示，随即在图表横坐标轴下方出现一个文本框，在文本框中输入"季度"。

3）添加纵坐标轴标题。切换到"布局"选项卡，在"标签"选项组中单击"坐标轴标题"按钮，在弹出的下拉列表中，选择"主要纵坐标轴标题"→"竖排标题"命令，随即在图表纵坐标轴左侧出现一个文本框，在文本框中输入"销售额"。添加标题后的图表如图 4-63 所示。

图 4-62　"添加坐标轴标题"下拉列表

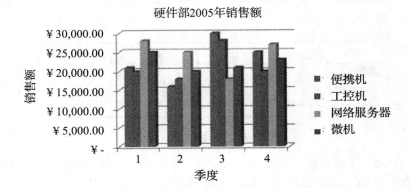

图 4-63　硬件部 2005 年销售额图表

4．更换图表类型

图表建立完成以后，若觉得原先设定的图表类型不恰当，可在选取图表后，切换到"设计"选项卡，在"图表样式"选项组中选择一种样式单击即可变更图表类型，如图 4-64 所示。

图 4-64　图表样式

5. 编辑图表

（1）修改数据范围　在建立好图表之后，如果发现选取的数据范围有误，想改变图表的数据范围，可以进行如下操作，不必重新建立图表。例如，在"硬件部 2005 年销售额"图表中，如果只需要显示"便携机"和"工控机"销售额的图表，则要重新选取数据范围。具体操作如下：

1）选取图表对象后，切换到"设计"选项卡，然后单击"数据"选项组中的"选取数据"按钮，开启"选择数据源"对话框。

2）单击"图表数据区域"右侧的折叠按钮，在工作表中重新选择 A4:E5 单元格区域并返回，"选择数据源"对话框如图 4-65 所示。

3）单击"确定"按钮后，图表即会自动以选取范围重新绘图。

4）修改横坐标轴标签。如图 4-63 所示图表，发现横坐标轴标签显示错误，则需要修改成季度名称。

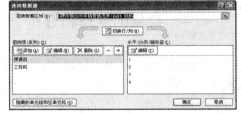

图 4-65　"选择数据源"对话框

选取图表对象后，切换到"设计"选项卡，然后单击"数据"选项组的"选取数据"按钮，弹出"选择数据源"对话框的。在"选择数据源"对话框的"水平（分类）轴标签"列表框中单击"编辑"按钮，在工作表中选择 B3:E3 单元格区域并返回，单击"确定"按钮，则图表横坐标轴标签变成季度名称。

（2）改变图表行列方向　数据系列的方向有循行及循列两种，上述范例图表的数据系列是来自列，如果想将数据系列改成从行取得，可选择图表对象，然后切换到"设计"选项卡，单击"数据"选项组的"切换行/列"按钮即可，切换后的图表如图 4-66 所示。

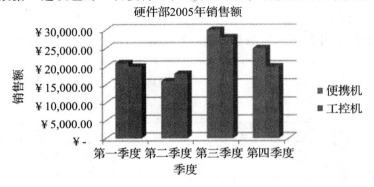

图 4-66　改变图表行列方向

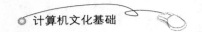

4.3.6 输入公式

Excel 2010 增加了数学公式编辑器，在"插入"选项卡中便能看到新增加的"公式"按钮π。单击按钮下方的下拉按钮，打开下拉列表，单击下面选项可以直接输入二项式定理、傅里叶级数等专业的数学公式，以满足专业用户的录入需要。

单击"公式"按钮便会进入 Excel 2010 公式编辑选项卡，在这里提供了包括积分、矩阵、大型运算符等在内的单项数学符号，如图 4-67 所示，用户可以随心所欲的编辑所需要的公式。

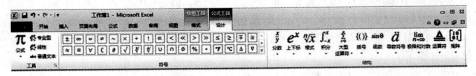

图 4-67 "设计"选项卡

4.4 数据的管理和分析

全新的 Excel 2010 具有强大的数据管理和分析功能，用户可以通过比以往更多的方法来分析、管理和共享信息，从而帮助用户做出更好、更明智的决策。

4.4.1 公式和函数的使用

Excel 2010 的一个强大功能是可以在单元格内输入公式，系统自动在单元格内显示计算结果。公式中除了使用一些数学运算符外，还可使用系统提供的强大的数据处理函数。

1. 公式的表示法

Excel 输入公式必须以"＝"起首，如"＝A1＋A2"，即等于 A1 单元格的数据＋A2 单元格的数据，有了"＝"之后，Excel 才知道我们输入的是公式，而不是一般的文字数据。现在我们就来练习建立公式。

如"硬件部 2005 年销售额"数据表，计算出每个产品四个季度总销售额，具体操作步骤如下：

1）选定 F4 单元格，输入公式"＝B4＋C4＋D4＋E4"，如图 4-68 所示。

	A	B	C	D	E	F
1		硬件部2005年销售额				
2	类别	上半年		下半年		总计
3		第一季度	第二季度	第三季度	第四季度	
4	便携机	￥21,000.00	￥16,000.00	￥30,000.00	￥25,000.00	=B4+C4+D4+E4
5	工控机	￥20,000.00	￥18,000.00	￥28,000.00	￥20,000.00	
6	网络服务器	￥28,000.00	￥25,000.00	￥18,000.00	￥27,000.00	
7	微机	￥25,000.00	￥20,000.00	￥21,000.00	￥23,000.00	
8	合计					

图 4-68 输入公式

也可以在单元格内输入"＝"后，用鼠标直接选取 B4 单元格，输入"＋"，接着选取 C4 单元格，输入"＋"，继续选取 D4 单元格，输入"＋"，最后选取 E4 单元格，同样可以完成上面公式的输入。

2）按〈Enter〉键确定，则计算出了便携机全年销售额，如图 4-69 所示。

	A	B	C	D	E	F
1		硬件部2005年销售额				
2	类别	上半年		下半年		总计
3		第一季度	第二季度	第三季度	第四季度	
4	便携机	￥21,000.00	￥16,000.00	￥30,000.00	￥25,000.00	￥92,000.00
5	工控机	￥20,000.00	￥18,000.00	￥28,000.00	￥20,000.00	
6	网络服务器	￥28,000.00	￥25,000.00	￥18,000.00	￥27,000.00	
7	微机	￥25,000.00	￥20,000.00	￥21,000.00	￥23,000.00	
8	合计					

图 4-69　便携机全年销售额

3）复制公式。单击 F4 单元格，将光标移到 F4 单元格的右下角，当光标变成黑色＋形状时，按住鼠标左键向下拖动至 F7 后，松开鼠标，则系统自动完成公式复制，如图 4-70 所示。

	A	B	C	D	E	F
1		硬件部2005年销售额				
2	类别	上半年		下半年		总计
3		第一季度	第二季度	第三季度	第四季度	
4	便携机	￥21,000.00	￥16,000.00	￥30,000.00	￥25,000.00	￥92,000.00
5	工控机	￥20,000.00	￥18,000.00	￥28,000.00	￥20,000.00	￥86,000.00
6	网络服务器	￥28,000.00	￥25,000.00	￥18,000.00	￥27,000.00	￥98,000.00
7	微机	￥25,000.00	￥20,000.00	￥21,000.00	￥23,000.00	￥89,000.00
8	合计					

图 4-70　复制公式

2. 函数的应用

函数是 Excel 根据各种需要，预先设计好的运算公式，可让用户节省自行设计公式的时间，下面我们来看看如何运用 Excel 的函数。

（1）函数的格式　每个函数都包含三个部分：函数名称、自变量和小括号。我们以求和函数 SUM 来说明。

SUM 即是函数名称，从函数名称可大略得知函数的功能、用途。小括号用来括住自变量，有些函数虽没有自变量，但小括号还是不可以省略。例如，SUM（1，3，5）即表示要计算 1，3，5 三个数字的总和，其中的 1，3，5 就是自变量。

（2）自变量的数据类型　函数的自变量不仅只有数字类型，也可以是文字或以下 3 种类别。

位址：如 SUM（B1，C3）即是要计算 B1 加上 C3 单元格中数据的和。

范围：如 SUM（A1:A4）即是要计算 A1 至 A4 单元格中数据的和。

函数：如 SQRT（SUM（B1:B4））即是先计算出 B1 至 B4 单元格中数据的总和后，再开平方根的结果。

（3）使用函数方块输入函数　函数也是公式的一种，所以输入函数时，也必须以"＝"开始，假设我们要在 B8 单元格中运用 SUM 函数来计算 1 月份的总销售额。

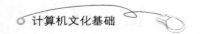

1）首先选取存放计算结果的 B8 单元格，并输入"＝"。

2）接着单击函数方块右侧的下拉按钮，在下拉列表中单击"SUM"选项，如图 4-71 所示。函数方块下拉列表只会显示最近用过的 10 个函数，若在函数方块下拉列表中找不到想要的函数，可单击"其他函数"选项，打开"插入函数"对话框来寻找要使用的函数。

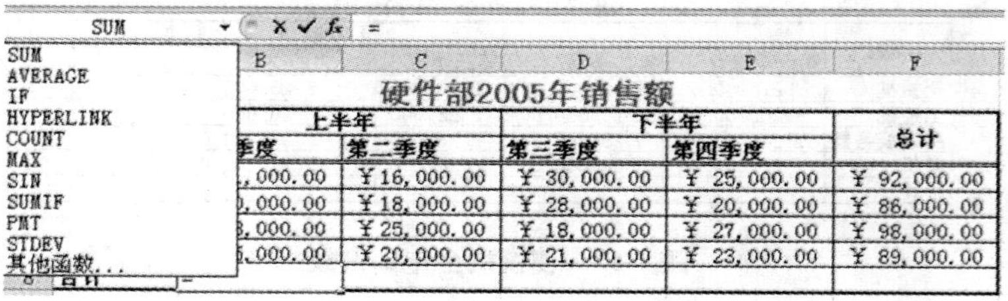

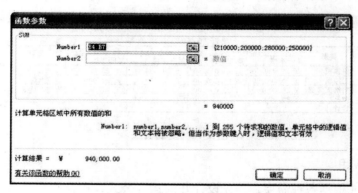

图 4-71 函数方块下拉列表

3）此时会弹出"函数参数"对话框来协助我们输入函数，如图 4-72 所示。

图 4-72 "函数参数"对话框

4）设定函数的自变量。先单击第一个自变量栏 Number 1 右侧的"折叠"按钮，将"函数参数"对话框折叠起来，在工作表中选取 B4:B7 单元格区域，如图 4-73 所示。

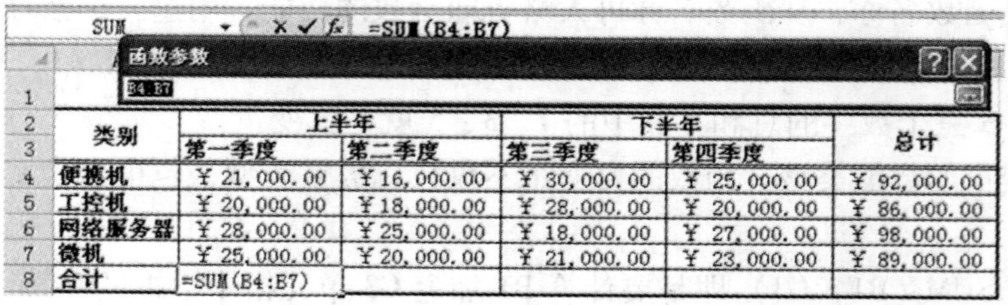

图 4-73 选取数据区域

5）单击"函数参数"对话框自变量栏右侧的"展开"按钮，再度将"函数参数"对话框展开。除了从工作表中选取单元格来设定自变量，用户也可以直接在自变量栏中输入自变量。

6）单击"确定"按钮，函数的计算结果就会显示在 B8 单元格内，如图 4-74 所示。

硬件部2005年销售额					
类别	上半年		下半年		总计
	第一季度	第二季度	第三季度	第四季度	
便携机	￥21,000.00	￥16,000.00	￥30,000.00	￥25,000.00	￥92,000.00
工控机	￥20,000.00	￥18,000.00	￥28,000.00	￥20,000.00	￥86,000.00
网络服务器	￥28,000.00	￥25,000.00	￥18,000.00	￥27,000.00	￥98,000.00
微机	￥25,000.00	￥20,000.00	￥21,000.00	￥23,000.00	￥89,000.00
合计	￥94,000.00				

图 4-74　计算出第一季度销售额

（4）利用"自动求和"按钮快速输入函数　在"开始"选项卡"编辑"选项组中有一个"自动求和"按钮，可让用户快速输入函数。例如，当用户选取 B8 单元格，并单击"自动求和"按钮时，便会自动插入 SUM 函数，且连自变量都自动设定好了，如图 4-75 所示。按〈Enter〉键确定，即可计算出结果。

	硬件部2005年上半年销				
类别	第一季				
	1月	2月	3月	小计	4月
便携机	￥210,000.00	￥160,000.00	￥220,000.00	￥590,000.00	￥300,000.
工控机	￥200,000.00	￥180,000.00	￥240,000.00	￥620,000.00	￥280,000.
网络服务器	￥280,000.00	￥250,000.00	￥180,000.00	￥710,000.00	￥180,000.
微机	￥250,000.00	￥200,000.00	￥155,000.00	￥605,000.00	￥210,000.
合计	=SUM(B4:B7)				
	SUM(number1, [number2], ...)				

图 4-75　自动插入 SUM 函数

如果系统自动选定的单元格数据区域是错误的，可以用鼠标直接在工作表中选取正确的数据区域。按〈Enter〉键确定，即可计算出正确的结果。

除了求和功能之外，Excel 2010 还提供数种常用的函数供用户选择使用，只要单击"自动求和"按钮旁边的下拉按钮 ，即可选择要进行的计算，如图 4-76 所示。

如果下拉列表中没有要选择的函数，可以选择"其他函数"命令，在"插入函数"对话框中选择所需要的函数，如图 4-77 所示。

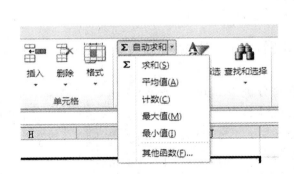

图 4-76　常用函数列表

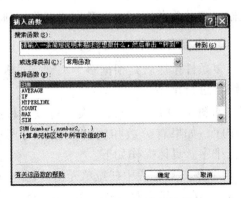

图 4-77　"插入函数"对话框

（5）用自动显示的函数列表输入函数　若已经知道要使用哪一个函数，或是函数的名称很长时，我们还有更方便的输入方法。直接在单元格内输入“=”，再输入函数的第 1 个字母，如“S”，单元格下方就会列出以“S”开头的函数，如果还没出现要用的函数，再继续输入第 2 个字母，如“U”，出现要用的函数后，双击该函数就会自动插入到单元格中，如图 4-78 所示。

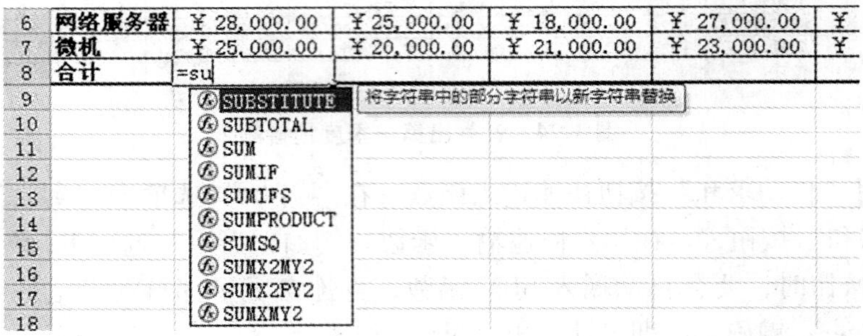

图 4-78　自动显示的函数列表

若一直没有出现函数列表，请切换到“文件”选项卡，再单击“选项”按钮，在打开的“Excel 选项”对话框左侧列表中，选择“公式”选项卡，单击“公式记忆式键入”选项，即可出现函数列表。

4.4.2　数据的排序

实际应用中，往往需要按数据清单中的某个字段排序，以便对照分析。Excel 2010 提供了强大的数据排序功能，用户可以对数据进行以下方式排序。

1. 单条件排序

单条件排序就是按照一个关键字对数据进行排序。

打开要进行排序的工作表，选择“总分”列下任意单元格，切换至“数据”选项卡，在“排序与筛选”选项组中单击“升序”按钮或者“降序”按钮，即可对数据表中的数据以总分为关键字进行升序或者降序排列，如图 4-79 所示。

2. 多条件排序

多条件排序就是根据多个关键字对数据进行排序，即先按主要关键字排序，再按次要关键字进行排序。

如图 4-79 所示的数据表，可以先根据总分进行排序，如果有分数相同的数据，可再根据姓名进行排序。具体操作如下：

1）选定数据表中任意单元格，切换至“数据”选项卡，在“排序与筛选”选项组中单击“排序”按钮，打开“排序”对话框，如图 4-80 所示。

	A	B	C	D	E	F	G
1	计算机信息高新技术考试(CITT)考生登记表						
2	姓名	性别	年龄	职业	模块	日期	总分
3	吴兰	女	20	教师	图形图像处理	1997-2-16	68.3
4	赵川	女	20	学生	Internet应用	1997-6-1	77.1
5	王蕊	女	23	教师	数据库	1997-7-16	79.4
6	徐娟	女	21	秘书	办公应用	1997-8-16	80.1
7	高海燕	女	20	学生	Internet应用	1997-8-16	80.1
8	吴政华	男	21	教师	计算机速记	1997-4-6	81.1
9	王芳	女	22	秘书	数据库	1997-8-26	84.0
10	刘永森	男	32	学生	办公应用	1997-8-14	92.0

图 4-79　升序排列

2）在“主要关键字”下拉列表中选择“总分”，在“排序依据”下拉列表中选择“数值”，在“次序”下拉列表中选择“降序”。

3）单击“添加条件”按钮，增加一条“次要关键字”记录，在“次要关键字”下拉列表中选择“姓名”，在“排序依据”下拉列表中选择“数值”，在“次序”下拉列表中选择“升序”，如图 4-81 所示。

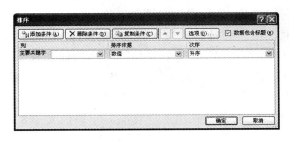

图 4-80　“排序”对话框

图 4-81　设置关键字

4）单击“确定”按钮，则数据表中数据以“总分”为主要关键字进行降序排序，对于相同分数的数据则以“姓名”为次要关键字进行升序排序，如图 4-82 所示。

4.4.3　数据的筛选

面对大量的数据，要想找出符合要求的数据，将会耗费大量的人力和时间。Excel 2010 提供了较强的数据处理、维护、检索和管理功能，可以通过筛选快捷、准确地找出符合要求的数据。数据的筛选包括自动筛选和高级筛选。

	A	B	C	D	E	F	G
1	计算机信息高新技术考试(CITT)考生登记表						
2	姓名	性别	年龄	职业	模块	日期	总分
3	刘永森	男	32	学生	办公应用	1997-8-14	92.0
4	王芳	女	22	秘书	数据库	1997-8-26	84.0
5	吴政华	男	21	教师	计算机速记	1997-4-6	81.1
6	高梅燕	女	20	学生	Internet应用	1997-8-16	80.1
7	徐娟	女	21	秘书	办公应用	1997-8-16	80.1
8	王蕊	女	23	教师	数据库	1997-7-16	79.4
9	赵川	女	20	学生	Internet应用	1997-6-1	77.1
10	吴兰	女	20	教师	图形图像处理	1997-2-16	68.3

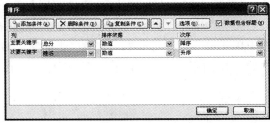

图 4-82　设置主要、次要关键字排序结果

在自动筛选状态下，用户可以从字段下拉列表中选择一个字段值进行筛选，也可以自己定义一个条件进行筛选，还可以进行多字段筛选。

（1）简单筛选

1）选择数据表中的任意单元格，在“数据”选项卡的“排序与筛选”选项组中单击“筛选”按钮，数据表中各字段名称右侧出现下拉按钮，如图 4-83 所示。

2）单击“地区”下拉按钮，在下拉列表中取消“全选”复选框，勾选“东北”复选框，单击“确定”按钮。工作表中自动筛选出“地区”字段值是“东北”的记录，如图 4-84 所示。

	A	B	C	D	E	F
1	部分城市消费水平抽样调查					
2	地▼	城市▼	食▼	服▼	日常生活用▼	耐用消费▼
3	东北	沈阳	89.50	97.70	91.00	93.30
4	东北	哈尔滨	90.20	98.30	92.10	95.70
5	东北	长春	85.20	96.70	91.40	93.30
6	华北	天津	84.30	93.30	89.30	90.10
7	华北	唐山	82.70	92.30	89.20	87.30
8	华北	郑州	84.40	93.00	90.90	90.07
9	华北	石家庄	82.90	92.70	89.10	89.70

图 4-83　字段名称右侧出现下拉按钮

	A	B	C	D	E	F
1	部分城市消费水平抽样调查					
2	地▼	城市▼	食▼	服▼	日常生活用▼	耐用消费▼
3	东北	沈阳	89.50	97.70	91.00	93.30
4	东北	哈尔滨	90.20	98.30	92.10	95.70
5	东北	长春	85.20	96.70	91.40	93.30
14						

图 4-84　筛选出地区是“东北”的记录

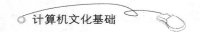

（2）自定义筛选　当需要在一系列数据中找到某个范围内的数据时，用户可以应用 Excel 的自定义筛选功能。自定义筛选功能可根据用户设置的数据范围进行筛选，具体操作步骤如下：

1）选择数据表中任意单元格，在"数据"选项卡的"排序与筛选"选项组中，单击"筛选"按钮，数据表中各字段名称右侧出现下拉按钮。

2）单击"食品"下拉按钮，在打开的下拉列表中单击"数字筛选"选项。

3）弹出"自定义自动筛选方式"对话框，在"合计"选项区域的"等于"下拉列表中单击"大于"选项，在其右侧的文本框中输入"83"。选中"与"单选按钮；在下方的下拉列表中单击"小于"选项，再在其右侧的文本框中输入"87"，如图 4-85 所示。

4）单击"确定"按钮后返回工作表，工作表已自动筛选出了"食品"字段值大于 83 且小于 87 的记录信息，如图 4-86 所示。

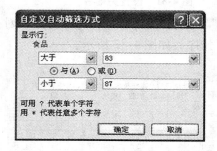

图 4-85　"自定义自动筛选方式"对话框

图 4-86　自定义筛选结果

（3）多字段筛选　当需要在数据表中查找到多个字段都要满足不同条件的记录时，用户可以对数据表进行多字段筛选，具体操作步骤如下：

1）在如图 4-86 所示自定义筛选的记录基础上，单击"服装"下拉按钮，在打开的下拉列表中单击"数字筛选"选项。

2）弹出"自定义自动筛选方式"对话框，在"合计"选项区域的"等于"下拉列表中单击"大于"选项，在其右侧的文本框中输入"90"，单击"确定"按钮后返回工作表。

3）重复上述操作，设置"日常生活用品"字段值大于 90，则得到如图 4-87 所示的记录信息。

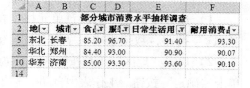

图 4-87　多字段筛选结果

4.4.4　数据合并计算

合并计算功能可以将多张工作表或工作簿中的数据统一到一个数据表中或一张工作表中，并合并计算相同列别的数据。

通过分类合并计算，Excel 就会自动根据数据对应的字段进行合并汇总。

1）如图 4-88 所示工作表，选择 A12:B14 单元格区域。切换至"数据"选项卡，在"数据工具"选项组中单击"合并计算"按钮。

2）弹出“合并计算”对话框，在“函数”下拉列表中单击“求和”选项，然后单击“引用位置”选项右侧的“折叠”按钮。

3）选择工作表中 A3：B8 区域，再在“合并计算 - 引用位置”对话框中单击“展开”按钮。

4）返回“合并计算”对话框，单击“添加”按钮，可将“表 1”中的 A2:B8 单元格区域地址添加到“所有引用位置”选项中。

	A	B	C	D	E
1	表1			表2	
2	产品名称	销售额		产品名称	销售额
3	钢材	902		塑料	2324
4	塑料	2183.2		钢材	1540.5
5	木材	1355.4		木材	678
6	钢材	1324		木材	222.2
7	塑料	1434.85		木材	1200
8	钢材	135			
9					
10	统计表				
11	产品名称	销售额			
12					
13					
14					

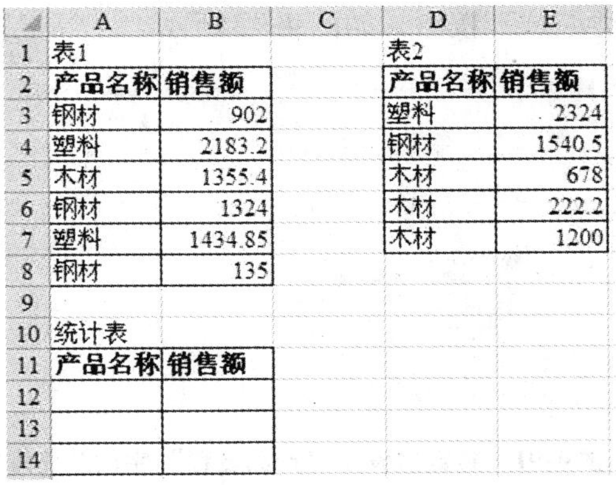

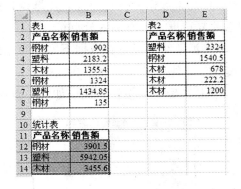

图 4-88　合并计算的工作表

5）用同样的方法把“表 2”中 D3:E7 单元格区域的数据添加到引用位置中，在“合并计算”对话框“标签位置”区域内，勾选“最左列”复选框，如图 4-89 所示，然后单击“确定”按钮。

6）返回工作表，Excel 已自动计算出各产品的销售额，并把它们填充到相对应的分类中，如图 4-90 所示。

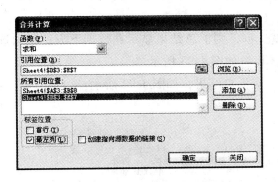

图 4-89　“合并计算”对话框

	A	B	C	D	E
1	表1			表2	
2	产品名称	销售额		产品名称	销售额
3	钢材	902		塑料	2324
4	塑料	2183.2		钢材	1540.5
5	木材	1355.4		木材	678
6	钢材	1324		木材	222.2
7	塑料	1434.85		木材	1200
8	钢材	135			
9					
10	统计表				
11	产品名称	销售额			
12	钢材	3901.5			
13	塑料	5942.05			
14	木材	3455.6			

图 4-90　将表 1、表 2 的数据分类添加到统计表中

4.4.5　数据的分类汇总

分类汇总功能是将大量的数据分类后进行汇总计算，并显示各级别汇总信息。在数据分类汇总前必须对数据按照分类字段排序，这样在汇总后才能得到正确的汇总结果。

选中需要分类汇总的数据清单中分类字段的任一单元格，切换至“数据”选项卡，单击“排序和筛选”选项组的“升序排序”按钮，则将数据表按“产品名称”字段升序排列，如图 4-91 所示。

选中数据清单中任一单元格，单击“数据”选项卡下“分级显示”选项组中的“分

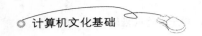

类汇总"按钮，如图 4-92 所示。

图 4-91　将数据表按"产品名称"字段升序排序　　　图 4-92　"分级显示"选项组

在打开的"分类汇总"对话框中选择相应的选项。

1）分类字段：在下拉列表中单击"产品名称"选项。

2）汇总方式：在下拉列表中单击"求和"选项。

3）选定汇总项：在列表中勾选"销售额"复选框。

4）替换当前分类汇总：勾选此复选框，则先前的分类汇总结果被删除，以最新的分类汇总结果取代；不勾选此复选框，则再增加一个分类汇总结果。

5）每组数据分页：勾选此复选框，则分类汇总后在每组数据中自动插入分页符；不勾选此复选框，则不插入分页符。

6）汇总结果显示在数据下方：勾选此复选框，则汇总结果显示在数据下方；不勾选此复选框，则汇总结果显示在数据上方。具体设置如图 4-93 所示。

单击"确定"按钮，按照如上步骤得出分类汇总结果，如图 4-94 所示。

图 4-93　"分类汇总"对话框设置　　　图 4-94　将"销售额"进行求和分类汇总

分类汇总可以有多个汇总行，再次单击工具栏中的"分类汇总"按钮，打开"分类汇总"对话框，参照先前设置，将汇总方式改为"平均值"，取消"替换当前分类汇总"复选框，其他设置不变，单击"确定"按钮，则汇总结果增加了一个平均值汇总行，变为如图 4-95 所示。

4.4.6　数据透视表和数据透视图

在 Excel 中，如果想快速分析汇总的大量数据，最简单的方法就是使用数据透视表。那么在 Excel 2010 中如何来创建数据透视表，下面以图 4-96 所示的“教师授课情况表”为例，讲解创建数据透视表的操作方法。

建筑产品销售情况			万元
日期	产品名称	销售地区	销售额
95-5-15	钢材	华南	1540.5
95-5-18	钢材	西南	902
95-5-22	钢材	东北	1324
95-5-12	钢材	西北	135
	钢材 平均值		975.375
	钢材 汇总		3901.5
95-5-24	木材	华南	678
95-5-21	木材	西南	222.2
95-5-17	木材	华北	1200
95-5-20	木材	华北	1355.4
	木材 平均值		863.9
	木材 汇总		3455.6
95-5-23	塑料	西北	2324
95-5-19	塑料	东北	2183.2
95-5-16	塑料	东北	1434.85
	塑料 平均值		1980.683
	塑料 汇总		5942.05
	总计平均值		1209.014
	总计		13299.15

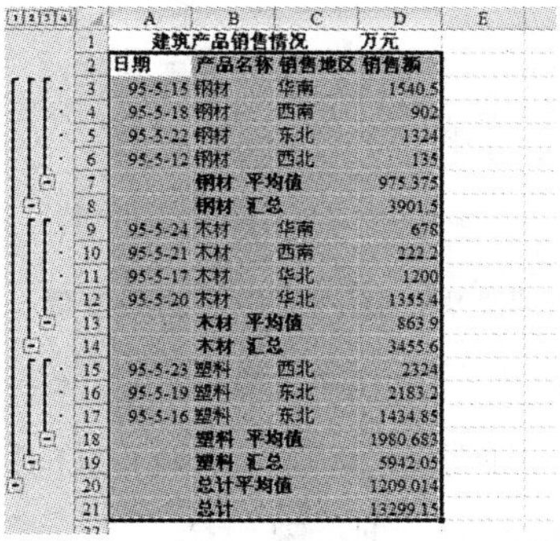

图 4-95　将“销售额”进行平均值分类汇总

姓名	授课班级	授课班数	课程名称	授课人数	课时
祁　红	94管理-2	3	英语	88	34
杨　明	95财经-3	3	哲学	88	25
江　华	96英语-4	3	线性代数	57	30
成　燕	97行管-1	4	微积分	57	21
达晶华	94公路-2	4	德育	50	26
刘　珍	95金融-3	9	体育	58	71
风　玲	96路桥-4	6	政经	43	71
艾　提	97公路-1	6	离散数学	51	53
康众喜	94征稽-2	3	大学语文	44	63
张　志	95国贸-3	6	英语	44	45
建　军	96交法-4	3	哲学	58	54
玉　甫	97计算-1	3	线性代数	58	36

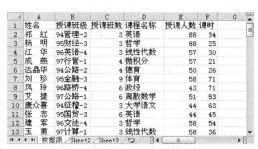

图 4-96　教师授课情况表

1）将光标定位到数据源当中，单击“插入”选项卡的“表格”选项组中“数据透视表”按钮，打开“创建数据透视表”对话框，如图 4-97 所示。

2）首先要选择需要分析的数据，此时系统已经选择了当前光标所在的整个表格。然后要选择数据透视表需要放置的位置。

① 新工作表：将创建的数据透视表放在一个新的工作表中。

② 现有工作表：将创建的数据透视表放在当前工作表中。

为了便于数据的分析，此例选中“新工作表”单选按钮，单击“确定”按钮。

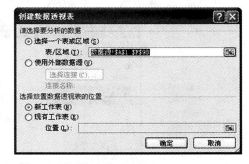

图 4-97　“创建数据透视表”对话框

3）系统创建了一个新工作表 Sheet4，在此工作表当中，自动创建了一个空白的数据透视表，此时我们可以通过右侧的“数据透视表字段列表”对话框向其中添加相应的数据信息。

4）如果要在数据透视表中显示班级名称，可在“数据透视表字段列表”对话框内勾选“授课班级”复选框，则系统自动将“授课班级”显示在“行标签”列表框中。此时，数据透视表中出现了相应的汇总数据，如图 4-98 所示。

5）如果想在数据透视表列标签显示姓名，也可用鼠标直接拖动“姓名”选项到“列标签”列表框中，数据透视表也随之变化。

6）如果想统计课时，可以勾选“数据透视表字段列表”对话框内的“课时”复选框，则系统根据数据类型自动放置在"数值"列表框中，并且计算类型为求和，数据透视表将汇总课时数量，如图 4-99 所示。

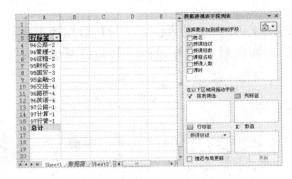

图 4-98 透视表中添加行标签

图 4-99 透视表中添加数值项

如果系统自动默认的计算类型不是我们需要的求和项，可自行设置。单击"数值"列表框中需要修改的"课时"按钮，在浮动面板中单击"值字段设置"选项，打开"值字段设置"对话框，在"值汇总方式"选项卡的"计算类型"列表中单击"求和"选项，即可设置正确的计算类型，如图 4-100 所示。

7）如果要以课程名称筛选数据信息，可以拖动"数据透视表字段列表"面板内的"课程名称"选项到"报表筛选"列表框中，得到如图 4-101 所示的数据透视表。

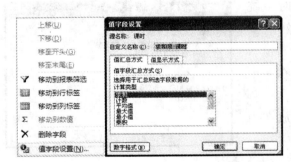

图 4-100 "值字段设置"对话框

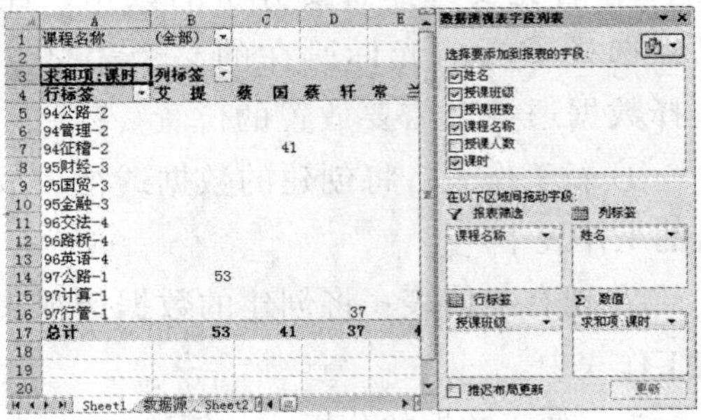

图 4-101 将"课程名称"添加到报表筛选项中

8）如果想要查看课程名称是"大学语文"、授课班级是"95 金融-3"的上课教师姓名和汇总课时，则将数据透视表做以下设置：

① 在数据透视表中，单击"课程名称"选项，在下拉列表中取消"全选"复选框，勾选"大学语文"复选框，单击"确定"按钮。

② 单击"行标签"选项，在下拉列表中取消"全选"复选框，勾选"95 金融-3"复选框，单击"确定"按钮。

③ 数据透视表中显示出用户想要查看的信息，如图 4-102 所示。

9）美化数据透视表。切换到"设计"选项卡，通过选择"数据透视表样式"选项组的样式选项，改变数据透视表的外观，如图 4-103 所示；也可以单击"其他"按钮 ▼，在打开的样式库中选择合适的样式。

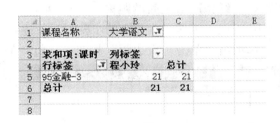

图 4-102 透视表筛选后的结果

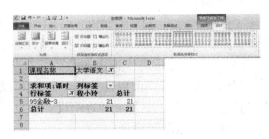

图 4-103 应用数据透视表样式

4.5 打印设置与打印

工作表创建好后，为了便于提交或留存查阅，常常需要把它打印出来。打印前通常需要设置工作表的打印页面、打印区域，预览打印结果，一切满意后，再在打印机上打印。

4.5.1 页面设置

在打印工作簿之前，应首先根据需要设置纸张大小、打印方向、页边距等。这些操作均可通过设置"页面布局"选项卡的工具按钮来完成，如图 4-104 所示。

图 4-104 "页面布局"选项卡

1. 设置纸张大小

在 Excel 2010 中，用户根据实际需要设置工作表所使用纸张的大小。用户可以通过两种方式进行设置。

方式 1：在"页面布局"选项卡的"页面设置"选项组中单击"纸张大小"按钮，并在打开的列表中选择合适的纸张。

方式 2：在"页面布局"选项卡的"页面设置"选项组中单击右下角 按钮。打开"页面设置"对话框，在"页面"选项卡中单击"纸张"下拉按钮，在打开的纸张列表中选择合适的纸张，并单击"确定"按钮。

2．设置页边距

工作表页边距就是被打印的 Excel 2010 工作表与纸张边沿之间的距离。通过设置工作表页边距，可以最合理地利用纸张。在 Excel 2010 中设置工作表页边距的步骤如下所述：

1）在"页面布局"选项卡的"页面设置"选项组中单击"页边距"按钮。在打开的页边距列表中，用户可以选择 Excel 2010 预置的"普通""宽""窄"三种边距设置，也可以单击"自定义边距"命令。

2）在打开的 Excel 2010"页面设置"对话框中，自动切换到"页边距"选项卡。分别设置上、下、左、右页边距的数值，还可设置页眉、页脚的距离，并单击"确定"按钮即可，如图 4-105 所示。

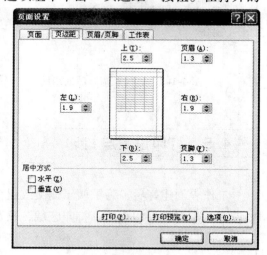

图 4-105 "页边距"选项卡

3．设置打印区域

默认情况下，如果用户在 Excel 2010 工作表中执行打印操作的话，则会打印当前工作表中所有非空单元格中的内容。而很多情况下，用户可能仅仅需要打印当前 Excel 2010 工作表中的一部分内容，而非所有内容。此时，用户可以为当前 Excel 2010 工作表设置打印区域，操作步骤如下所述：

1）打开 Excel 2010 工作表窗口，选中需要打印的工作表内容。

2）在"页面布局"选项卡的"页面设置"选项组中单击"打印区域"按钮，并在打开的列表中单击"设置打印区域"命令即可。

如果为当前 Excel 2010 工作表设置打印区域后又希望能临时打印全部内容，则可以使用"忽略打印区域"功能。依次单击"文件"→"打印"命令，在打开的打印对话框中单击"设置"区域的打印范围下拉按钮，并在打开的列表中勾选"忽略打印区域"复选框。

4．添加页眉和页脚

页眉和页脚包括很多信息。对于添加了页眉、页脚的工作表来说，用户可以直接从页眉或者页脚的内容快速查找对应的页码、章节等。下面介绍添加页眉和页脚的操作步骤。

1）添加页眉。打开"页面设置"对话框，切换至"页眉/页脚"选项卡，单击"页眉"区域文本框右侧的下拉按钮，在弹出的下拉列表中单击"第 1 页"选项，随即可在上方的预览框中看到添加页眉后的效果。

2）添加页脚。在 Excel 中添加页脚的方法与添加页眉的方法类似，在"页面设置"对话框中的"页眉/页脚"选项卡中单击"页脚"区域文本框右侧的下拉按钮，从下拉列表中单击"制作人：TT2013-7-8，第 1 页"选项，随即可在"页脚"下方的预览框中看到添加的页脚信息，如图 4-106 所示，单击"确定"按钮保存并退出。

5．设置打印标题

用户在制作好工作表后，如果需要将部分标题在多页中重复显示，就需要设置打印标题，这样打印出来的工作表才是符合要求的。

1）在"页面布局"选项卡"页面设置"选项组中单击"打印标题"按钮。弹出"页面设置"对话框，如图 4-107 所示。

图 4-106　"页眉/页脚"选项卡

图 4-107　"工作表"选项卡

2）如果设置数据表左端两列为打印标题，则单击"左端标题列"文本框右侧的"折叠"按钮，折叠"页面设置"对话框，在工作表中选择 B、C 两列，如图 4-108 所示。

A	B	C	页面设置 - 左端标题列：			
1			$B:$C			
2			**1996年预算工作表**			
3						
4				1995年		1996年
5	帐目	项目	实际支出	预计支出	调配拨款	差额
6	110	薪工	￥ 164,146.00	￥ 199,000.00	￥ 180,000.00	￥ 19,000.00
7	120	保险	￥ 58,035.00	￥ 73,000.00	￥ 66,000.00	￥ 7,000.00
8	311	设备	￥ 4,048.00	￥ 4,500.00	￥ 4,250.00	￥ 250.00
9	140	通讯费	￥ 17,138.00	￥ 20,500.00	￥ 18,500.00	￥ 2,000.00
10	201	差旅费	￥ 3,319.00	￥ 3,900.00	￥ 4,300.00	￥ -400.00
11	324	广告	￥ 902.00	￥ 1,075.00	￥ 1,000.00	￥ 75.00
12		总和	￥ 247,588.00	￥ 301,975.00	￥ 274,050.00	

图 4-108　选择 B、C 两列

3）单击"页面设置"对话框中的"展开"按钮，展开"页面设置"对话框，单击"确定"按钮，便可在打印预览时看到每页都显示左端标题列的信息。

4.5.2　打印预览

在确定了页面设置各参数后，一般应选择"打印预览"命令来查看设置效果，并进行

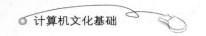

必要的调整。Excel 的打印预览可做到"所见即所得",故可以非常有效地提高打印工作的效率。

选择要打印的工作表,依次单击"文件"→"打印预览",即可显示打印预览页面。

4.5.3 打印工作表

对工作表进行了页面设置,并通过了打印预览后,就可以单击"打印"按钮打印工作表了。若要进一步选取打印范围、指定打印页数或打印份数,则可在"文件"选项卡的"打印"选项组中设定后再打印。

1. 设定打印的范围

一个工作簿由许多工作表构成,工作簿的打印可以一次打印一张工作表、多张工作表或整个工作簿。

单击"打印"选项组的"打印活动工作表"按钮右侧的下拉按钮,在出现的下拉菜单中有"打印活动工作表""打印整个工作簿""打印选定区域""忽略打印区域"四项可供选择,根据需要选择打印的范围,还可以在下面设置具体的打印页数。

2. 设定页面边界

为了报表的美观,我们通常在纸张四周留一些空白,这些空白的区域就页面边界区域,调整边界即是控制页面四周空白的大小,也就是控制资料在纸上打印的范围。工作表预设会套用标准边界,如果想让边界再宽一点,或是设定较窄的边界,可直接套用边界的预设值。

如果觉得预设的选项太少,还可以单击"打印"选项组右下角的"显示边界"按钮，直接在页面上显示边界,再拉动控制点就能调整边界位置了。

3. 缩小比例以符合纸张尺寸

有时候资料会单独多出一列,硬是跑到下一页,或是资料只差 2～3 行,就能挤在同一页了。这种情况可以用缩小比例的方式,将资料缩小排列以符合纸张尺寸,不但资料完整,阅读起来也方便。

单击"打印"选项卡的"无缩放"按钮右侧的下拉按钮,打开下拉列表,单击合适的选项。

本章小结

Microsoft Excel 2010,可以通过比以往更多的方法分析、管理和共享信息,从而帮助用户做出更好、更明智的决策。全新的分析和可视化工具可帮助用户跟踪和突出显示重要的数据趋势。可以在移动办公时从几乎所有 Web 浏览器或 Smartphone 访问用户的重要数据。用户甚至可以将文件上传到网站并与其他人同时在线协作。无论用户是要生成财务报表还是管理个人支出，使用 Excel 2010 都能够更高效、更灵活地实现用户的目标。

本章主要介绍了以下内容：

- Excel 2010 的新增功能和特点。
- Excel 2010 的启动与退出。
- 工作簿 Excel 2010 的基本操作。
- 工作表的基本操作。
- 图表的制作。
- 公式的编辑与制作。
- 数据的管理和分析。
- 公式和函数的使用。
- 数据的排序。
- 数据的筛选。
- 数据合并计算。
- 数据的分类汇总。
- 数据透视表和数据透视图。
- 打印设置与打印。

思考题

1. 工作簿、工作表、单元格之间是什么关系？
2. 工作表管理有哪些操作？
3. 单元格中数值、日期、时间数据有哪几种输入形式？
4. 公式中的相对地址、绝对地址和混合地址有什么区别？
5. 单元格中的数字格式有哪几种？如何设置？
6. 单元格中的数据的对齐方式有哪几种？如何设置？
7. 什么是条件格式化？如何设置？
8. 数据清单有哪些条件？
9. Excel 2010 数据管理有哪些操作？
10. 图表设置操作有哪些？

第 5 章　文稿演示软件 PowerPoint 2010

5.1　PowerPoint 2010 中文版概述

PowerPoint 2010 是微软公司 Office 系列办公软件中的一个组件，简称 PPT，是一款演示文稿制作软件。PowerPoint 2010 可以制作教学用电子课件、企业公司宣传片和产品发布流程图等，如图 5-1 所示。

本节介绍 PowerPoint 2010 的启动、保存和退出的方法，PowerPoint 2010 窗口的组成、、PowerPoint 2010 的视图方式。

1. PowerPoint 2010 的启动、保存和退出

启动 PowerPoint 2010 有多种方法，可根据自己的习惯或喜好选择其中一种，以下是一些常用的方法。

方法一：单击"开始"→"所有程序"→"Microsoft office"→"Microsoft-PowerPoint"命令，如图 5-2 ~ 图 5-4 所示。

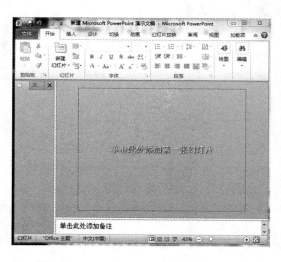

图 5-1　PowerPoint 2010 演示文稿

图 5-2　"开始"按钮

图 5-3　单击"所有程序"　　　　图 5-4　单击"Microsoft PowerPoint 2010"

此时将显示启动屏幕，并且 PowerPoint 将启动，如图 5-5、图 5-6 所示。

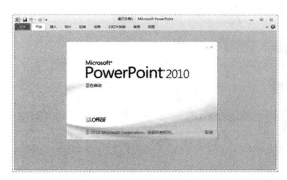

图 5-5　启动屏幕　　　　图 5-6　启动后的 PowerPoint 2010

方法二：如果建立了 PowerPoint 2010 的快捷方式，则双击该快捷图标即可，如图 5-7 所示。

方法三：打开一个 PowerPoint 演示文稿文件，如图 5-8 所示。

图 5-7　PowerPoint 2010 的快捷图标

用第三种方法启动 PowerPoint 2010 后，系统将自动打开相应的演示文稿。用前两种方法启动 PowerPoint 2010 后，系统将自动建立一个空白演示文稿，默认的演示文稿名为"演示文稿 1"。关闭 PowerPoint 2010 窗口即可退出 PowerPoint 2010。退出 PowerPoint 2010 时，系统会关闭所有打开的演示文稿。如果演示文稿创建或改动后没有被保存，则系统会弹出"Microsoft PowerPoint"对话框，以确定是否保存，如图 5-9 所示。

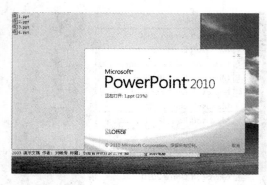

图 5-8　打开 PowerPoint 演示文稿文件　　　　图 5-9　是否保存 PowerPoint 演示文稿文件

2. PowerPoint 2010 窗口的组成

PowerPoint 2010 启动后，将出现如图 5-10 所示的窗口，PowerPoint 2010 的窗口主要包括标题栏、菜单栏、工具栏、标尺、滚动条、状态栏、任务窗格、问题框以及工作区，具体介绍如下。

1）功能区：由标题栏、菜单栏、工具栏组成。

2）工作区：在普通视图下由 4 个工作区组成。

● 切换窗格：位于左侧，可以在幻灯片视图与大纲视图及其他视图间切换。

● 编辑窗格：位于中间，用来查看和编辑每张幻灯片。

● 任务窗格：位于右侧，用来提供常用命令。

● 备注窗格：位于下部，用来保存备注信息。

图 5-10　PowerPoint 2010 窗口

3）状态栏：显示页计数、总页数、设计模板、拼写检查等信息。

PowerPoint 2010 的窗口与 PowerPoint 2003 的窗口大致相似，不同之处介绍如下。

1）视图按钮：PowerPoint 2010 有 3 个视图按钮，分别是"普通视图"按钮、"幻灯片浏览视图"按钮和"幻灯片放映视图"按钮。

2）工作区：工作区占据 PowerPoint 2010 窗口的大部分区域，在"普通视图"方式下，工作区中包含视图按钮、大纲幻灯片浏览窗格、幻灯片窗格和备注窗格。

3. PowerPoint 2010 的视图方式

PowerPoint 2010 中有 3 种视图方式，即普通视图、幻灯片浏览视图和幻灯片放映视图，每种视图都将用户的处理焦点集中在演示文稿的某个要素上。

在视图切换按钮中，带边框的按钮所对应的视图为当前视图。单击某个按钮会切换到相应的视图方式，用户还可以从"视图"菜单中选择所需要的视图方式。

（1）普通视图　普通视图是 PowerPoint 2010 的默认视图，启动 PowerPoint 2010 后将

直接进入到普通视图方式，如图 5-11 所示。普通视图包含 3 个窗格，即大纲窗格、幻灯片窗格和备注窗格。拖动窗格边框可调整窗格的大小。

　　1）大纲窗格：在大纲窗格中，演示文稿以大纲形式显示，大纲由每张幻灯片的标题和正文组成。使用大纲窗格可组织和撰写演示文稿中的文本内容。

　　2）幻灯片窗格：在幻灯片窗格中，可以查看每张幻灯片中的文本外观。可以在单张幻灯片中添加图片、影片和声音，还可以创建超级链接或向其中添加动画。

　　3）备注窗格：在备注窗格中，用户可以添加与观众共享的演说者备注或信息。

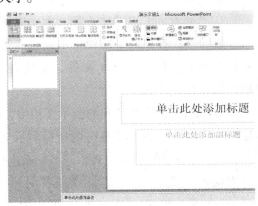

图 5-11　PowerPoint 2010 的普通视图

　　（2）幻灯片浏览视图　在幻灯片浏览视图中，列出了演示文稿中的所有幻灯片的缩略图。幻灯片按序号由小到大排列。在幻灯片浏览视图中，可以很容易地添加、删除和移动幻灯片，以及选择幻灯片的动画切换方式，如图 5-12 所示。

　　（3）幻灯片放映视图　幻灯片放映视图占据整个计算机屏幕，像播放真实的幻灯片一样，从当前幻灯片开始一幅一幅地动态显示演示文稿中的幻灯片，如图 5-13 所示。

　　在幻灯片放映视图中，按〈Enter〉键，或放映完所有幻灯片后，系统会退出幻灯片放映视图，返回先前的视图状态。

图 5-12　PowerPoint 2010 的浏览视图

图 5-13　PowerPoint 2010 的放映视图

5.2　演示文稿的操作

5.2.1　创建演示文稿

　　演示文稿是用 PowerPoint 2010 建立和操作的文件，用来存储用户建立的幻灯片。一个演示文稿由若干张幻灯片组成，用于表达同一个主题。演示文稿的扩展名是".ppt"或

". pps"。在 PowerPoint 2010 中，有关演示文稿的操作包括创建演示文稿、保存演示文稿、打开演示文稿、打印演示文稿、打包演示文稿和关闭演示文稿。

在 PowerPoint 2010 中，新建演示文稿有以下常用方法。

方法一：在桌面空白处单击鼠标右键，在弹出的快捷菜单中，选择新建 Microsoft Power Point 文件，系统将直接在桌面上创建一个演示文稿，如图 5-14 所示。

方法二：在已经打开的演示文稿中，按〈Ctrl + N〉组合键，系统将建立一个"默认设计模板"的空白演示文稿。

图 5-14 新建 PowerPoint 2010 演示文稿

方法三：单击"文件"→"新建"→"创建"命令。使用此种方法时，无论先前是否显示任务窗格，窗口中都将出现如图 5-15 所示的"新建演示文稿"任务窗格，有以下几种建立演示文稿的方式。

1）新建空白演示文稿。在"新建演示文稿"任务窗格中，单击"新建"选项组中的"空白演示文稿"命令，系统将建立一个"默认设计模板"的空白演示文稿。

2）根据样本模板新建演示文稿。在"新建演示文稿"任务窗格中，单击"新建"选项组中的"样本模板"命令，系统将建立一个演示文稿，可从中选择所需要的模板，如图 5-16 所示。

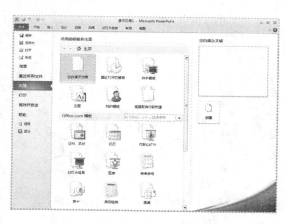

图 5-15 "新建演示文稿"任务窗格

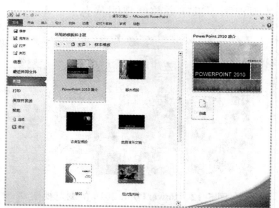

图 5-16 选择模板新建演示文稿

3）根据主题新建演示文稿。在"新建演示文稿"任务窗格中，单击"主题"，建立一个演示文稿，如图 5-17 所示。

4）根据现有内容新建演示文稿。在"新建演示文稿"任务窗格中，单击"根据现有内容新建"选项组中的"选择演示文稿"命令，系统会弹出"根据现有内容新建"对话框。在该有对话框中选择一个演示文稿，系统将建立一个内容与该演示文稿文件相同的新演示文稿，如图 5-18 所示。

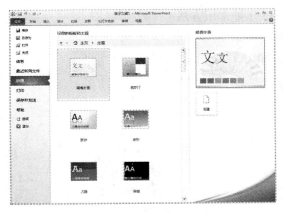

图 5-17　根据主题新建演示文稿　　　　图 5-18　根据现有内容新建演示文稿

5）根据 Office.com 模板新建演示文稿。在"新建演示文稿"任务窗格中，单击"Office.com 模板"组的命令，系统会弹出一个对话框，在该有对话框中选择一个演示文稿，系统将建立新的演示文稿，如图 5-19 所示。

在 PowerPoint 2010 中，用户可以把自己设计的演示文稿模板存入"我的模板"中，以便今后使用，如图 5-20 所示。

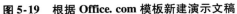

图 5-19　根据 Office.com 模板新建演示文稿　　　　图 5-20　存入"我的模板"

5.2.2　演示文稿的保存

PowerPoint 2010 处理演示文稿时，其内容将留在计算机内存和磁盘的临时文件中，如果不保存演示文稿就退出操作软件，则演示文稿的最新修改就会丢失。经常保存演示文稿可以减少意外事故（断电或死机等）造成的损失。保存演示文稿有保存和另存为两种方法。

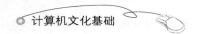

1. 保存

在 PowerPoint 2010 中，保存演示文稿有以下几种常用方法。

方法一：单击左上角的"保存"按钮，如图 5-21 所示。

方法二：单击"文件"→"保存"命令，如图 5-22 所示。

方法三：按〈Ctrl + S〉组合键，直接进行保存。

图 5-21　保存 PowerPoint 2010 演示文稿 1　　　　**图 5-22　保存 PowerPoint 2010 演示文稿 2**

如果演示文稿已被保存，则系统自动将演示文稿以原来的文件名保存在原来的文件夹中。如果文档从未保存，则系统需要用户指定文件名和文件夹，相当于执行下面所讲的另存为操作。

2. 另存为

把当前编辑的演示文稿以新文件名保存起来，或保存在新的文件夹中，可以单击"文件"→"另存为"命令，弹出"另存为"对话框，如图 5-23 所示。

在"另存为"对话框中，可以进行以下操作。

1）在"保存位置"下拉列表中，选择要保存到的文件夹，也可在窗口左侧的预设位置列表中，选择要保存到的文件夹。

2）在"文件名"下拉列表中，输入或选择另存为的文件名。

3）在"保存类型"下拉列表中，选择要保存的文件类型。

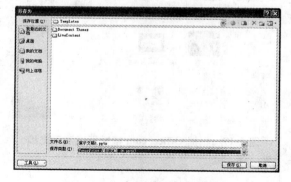

图 5-23　"另存为"对话框

4）单击"保存"按钮，将文件保存。

系统的保存类型默认为"演示文稿（ * . ppt）"，该类型文件的扩展名为". ppt"，以后再打开该文件，系统将进入幻灯片编辑状态。如果保存类型选择"PowerPoint 放映（ * . pps）"，该文件的扩展名为". pps"，则以后再打开该文件，系统将进入幻灯片放映状态。

5.2.3　打开演示文稿

直接打开演示文稿有以下两种方法。

方法一：右键单击已有的演示文稿，在弹出的快捷菜单中单击"打开"命令，如图 5-24所示。

方法二：直接双击演示文稿文件。

在 PowerPoint 2010 中，打开演示文稿有以下 3 种方法。

方法一：按〈Ctrl + O〉组合键。

方法二：单击"文件"→"打开"命令。

方法三：在打开的"文件"菜单底部如果显示有先前打开过的文档的文件名，可单击其中的一个文件名。

图 5-24　打开 PowerPoint 2010 演示文稿

采用最后一种方法时，系统将直接打开指定的演示文稿。使用前两种方法，系统会弹出"打开"对话框，如图 5-25 所示。

在"打开"对话框中，可进行以下操作：

1）在"查找范围"下拉列表中，选择要打开文件所在的文件夹，也可在窗口左侧的预设位置列表中，选择要打开文件所在的文件夹。

2）在打开的文件列表中，单击一个文件图标，选择该文件。

3）在打开的文件列表中，双击一个文件图标，打开该文件。

图 5-25　"打开"对话框

4）在"文件名"下拉列表中，输入或选择要打开的文件名。

5）单击"打开"按钮，打开所选择或文件名框中的文档。

5.2.4　打印、打包、关闭演示文稿

1. 打印演示文稿

演示文稿创建好后，为了提交或留存查阅方便，常常需要把它打印出来，打印前通常需要设置打印页面，预览打印效果，一切满意后再在打印机上打印。

（1）设置页面　PowerPoint 2010 的默认页面是屏幕显示页面，不适合打印，需要重新设置。单击"文件"→"页面设置"命令，弹出"页面设置"对话框，如图 5-26 所示。

在"页面设置"对话框中，可以进行以下操作：

1）在"幻灯片大小"下拉列表中，选择一种大小的纸张。如果选择"自定义"选项，需要在"宽度"和"高度"数值框中输入或调整纸张的宽度值和高度值。

图 5-26　"页面设置"对话框

2）如果在"宽度"和"高度"数值框中输入或调整纸张的宽度值和高度值，则"幻灯片大小"下拉列表框中的值将自动变为"自定义"。

3）选中"幻灯片"组中的"纵向"单选按钮，则幻灯片的纸张为纵向。

4）选中"幻灯片"组中的"横向"单选按钮，则幻灯片的纸张为横向。

5）选中"备注、讲义和大纲"组中的"纵向"单选按钮，则相应的纸张设为纵向。

6）选中"备注、讲义和大纲"组中的"横向"单选按钮，则相应的纸张设为横向。

7）在"幻灯片编号起始值"数值框中输入或调整幻灯片编号，则以上设置作用于从该编号开始的幻灯片。

8）单击"确定"按钮，完成页面设置。

（2）打印预览　在 PowerPoint 2010 中，单击"打印预览"按钮或单击"文件"→"打印预览"命令后，转换到打印预览窗口，窗口顶端有"打印预览"工具栏，如图 5-27 所示。

图 5-27　打印预览

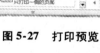

图 5-28　PowerPoint 2010 保存并发送

2. 打包演示文稿

在"保存并发送"中，可以将演示文稿打包成 CD，如图 5-28 所示。

　　1）单击"复制到文件夹"按钮，弹出"复制到文件夹"对话框，在该对话框中选择一个文件夹，打好的包将保存到这个文件夹下，如图 5-29 所示。

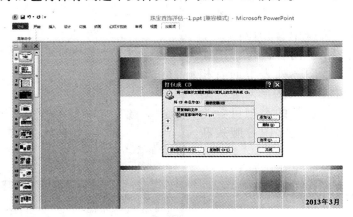

图 5-29　　复制到文件夹

　　2）单击"复制到"按钮，系统把打好的包复制到光盘中。这需要计算机中必须有可读写的光驱。

　　3）单击"关闭"按钮，关闭"打包成 CD"对话框，退出打包操作。

　　幻灯片打包成 CD 后，光盘具有自动放映功能，即把光盘插入到光驱后，系统能够自动放映打包的幻灯片，即使系统中没有安装 PowerPoint 2010 也能放映。

　　幻灯片复制到文件夹后，在文件夹中建立一个子文件夹，子文件夹的名字就是"将CD 命名为"文本框中输入的名字，该文件夹中除了包含演示文稿文件外，还包含用于放映幻灯片的程序。

3. 关闭演示文稿

　　在 PowerPoint 2010 中，关闭当前文档，可单击"文件"→"关闭"命令，关闭 PowerPoint 2010 窗口。

　　如果关闭的演示文稿修改后没有保存，则 PowerPoint 2010 会弹出"Microsoft PowerPoint"对话框，以确定是否保存，如图5-30所示。

图 5-30　　确定是否保存后再关闭

5.3　PowerPoint 2010 的幻灯片制作

5.3.1　幻灯片的操作

　　幻灯片是演示文稿最重要的组成部分，整个演示文稿就是由若干幻灯片按照一定的排列顺序组成的。在 PowerPoint 2010 新建的演示文稿中，默认情况下，系统将自动添加一张"标题幻灯片"版式的幻灯片，如图 5-31 所示。

每张幻灯片都有一种版式，幻灯片版式由占位符组成，占位符是幻灯片中的虚线方框，分为文本占位符和内容占位符两类。文本占位符中有相应的文字提示，只能输入文本；内容占位符的中央有一个图标列表，图标列表下面有相应的文字提示，只能插入图形对象。幻灯片版式根据其中占位符的类型可分为文字版式、内容版式、文字内容版式和其他版式4类。

制作幻灯片常用的操作包括建立空白幻灯片、添加幻灯片内容和建立超链接等。

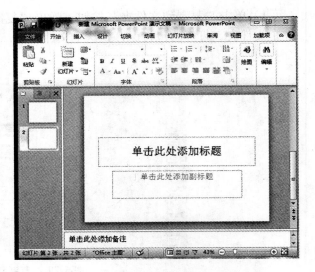

图5-31　"标题幻灯片"版式的幻灯片

1. 建立空白幻灯片

单击"插入"→"新幻灯片"命令，在演示文稿中插入一张幻灯片，同时任务窗格变成"幻灯片版式"任务窗格，单击任务窗格中的一个幻灯片版式图标，新插入的幻灯片被设置成该版式，如图5-32所示。

2. 添加幻灯片内容

在幻灯片中可以添加文本、表格、图形、图片、音频、视频等内容。

（1）添加文本　幻灯片中的标题、项目等信息都是文本。PowerPoint 2010中添加文本的常用操作包括输入文本、编辑占位符与文本框、设置文本格式。

在幻灯片中，有以下3类文本占位符。

1）标题占位符：标题占位符是含有"单击此处添加标题"字样的虚线方框。

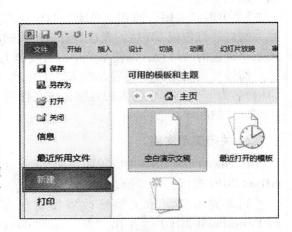

图5-32　新建指定版式的幻灯片

2）副标题占位符：副标题占位符是含有"单击此处添加副标题"字样的虚线方框。

3）项目占位符：项目占位是含有"单击此处添加文本"字样的虚线方框。

单击一个文本占位符后，在占位符中出现插入点光标，此时用户即可输入文本。PowerPoint 2010输入文本的方法与Word 2010基本相同，这里不再赘述。

在项目占位符中输入文本，有以下几个特点：

1）在项目开始位置按〈Tab〉键，项目降一级。

2）在项目开始位置按〈Shift + Tab〉组合键，项目升一级。

3）输入完一个项目后按〈Enter〉键，开始下一项目。

如果要在占位符之外的位置输入文本，则需要在幻灯片中插入文本框，然后在文本框中输入文本。文本框分为两类，即横排文本框和竖排文本框。PowerPoint 2010 插入文本框的方法与 Word 2010 基本相同，这里不再赘述。

（2）编辑占位符与文本框　用户可以对占位符进行以下编辑操作：

1）激活占位符。单击占位符，占位符被激活，出现插入点光标、斜线边框和尺寸控点，如图 5-33 所示。

2）选定占位符。单击占位符边框，占位符被选定，插入点光标消失，出现网点边框和尺寸控点，如图 5-34 所示。

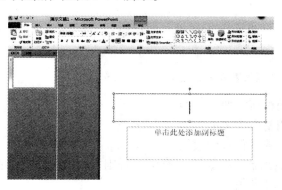 

图 5-33 激活占位符	图 5-34 选定占位符

3）移动占位符。激活或选定占位符后，将鼠标指针移动到占位符上，当鼠标指针变成✛状，拖动鼠标即可移动占位符。

4）缩放占位符。激活或选定占位符后，将鼠标指针移动到占位符的尺寸控点上，拖动鼠标即可缩放占位符。

5）删除占位符。选定占位符后按〈Delete〉键或〈Backspace〉键，即可删除占位符。

文本框的编辑操作与 Word 2010 基本相同，这里不再赘述。

3. 设置文本格式

在幻灯片中输入文本后，可以对其进行格式设置，使幻灯片更加美观，在设置文本格式前，通常先选定文本，再进行格式设置。

用户可以通过"格式"工具栏上的按钮设置文本格式，也可以通过单击"格式"→"字体"命令设置文本格式，具体操作方法与 Word 2010 大致相同，这里不再赘述。

4. 插入表格

表格由若干行和若干列组成，用表格表示数据简明直观，因此在幻灯片中经常被使用。在幻灯片中插入表格的常用方法如下。

单击"插入"→"表格"命令，将弹出如图 5-35 所示的"插入表格"对话框。在"插入表格"对话框中，可进行以下操作：

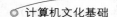

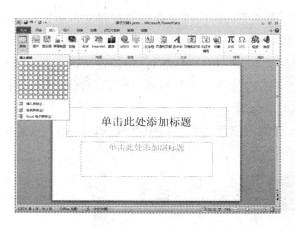

图 5-35 "插入表格"对话框

1）在"列数"数值框中，输入或调整所需要的列数。

2）在"行数"数值框中，输入或调整所需要的行教。

3）单击"确定"按钮，插入相应列数和行数的表格。

如果幻灯片中有空内容占位符，则表格插入到该占位符中，否则表格自动放置在幻灯片的中央。插入表格后，可对表格进行以下操作：

1）单击表格内任一单元格，单元格内出现插入点光标，表格处于编辑状态，表格被选择矩形（表格周围的斜线矩形，在四角和四边的中间有 8 个尺寸控点）包围。

2）单击表格中的任一单元格，出现插入点光标，可输入内容。如果单元格容纳不下所输入的内容，则单元格的高度将自动增加。

3）将鼠标指针移动到水平表格线上，垂直拖动鼠标可改变行高。如果改变行高后单元格容纳不下其中的内容，则系统自动将单元格的高度设置为能容纳其内容的最小高度。

4）将鼠标指针移动到垂直表格线上，鼠标指针变成 * 状，水平拖动鼠标可改变列宽。如果改变列宽后单元格容纳不下其中的内容，则系统自动将单元格的宽度设置为能容纳其中内容的最小宽度。

5）将鼠标指针移动到表格的选择矩形边框上，拖动鼠标可改变表格的位置。

6）单击表格的选择矩形的边框，表格被选定，选择矩形的边框由斜线变成网点，尺寸控点不变。

7）将鼠标指针移动到表格的选择矩形的尺寸控点上，拖动鼠标可改变表格的大小。

8）选定表格后，按〈Delete〉键或〈Backspace〉键，可以删除表格。

5. 插入图表

图表用图形的方式来显示数据，生动直观，因此在幻灯片中经常被使用。在幻灯片中插入图表的方法如下。

单击"插入"→"图表"命令，系统自动在幻灯片中的相应位置插入一个默认图表，同时弹出一个与该图表对应的"插入图表"对话框，如图 5-36 所示。此对话框类似于 Excel 2010 工作表，可用类似 Excel 2010 工作表的方法对数据表进行编辑（但没有填充功能和公式计算功能）。

如果幻灯片中有空内容占位符，则图表插入到该占位符中，否则图表自动放置在幻灯片的中央。插入图表后，系统自动转换到图表编辑状态，图表被选择矩形（图表周围的斜线矩形）包围。

插入图表后，菜单栏中会增加"数据"和"图表"两个菜单。"常用"工具栏中会增加若干与图表有关的工具按钮，这时可对图表进行以下编辑操作：

1）在"数据表"窗口中修改数据，图表会根据数据的变化自动更新。

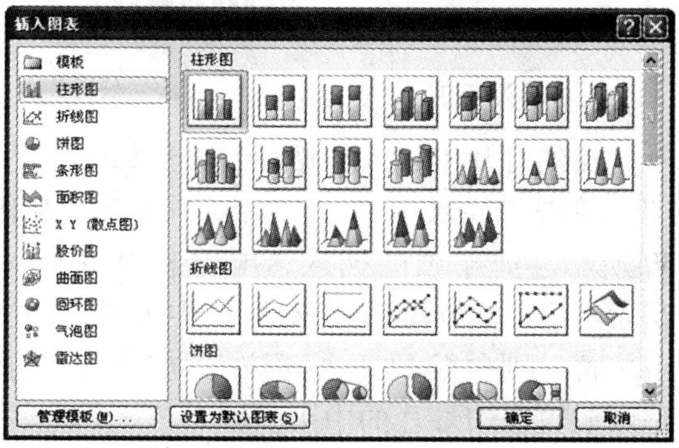

图 5-36　"插入图表"对话框

2）利用图表工具按钮对图表进行编辑和设置。

3）单击图表以外的区域，退出图表编辑状态。

退出图表编辑状态后，在幻灯片的编辑状态下，可对图表进行以下操作：

1）双击图表，转换到图表编辑状态。

2）将鼠标指针移动到图表上，鼠标指针变成 ＊ 状，拖动鼠标可改变图表的位置。

3）单击图表，图表被选定，图表的选择矩形无边框线，只有尺寸控点。

4）选定图表后，将鼠标指针移动到图表的尺寸控点上，拖动鼠标可改变图表的大小。

5）选定图表，按〈Delete〉键或〈Backspace〉键，可以删除图表。

6. 插入图片和艺术字

1）在幻灯片中插入图片的方法如下：

单击"插入"→"图片"命令，如图 5-37 所示。图片的插入、编辑和设置与 Word 2010 类似，不同的是，幻灯片中如果有空内容占位符，则图片插入到该占位符中，否则图片自动放置在幻灯片的中央。

2）在幻灯片中插入艺术字的方法如下：

单击"插入"→"艺术字"命令，如图 5-38 所示。

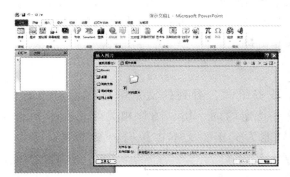

图 5-37　PowerPoint 2010 插入图片

图 5-38　PowerPoint 2010 插入艺术字

艺术字的插入、编辑和设置与 Word 2010 类似，不同之处是插入的艺术字自动放置在

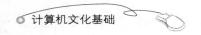

幻灯片的中央。

7. 插入图形和文本框

在幻灯片中插入剪贴画的方法如下：

单击"插入"→"剪贴画"命令，如图 5-39 所示。剪贴画的插入、编辑和设置与 Word 2010 类似，不同的是，幻灯片中如果有空内容占位符，则剪贴画插入到该占位符中，否则剪贴画放置在幻灯片的中央。

图 5-39　PowerPoint 2010 插入剪贴画

8. 添加音频

单击"插入"→"音频"命令即可添加音频，如图 5-40 所示。

9. 添加视频

单击"插入"→"视频"命令即可添加视频，如图 5-41 所示。

图 5-40　PowerPoint 2010 插入音频

图 5-41　PowerPoint 2010 插入视频

5.3.2　插入动作按钮和超链接

超链接是文本或图形与某个对象的关联，关联的对象可以是某个演示文稿或演示文稿中的某张幻灯片，或是互联网上的某个网页或电子邮件地址。幻灯片放映时，单击带超链接的文本或图形，会自动跳转到关联的对象。PowerPoint 2010 带有一些制作好的动作按钮，可以将动作按钮插入到演示文稿中并为其定义超链接。

1. 建立超链接

超链接就是读者在一些网站上阅读文章或资讯时，看到的文章中有些特定的词、句或图片带有超链接，单击后就会跳到与这些特定的词、句、图片相关的页面中，非常便于拓展阅读。在 PowerPoint 2010 中，只能为文本、文本占位符、文本框、图片建立超链接。

在 PowerPoint 2010 中可以使用以下两种方法来创建超链接。

方法一：利用"超链接"按钮创建超链接。鼠标选中需要添加超链接的对象，如选中图 5-42 中的"狸窝 PPT 转换器"。然后单击工具栏中的"插入"→"超链接"

按钮（"地球"图标）。右键单击对象文字，在弹出的快捷菜单中单击"超链接"命令，如图 5-42 所示。接着在弹出的"插入超链接"对话框的"地址"下拉列表框中输入想要加入的网址，单击"确定"按钮即可，也可以让对象链接到内部文件的相关文档，如图 5-43 所示。在"插入超链接"对话框中找到需要链接的文档的存放位置，如图 5-44 所示。

　　方法二：利用"动作"按钮创建超链接。同样，选中需要创建超链接的对象（文字或图片等），单击常用工具栏中的"插入"→"动作"按钮（动作按钮是为所选对象添加一个操作，以制订单击该对象或鼠标在其上悬停时应执行的操作），如图 5-45 所示。

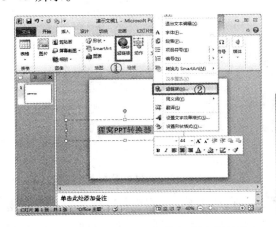

图 5-42　利用"超链接"按钮创建超链接

图 5-43　插入超链接

图 5-44　插入超链接的文档存放位置

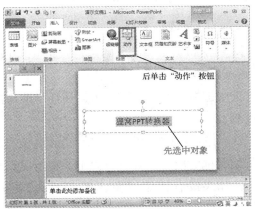

图 5-45　利用"动作"按钮创建超链接

　　弹出"动作设置"对话框后，在对话框中有两个选项卡，即"单击鼠标"与"鼠标移过"，通常选择默认的"单击鼠标"选项卡，选中"超链接到"单选按钮，打开超链接选项的下拉列表框，根据实际情况选择其一，然后单击"确定"按钮即可。若要将超链接的范围扩大到其他演示文稿或 PowerPoint 以外的文件中，则只需在下拉列表框中选择"其他 PowerPoint 演示文稿……"或"其他文件……"选项即可，

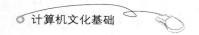

如图 5-46 所示。

创建好超链接网址后，会发现超链接的对象文字的字体颜色是单一的蓝色，如何修改PPT 超链接字体的颜色呢？切换至"设计"选项卡，单击"主题"选项组中的"颜色"按钮，在下拉菜单中单击"新建主题颜色"按钮，如图 5-47 所示。

图 5-46 "动作设置"对话框

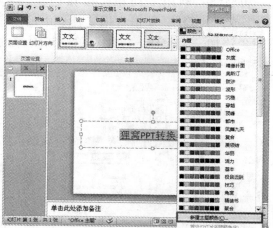

图 5-47 新建主题颜色

在弹出的"新建主题颜色"对话框的左下方，可以看到"超链接"和"已访问的超链接"颜色下拉列表框，在此可以任意设置字体颜色。设置好后可以在右侧的"示例"中看到超链接的效果，如图 5-48 所示。

2. 取消超链接

对于在 PPT 中不满意的超链接或想要改变的超链接网址，可以进行取消操作，具体如下：

选中链接，然后右键单击，在弹出的快捷菜单中单击"取消超链接"命令即可，如图5-49 所示。

建立超链接前，用户选定不同的对象会影响"插入超链接"对话框中"要显示的文字"编辑框的内容，具体有以下 3 种情况：

①如果没有选定对象，则"要显示的文字"编辑框中的内容为空白，并可对其编辑。

②如果选定了文本，则"要显示的文字"编辑框中的内容为该文本，并可对其编辑。

③如果选定了文本占位符、文本框、图片等，则"要显示的文字"编辑框中的内容为"在文档中选定的内容"，且不可编辑。

图 5-48 设置超链接文字的字体颜色 　　　　图 5-49 取消超链接

5.4 幻灯片管理

PowerPoint 2010 常用的幻灯片管理操作有选定幻灯片、插入幻灯片、复制幻灯片、移动幻灯片、删除幻灯片。

5.4.1 选定幻灯片

用户在管理幻灯片时，往往需要先选定幻灯片，然后再进行某些管理操作。在大纲窗格和幻灯片浏览视图中都可以选定幻灯片。

1. 在大纲窗格中选定幻灯片

单击幻灯片图标，选定该幻灯片。选定一张幻灯片后，按住〈Shift〉键，再单击另一张幻灯片，可以选定这两张幻灯片间的所有幻灯片。

在大纲窗格中选定幻灯片后，单击幻灯片图标以外的任意一点，可以取消先前对幻灯片的选定。

2. 在幻灯片浏览视图中选定幻灯片

单击幻灯片的缩略图，选定该幻灯片。选定一张幻灯片后，按住〈Shift〉键，再单击另一张幻灯片，也可选定这两张幻灯片间的所有幻灯片；选定一张幻灯片后，按住〈Ctrl〉键，再单击另一张未选定的幻灯片，则该幻灯片被选定；选定一张幻灯片后，按住〈Ctrl〉键，再单击另一张已选定的幻灯片，则该幻灯片被取消选定状态。

在幻灯片浏览视图中选定幻灯片后，在窗口的空白处单击鼠标，可取消先前对幻灯片

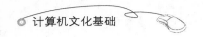

的选定。

3. 选定所有的幻灯片

1）按〈Ctrl + A〉组合键。

2）单击"编辑"→"全选"命令。

5.4.2 插入幻灯片

1. 在演示文稿中插入一张幻灯片

单击"插入"→"新幻灯片"命令，在演示文稿中插入一张幻灯片，新插入的幻灯片的位置有以下几种情况：

1）在幻灯片窗格中制作幻灯片时插入幻灯片，新幻灯片位于该幻灯片的后面。

2）在大纲窗格中，如果插入点光标在幻灯片的开始处，则新幻灯片位于该幻灯片的前面，否则新幻灯片位于该幻灯片的后面。

3）在幻灯片浏览视图中，如果有选定的幻灯片，则新幻灯片位于该幻灯片的后面，否则窗口中会出现一个垂直闪动的光条，也称为插入点光标，这时新幻灯片位于插入点光标处。

2. 在大纲视图的大纲窗格中插入幻灯片

1）输入完幻灯片标题后，按〈Enter〉键，可在当前幻灯片后面插入一张幻灯片。

2）输入完一个小标题后，按〈Ctrl + Enter〉组合键，可在当前幻灯片后面插入一张幻灯片。

5.4.3 复制幻灯片

如果演示文稿中有类似的幻灯片则不需要逐张制作。制作好一张后将其复制，然后再修改，这样会省时省力。复制幻灯片有以下几种方法。

1）在幻灯片浏览视图中，按住〈Ctrl〉键并拖动幻灯片缩略图，可在目标位置复制该幻灯片。

2）在幻灯片浏览视图中，先选定要复制的多张幻灯片，再按住〈Ctrl〉键拖动所选定幻灯片中某一张幻灯片的缩略图，可将选定的幻灯片复制到目标位置。

3）单击"插入"→"幻灯片副本"命令，可在当前（或选定）的幻灯片的后面插入与当前（或选定）的幻灯片相同的一张（或多张）幻灯片。

4）先把选定的幻灯片复制到剪贴板上，再选定一张幻灯片，然后从剪贴板上将幻灯片粘贴到选定幻灯片的后面。

5.4.4 移动幻灯片

如果演示文稿中幻灯片的顺序不正确，则可通过移动幻灯片来改变顺序。移动幻灯片有以下几种方法。

1）在大纲窗格中，拖动幻灯片图标，可将幻灯片移动到目标位置。

2）在幻灯片浏览视图中，拖动幻灯片的缩略图，可将幻灯片移动到目标位置。

3）在幻灯片浏览视图中，先选定要移动的多张幻灯片，再拖动所选定幻灯片中的某一张幻灯片的缩略图，可将选定的幻灯片移动到目标位置。

4）先把要复制的幻灯片剪切到剪贴板上，再选定一张幻灯片，然后从剪贴板上将幻灯片粘贴到选定幻灯片的后面。

5.4.5　删除幻灯片

如果演示文稿中有多余的幻灯片，则需要将其删除。在删除某张或某几张幻灯片前，应先选定它们，然后再进行删除。删除已选定的幻灯片有以下几种方法。

1）按〈Delete〉键或〈Backspace〉键。

2）单击"编辑"→"删除幻灯片"命令。

3）把选定的幻灯片剪切到剪贴板上。

注意，在大纲视图的大纲窗格中，如果删除了一张幻灯片中的所有文本，则该幻灯片也会被删除。

5.5　PowerPoint 2010 的幻灯片静态效果设置

幻灯片的静态效果设置包括更换版式，更换设计模板，更换配色方案，更改母版，以及设置背景、页眉和页脚等。

1. 更换版式

幻灯片版式是指幻灯片的内容在幻灯片上的排列方式，由占位符组成。制作幻灯片时首先要指定幻灯片的版式，制作完幻灯片后，还可以更换幻灯片的版式。

先选定要更换版式的幻灯片，单击"版式"按钮，出现如图 5-50 所示的"版式"任务窗格，在该任务窗格中，单击一个版式图标，即可把当前幻灯片设定为该版式。

更换幻灯片版式的特点如下：

1）幻灯片内容的格式随版式的更换而更改。

2）幻灯片的内容不会因版式的更换而

图 5-50　更换幻灯片的版式

更改。

3）如果新版式中有与旧版式不同的占位符，则幻灯片中将自动添加一个空占位符。

4）如果旧版式中有与新版式不同的占位符，则原有占位符的位置及其内容不变。

2. 更换设计模板

新建演示文稿时，幻灯片采用默认的设计模板或用户选择的设计模板。幻灯片制作时或制作完成后，用户可以更换幻灯片的设计模板。

先选定要更换设计模板的幻灯片，选择"设计"选项卡，窗口中出现"设计"任务窗格，在该任务窗格中，单击"设计模板"命令，其中列出了可供使用的设计模板，从中单击一个设计模板图标，幻灯片即更换为该设计模板，如图5-51所示。

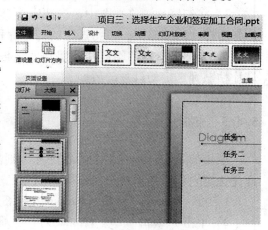

图5-51 更换设计模板

更换幻灯片设计模板的特点如下：

1）更换幻灯片设计模板后，幻灯片中的内容不改变。

2）如果只选定了一张幻灯片，则将更换所有幻灯片的设计模板；如果选定了多张幻灯片，则将更换选定的幻灯片的设计模板。

3）如果更换了所有幻灯片的设计模板，则"标题"版式幻灯片的设置与其他版式幻灯片的设置稍有不同。

3. 更换配色方案

配色方案由幻灯片的8种元素组成，即背景、文本、线条、阴影、标题文本、填充、强调和超链接的颜色。幻灯片的配色方案由采用的设计模板决定。幻灯片制作完成后，用户可以更换幻灯片的配色方案。

先选定要更换配色方案的幻灯片，再选择"设计"选项卡，在该任务窗格中，单击"颜色"选项卡，其中列出了设计模板中预定的配色方案，单击一个配色方案图标，幻灯片即更换为该配色方案。此外，如果设计模板中预定的配色方案不能满足设计要求，还可以单击任务窗格中的"新建主题颜色"选项卡，自行设定配色方案，如图5-52所示。

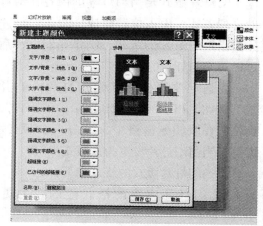

更换幻灯片配色方案的特点如下：

1）更换幻灯片配色方案后，幻灯片中的内容并不改变。

2）如果只选定了一张幻灯片，则将更换所有幻灯片的配色方案；如果选定了多张幻灯片，则将更换选定的幻灯片的配色方案。

图5-52 新建主题颜色

4. 更改母版

幻灯片母版用于存储幻灯片的模板信息，包括字形、占位符的大小和位置、背景设计和配色方案。幻灯片母版的主要用途是使用户能方便地进行全局更改（如替换字形、添加背景等），并使该更改应用到演示文稿中的所有幻灯片。

在创建演示文稿时，系统将自动建立幻灯片母版。如果使用默认的设计模板，则演示文稿中只有幻灯片母版。如果选择了某个设计模板，则演示文稿中除了幻灯片母版外还包含讲义母版和备注母版，用户可以在母版上更改幻灯片。

如果要更改幻灯片母版，则应先切换到幻灯片相应的母版视图，母版视图的切换方法如下。

1）单击"视图"→"幻灯片母版"命令，即可切换到幻灯片母版视图，如图 5-53 所示。

2）单击"视图"→"讲义母版"命令，即可切换到讲义母版视图，如图 5-54 所示。

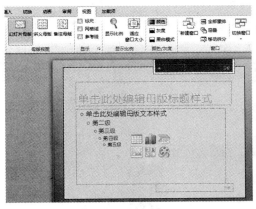

图 5-53　幻灯片母版视图

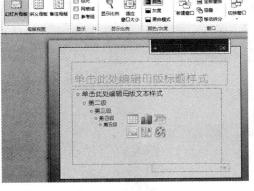

图 5-54　讲义母版视图

3）单击"视图"→"备注母版"命令，即可切换到备注母版视图，如图 5-55 所示。

在幻灯片母版视图中，包括若干个由虚线框标注的区域，说明如下。

1）标题区：用于设置标题的位置和样式。

2）对象区：用于设置对象的位置和样式。

3）日期区：用于设置日期的位置和样式。

4）页脚区：用于设置页脚的位置和样式。

以上区域也就是前面所说的占位符。母版占位符中的文本只用于样式，实际的文本应在普通视图下的幻灯片上输入，而页眉和页脚中

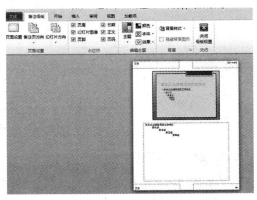

图 5-55　备注母版视图

的文本应在"页眉和页脚"对话框中输入。

用户可以像更改演示文稿中的幻灯片一样更改幻灯片母版。更改母版常用的操作有以下4种：

1）更改字体或项目符号。

2）更改占位符的位置和大小。

3）更改背景颜色、背景填充效果或背景图片。

4）插入新对象。

更改幻灯片母版的特点如下：

1）更改幻灯片母版后，幻灯片中的内容并不改变。

2）母版中的所有更改会影响所有基于该母版的幻灯片。

3）如果先前幻灯片更改的项目与母版更改的项目相同，则保留先前的更改。

5. 设置背景

幻灯片的背景包括背景颜色和背景填充效果，幻灯片的背景由采用的设计模板决定。幻灯片制作完成后，用户还可以更换幻灯片的背景。

选定要更换背景的幻灯片，单击"设计"→"背景样式"命令，弹出如图5-56所示的"背景样式"窗口，在该窗口中可进行以下操作：单击"背景样式"下的"设置背景格式"按钮，弹出如图5-57所示的"设置背景格式"对话框，从中可以选择需要更换的背景。

图5-56 PowerPoint 2010 背景样式

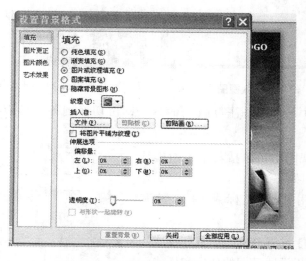

图5-57 "设置背景格式"对话框

6. 设置页眉和页脚

在幻灯片母版中，预留了日期、页脚和数字3种占位符，这3种占位符中的内容不能在幻灯片中直接输入，需要在各自相应的对话框中输入。单击"视图"→"幻灯片母版"

命令，在"幻灯片"选项卡中，可以进行以下操作：

在"插入"→"页眉和页脚"菜单中选择"日期和时间"复选框，可在幻灯片的日期占位符中添加日期和时间，否则不能添加日期和时间，如图 5-58 和图 5-59 所示。

图 5-58　设置页眉和页脚 1　　　　　　　　图 5-59　设置页眉和页脚 2

勾选"日期和时间"复选框后，如果再选中"自动更新"单选按钮，则系统将自动插入当前的日期和时间，插入的日期和时间会根据演示时的日期和时间自动更新。插入日期和时间后，还可以从"自动更新"下的 3 个下拉列表中选择日期和时间的格式、日期和时间所采用的语言、日期和时间所采用的日历类型。

勾选"日期和时间"复选框后，如果再选中"固定"单选按钮，可直接在下面的文本框中输入日期和时间，插入的日期和时间不会根据演示时的日期和时间自动更新。

勾选"幻灯片编号"复选框，可在幻灯片的数字占位符中显示幻灯片编号，否则不显示幻灯片编号。

勾选"页脚"复选框，可在幻灯片的页脚占位符中显示页脚，否则不显示页脚。页脚的内容在其下的文本框中输入。

勾选"标题幻灯片中不显示"复选框，则在标题幻灯片中不显示页眉和页脚，否则显示页眉和页脚。

单击"全部应用"按钮，对所有幻灯片设置页眉和页脚，同时关闭"页眉和页脚"对话框；单击"应用"按钮，对当前幻灯片或选定的幻灯片设置页眉和页脚，同时关闭"页眉和页脚"对话框。

5.6　PowerPoint 2010 的幻灯片动态效果设置

制作幻灯片不仅需要在 PPT 的内容设计上制作精美，还需要在 PPT 的动画上下功夫，好的 PPT 动画能给演示内容带来一定的帮助，可以给观看者演示出更生动形象的视觉效果。

对幻灯片的动态效果进行设置，可以使幻灯片的放映效果更加生动、精彩。幻灯片的动态效果设置包括设置动画效果、设置切换效果、设置放映时间和设置放映方式。

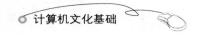
动画效果是指给文本或对象添加特殊的视觉或声音效果。默认情况下,幻灯片中的文本没有动画效果。制作完幻灯片后,用户可根据需要给文本设置相应的动画效果。设置动画效果有两种常用的方法:自定义动画和切换效果。

1. 自定义动画

自定义动画是将演示文稿中的文本、图片、表格、SmartArt 图形和其他对象制作成动画,赋予它们进入、退出、大小或颜色变化甚至移动等视觉效果,具体有以下 4 种自定义动画效果。

1)"进入"效果:在菜单栏中单击"动画"→"添加动画"按钮,选择其中的"进入"或"更多进入效果",都是自定义动画对象的动画出现形式,如可以使对象逐渐淡入焦点、从边缘飞入幻灯片或跳入视图等,如图 5-60 所示。

2)"强调"效果:在菜单栏中单击"动画"→"添加动画"按钮,选择其中的"强调"或"更多强调效果",有"基本型""细微型""温和型"以及"华丽型" 4 种特色动画效果,这些

图 5-60 添加"进入"动画

效果的示例包括使对象缩小或放大、更改颜色或沿着其中心旋转,如图 5-61 所示。

3)"退出"效果:这个自定义动画效果的区别在于与"进入"效果类似但是相反,它是自定义对象退出时所表现的动画形式,如让对象飞出幻灯片、从视图中消失或从幻灯片中旋出,如图 5-62 所示。

图 5-61 添加"强调"效果

图 5-62 添加"退出"效果

4）"动作路径"效果：这个动画效果是根据图案形状或直线、曲线的路径来展示对象游走的路径，使用这个效果可以使对象上下移动、左右移动或沿着星形或圆形图案移动（与其他效果一起），如图 5-63 所示。

以上 4 种自定义动画，可以单独使用任何一种，也可以将多种效果组合在一起，也可以对自定义动画设置出现的顺序以及开始、延迟或持续时间等，如图 5-64 所示。

幻灯片自定义动画技巧——"动画刷"。"动画刷"是一个能复制一个对象的动画，并应用到其他对象的动画工具，使用方法：单击设置了动画的对象，在"动画"选项卡下的"高级动画"中双击"动画刷"按钮，当鼠标变成"刷子"形状后，单击需要设置相同自定义动画的对象即可，如图 5-65 所示。

图 5-63　添加"动作路径"效果

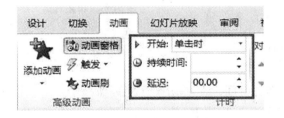

图 5-64　自定义动画设置

图 5-65　动画刷

2. 幻灯片切换效果设计

动画效果中的切换效果是给幻灯片添加切换动画，在菜单栏的"切换"选项卡的"切换到此幻灯片"组中有"切换方案"和"效果选项"，在"切换方案"中可以看到有"细微型""华丽型"和"动态内容" 3 种动画效果，使用方法：选择想要应用切换效果的幻灯片，在"切换"选项卡下的"切换到此幻灯片"组中，单击要应用于该幻灯片的幻灯片切换效果即可，如图 5-66 所示。

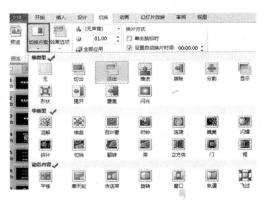

图 5-66　幻灯片切换效果

3. 设置放映时间

放映幻灯片时，默认方式是通过单击鼠标

或按空格键来切换下一张幻灯片。用户可以设置幻灯片的放映时间，使其自动播放。设置放映时间有两种方式：人工设时和排练计时。

（1）人工设时　人工设置幻灯片放映时间是通过设置幻灯片切换效果实现的。在"切换"任务窗格中，勾选"设置自动换片时间"复选框，在其右侧的数值框中输入或调整一个幻灯片切换的时间间隔，这个时间就是当前幻灯片或所选定幻灯片的放映时间，如图5-67所示。

（2）排练计时　如果用户对人工设定的放映时间没有把握，可以在排练幻灯片的过程中自动记录每张幻灯片放映的时间。单击"幻灯片放映"→"排练计时"命令，系统将切换到幻灯片放映视图，如图5-68所示。

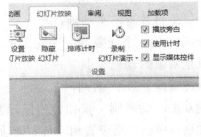

图5-67　人工设时　　　　　　　　　　图5-68　排练计时

如果要中断排练计时，则按〈Esc〉键即可。

当所有幻灯片放映完或中断排练计时时，将弹出一个对话框，让用户决定是否接受排练时间。

（3）清除排练计时　如果用户想清除排练时间，在"切换"任务窗格中，取消勾选的"设置自动换片时间"复选框，然后单击"应用于所有幻灯片"按钮即可清除排练计时。

4. 设置幻灯片放映方式

为适应不同场合的需要，幻灯片有不同的放映方式。用户可以根据自己的需要设置幻灯片的放映方式。单击"幻灯片放映"→"设置放映方式"按钮，如图5-69所示，此时弹出"设置放映方式"对话框，如图5-70所示。

在"设置放映方式"对话框中，可以进行以下操作。

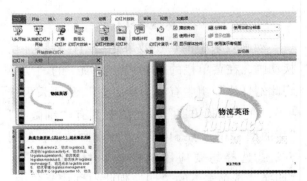

图5-69　设置幻灯片放映方式

1）选中"演讲者放映（全屏幕）"单选按钮，则幻灯片在全屏幕中放映，放映过程中演讲者可以控制幻灯片的放映过程。

2）选中"观众自行浏览（窗口）"单选按钮，则幻灯片在窗口中放映，用户可以控制幻灯片的放映过程，在幻灯片放映的同时，用户还可以运行其他应用程序。

3）选中"在展台浏览（全屏幕）"单选按钮，则幻灯片在全屏幕中自动放映，用户不能控制幻灯片的放映过程，只能按〈Esc〉键终止放映。

4）勾选"循环放映，按 Esc 键终止"复选框，则循环放映幻灯片，按〈Esc〉键后终止放映，否则演示文稿只放映一遍。

5）勾选"放映时不加旁白"复选框，则即使录制了旁白，也不播放。

6）勾选"放映时不加动画"复选框，则即使幻灯片中设置了动画效果，放映时也不显示动画效果。

7）选中"全部"单选按钮，则放映演示文稿中的所有幻灯片。

8）定义幻灯片播放范围，可在"从"和"到"数值框中输入或调整要放映的幻灯片的范围。

9）选中"手动"单选按钮，则单击鼠标或按空格键可使幻灯片换页。

10）选中"如果存在排练时间，则使用它"单选按钮，则根据排练时间自动切换到下一张幻灯片。

11）在"绘图笔颜色"下拉列表中选择一种绘图笔颜色，在幻灯片放映时，可用该颜色标注幻灯片。

最后，单击"确定"按钮，完成幻灯片放映方式的设置。

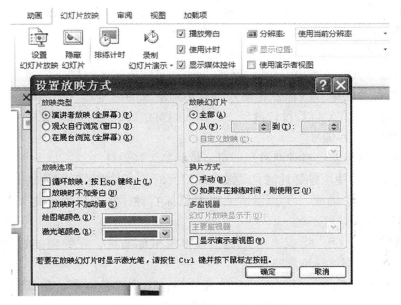

图 5-70　"设置放映方式"对话框

5.7　PowerPoint 2010 的幻灯片放映

幻灯片放映方式及操作：幻灯片有两种放映方式，即从头开始和从当前幻灯片开始，如图 5-71 所示。按〈F5〉键，系统将从第 1 张幻灯片开始放映。

如果幻灯片没有设置为"在展台浏览"放映方式，则在幻灯片放映过程中用户可以控制其放映过程。常用的控制方式有切换幻灯片、定位幻灯片、暂停放映和结束放映。

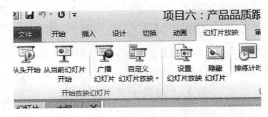

图5-71　幻灯片放映方式

（1）切换幻灯片　在幻灯片放映过程中，常常要切换到下一张幻灯片或切换到上一张幻灯片。即便使用排练计时自动放映幻灯片，用户也可以手工切换到下一张幻灯片或切换到上一张幻灯片。

在幻灯片放映过程中，切换到下一张幻灯片有以下几种方法。

1）单击鼠标右键，在弹出的快捷菜单中单击"下一张"命令。

2）按空格键。

3）按〈PageDown〉键、〈N〉键或〈Enter〉键。

4）单击鼠标左键。

在幻灯片放映过程中，切换到上一张幻灯片有以下几种方法。

1）单击鼠标右键，在弹出的快捷菜单中单击"上一张"命令。

2）按〈PageUp〉键、〈P〉键或〈Backspace〉键。

（2）定位幻灯片　在幻灯片放映过程中，有时需要切换到某一张幻灯片，从该幻灯片开始顺序放映。定位到某张幻灯片有以下几种方法。

1）单击鼠标右键，在弹出的快捷菜单中单击"定位至幻灯片"命令，弹出由幻灯片标题组成的子菜单，在子菜单中选择一个标题，即可定位到该幻灯片。

2）输入幻灯片的编号（注意，输入时看不到输入的编号），按〈Enter〉键，定位到相应编号的幻灯片。在幻灯片设计过程中，在大纲窗格或幻灯片浏览窗格中，每张幻灯片前面的数字就是幻灯片编号。

3）同时按住鼠标左、右键两秒，即可定位到第1张幻灯片。

（3）暂停放映　使用排练计时自动放映幻灯片时，有时需要暂停放映，以便处理发生的意外情况。按〈S〉键或〈+〉键，或单击鼠标右键，在弹出的快捷菜单中单击"暂停"命令，都可暂停放映。

暂停放映后，按〈S〉键或〈+〉键，或单击鼠标右键，在弹出的快捷菜单中单击"继续执行"命令，都可继续放映。

（4）结束放映　最后一张幻灯片放映完毕后，出现黑色屏幕，顶部有"放映结束，单击鼠标退出。"字样，这时单击鼠标即可结束放映。

在放映过程中单击鼠标右键，在弹出的快捷菜单中单击"结束放映"命令，或按〈Esc + -〉和〈Ctrl + Break〉组合键，都可结束放映。

标注放映：在幻灯片放映过程中，为了做即时说明，可以用鼠标对幻灯片进行标注。常用的标注操作有设置绘图笔颜色、标注幻灯片和擦除笔迹。

（1）设置绘图笔颜色　在放映过程中，单击鼠标右键，在弹出的快捷菜单中单击"指针选项"→"墨迹颜色"命令，弹出"墨迹颜色"子菜单，单击其中的一种颜色即可将绘图笔设置为该颜色。

（2）标注幻灯片　要想在幻灯片放映过程中标注幻灯片，必须先转换到幻灯片标注状态。转换到幻灯片标注状态有以下两种方法。

1）按〈Ctrl + P〉组合键。

2）单击鼠标右键，在弹出的快捷菜单中，在"指针选项"子菜单中单击"圆珠笔""毡尖笔"或"荧光笔"命令。

在幻灯片标注状态下，拖动鼠标即可在幻灯片上进行标注。按〈Esc〉键或〈Ctrl + A〉组合键，或单击鼠标右键，在弹出的快捷菜单中单击"指针选项"→"箭头"命令，即可取消标注幻灯片的状态。

（3）擦除笔迹　按〈E〉键，或单击鼠标右键，在弹出的快捷菜单中单击"屏幕"→"擦除笔迹"命令，都可擦除幻灯片上标注的笔迹。另外，幻灯片切换后，当再次回到标注过的幻灯片中时，原先标注过的笔迹都会被擦除。

❧ 本章小结 ❧

本章主要介绍了以下内容：

- PowerPoint 2010 的基本操作。介绍了 PowerPoint 2010 的启动与退出、窗口的组成和视图方式。
- PowerPoint 2010 的演示文稿操作。介绍了创建演示文稿、保存演示文稿、打开演示文稿、打印演示文稿、打包演示文稿和关闭演示文稿等操作。
- PowerPoint 2010 的幻灯片制作。介绍了建立空白幻灯片、添加幻灯片内容、建立超链接等操作。
- PowerPoint 2010 的幻灯片管理。介绍了选定幻灯片、插入幻灯片、复制幻灯片、移动幻灯片和删除幻灯片等操作。
- PowerPoint 2010 的幻灯片静态效果设置。介绍了更换版式、更换设计模板、更换配色方案、更改母版、设置背景、设置页眉和页脚等操作。
- PowerPoint 2010 的幻灯片动态效果设置。介绍了设置动画效果、设置切换效果、设置放映时间、设置放映方式等操作。
- PowerPoint 2010 的幻灯片放映。介绍了幻灯片的常用控制方式及标注放映等操作。

思考题

1. PowerPoint 2010 怎样打包演示文稿？
2. PowerPoint 2010 怎样建立超链接？
3. PowerPoint 2010 怎样添加幻灯片内容？
4. PowerPoint 2010 怎样设置页眉和页脚？
5. PowerPoint 2010 怎样设置动画效果是进入？
6. 用 PowerPoint 2010 制作一个关于说明计算机硬件功能的演示文稿。

第6章 多媒体技术基础

多媒体技术是基于计算机、网络和电子技术发展起来的一门新技术，它与计算机技术和网络技术相互融合、相辅相成。现代多媒体技术的发展和应用，正在对信息社会及人们的工作、学习和生活产生着重大影响。

6.1 多媒体技术的基本概念

6.1.1 多媒体的概念

1. 多媒体与多媒体技术

"多媒体"一词源自英文"Multimedia"，其关键词是媒体（Media）。媒体在计算机领域有两种含义：一是指存储信息的实体，如磁盘、光盘、磁带等；二是指传递信息的载体，如数字、文字、声音、图形、图像等。多媒体技术中的"媒体"指的是后者。

所谓多媒体，是指由文本、声音、图形、动画、图像、影视等媒体中两种以上媒体的有序组合。多媒体不是几个媒体简单地随意拼凑，而是为了表达同一个较为复杂的信息，实现某个技术目标，采用相应的多媒体技术，有规律地组合在一起。

多媒体技术是指对多媒体信息进行获取（采集）、处理（数字化、压缩、解压）、编辑、存储、传输、显示等的技术。通常情况下，"多媒体"并不仅仅指多媒体本身，而主要指处理和应用它的一整套技术，因此，"多媒体"实际上常被看作是"多媒体技术"的同义语。

2. 多媒体技术的发展史

多媒体技术是和计算机技术、网络技术融合在一起的综合技术。计算机技术和网络技术的发展，不断提出对多媒体技术的新需求。多媒体技术的发展与应用，反过来又促进计算机技术和网络技术的发展，使得多媒体技术和计算机网络技术的应用更加深入、广泛。

多媒体技术的发展有以下几个具有代表性的阶段：

1）1984年，美国Apple公司开创了适应计算机进行图像处理的先河，创造性地使用了位映射、窗口、图符等技术，同时引入了鼠标作为交互设备，对多媒体技术的发展做出了重要贡献。

2）1985 年，美国 Commodore 公司将世界上第一台多媒体计算机 Amiga 系统展示在世人面前，这是多媒体计算机的雏形。

3）1986 年 3 月，荷兰 Philips 公司和日本 Sony 公司共同制定了 CD-I 交互式紧凑光盘系统标准，使多媒体信息的存储实现了规范化和标准化。

4）1987 年 3 月，RCA 公司制定了 DVI（Digital Video Interactive）技术标准，在交互式视频技术方面进行了规范化和标准化，使计算机能够利用激光盘 DVI 标准存储图像，并能存储声音等多种信息模式。

5）随着多媒体技术应用的日益广泛，业界和用户根据各自的利益，都迫切需要一个统一的国际标准，以规范技术、规范市场。多媒体技术标准是多媒体技术发展的必然产物，可以保证多媒体技术的有序发展。1990—1995 年，多媒体个人计算机的 MPC-I 标准、MPC-II 标准和 MPC-III 标准陆续出台，表 6-1 列出了这 3 种标准配置。多媒体技术标准的制定，也预示着多媒体技术的更大发展，先后制定的多媒体技术标准有多媒体个人计算机的性能标准、数字化音频压缩标准、电子乐器数字接口（MI-DI）标准、静态图像数据压缩标准、音视频数据压缩标准、网络的多媒体传输标准与协议及多媒体其他标准。

表 6-1　MPC-I、MPC-II 和 MPC-III 标准配置

基本部件	Mpc-I	Mpc-II	Mpc-III
CPU	16MHz 的 80386SX	25MHz 的 80486SX	75MHz 的 Pentium
内存	2MB	4MB	8MB
软盘	1.44MB	1.44MB	1.44MB
硬盘	30MB	160MB	540MB
CD-ROM	数据传输率 150KB/s，符合 CD-DA 规格	数据传输率 300KB/s，平均存取时间 400ms，符合 CD-XA 规范	数据传输率 600KB/s，平均存取时间 250ms，符合 CD-XA 规范
音频卡	量化位数 8 位，8 个音符合成器	量化位数 16 位，8 个音符合成器	量化位数 16 位，波形合成技术
显示适配器	VGA 640×480，16 色或 320×200，256 色	SuperVGA640×480，65535 色	SuperVGA 640×480，65535 色
用户接口	101 IBM 兼容键盘	101 IBM 兼容键盘	101 IBM 兼容键盘
I/O	串行接口、并行接口、MIDI 接口、游戏杆串口	串行接口、并行接口、MIDI 接口、游戏杆串口	串行接口、并行接口、MIDI 接口、游戏杆串口

6）随着多媒体模拟信号数字化技术、多媒体数字压缩技术、调制解调技术和网络宽带技术的发展，使本来就传输数字信号的计算机网络，传输数字化的多媒体信息成为现实，使本来就传输模拟信号的广播电视网与电信网的数字化也同时得以实现，于是三网合一成为定局。三网合一大大推动了多媒体技术的发展，扩大了多媒体信息的共享范围与多

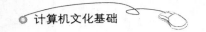

媒体技术的应用范围。多媒体技术渗透到各行各业，深入到各家各户，影响着人们的工作、学习与生活。

6.1.2　多媒体技术的基本特性

构成多媒体的基本要素有图形、图像、文字、动画、视频和声音等素材。图形和图像都作为图片，但图像是自然空间的照片，即实物、景物等实际场景拍摄下来的静止画面；图形是图像的一种抽象，是计算机通过算法生成的画面或画家笔下的作品。文字本身是图形的一种再抽象，这里的字体是指各种不同风格的文字以及艺术字等。动画是由一系列静止画面组成的，按一定顺序播放，产生出活动感觉的画面。视频是指由摄像机、摄影机等拍摄的反映真实生活场景的活动画面。声音是指各种声音信号，包括人类语言、音乐和自然界的各种声音等。

多媒体计算机技术具有多维化、数字化、集成性、交互性、实时性等特点。

1.　多维化

多维化即信息媒体的多样化和媒体处理方式的多样化。它使用文本、图形、图像、声音、动画以及视频等多种媒体来表示信息。这些信息媒体的处理方式又可分为一维、二维和三维3种不同的方式。例如，文本属于一维媒体，图形属于二维或三维媒体。

2.　数字化

数字化是指多媒体中的各种信息都是以数字形式存储、处理和传输的。

3.　集成性

集成性是指以计算机为中心，综合处理多种信息媒体的特性，包括信息媒体的集成和处理这些信息媒体的设备与软件的集成。相对于独立的单一媒体而言，多媒体将各种不同的媒体有机地集成为一体，使它们能够充分地发挥综合作用。

4.　交互性

没有交互性的系统就不是多媒体系统。交互性指用户可以通过与计算机内的多媒体信息进行交互的方式，来更有效地控制和使用多媒体信息。具体来讲，用户可以在操作或播放多媒体软件时，根据自己的意愿做出某种程度的人工干预，从内容和方式上实现有选择的操作或播放。同时，计算机系统也会向用户提供方便、友好的界面，提供更有效的控制和使用信息的手段，以便提高多媒体软件的使用效率，并开辟更广泛的应用领域。

5.　实时性

在多媒体播放系统中，各种媒体（特别是声音和视频）之间是同步的，播放的时序、速度及各媒体之间的其他关系也必须符合实际规律。多媒体系统在进行存储、压缩、传输和其他处理时，必须重视实时性，支持实时播放。

6.1.3　多媒体关键技术

现在，多媒体技术得到了长足的发展。在硬件方面，人们购买计算机时，已经没有人像 20 世纪 90 年代那样关心有没有多媒体功能，而是关心声卡、显卡、音箱的品质，以及显示器的分辨率。多媒体软件的发展更是惊人，无论是开发工具还是应用软件，现在已经不可枚举。多媒体涉及的技术范围越来越广，已经发展成为多种学科和多种技术交叉的领域。多媒体的关键技术主要包括以下几种。

1. 音频和视频数据的压缩和编码技术

目前，大部分电视机和收音机得到的信号都是模拟信号，而多媒体计算机技术中的视频、音频技术是数字化技术，所以，信号的数字化处理是多媒体技术的基础。

数字化的声音和图像的数据量大得惊人。例如，用 112.02kHz 采样的 1min 声音，每个采样点用 8 位（bit）表示时的数据量约为 660KB；一幅分辨率为 640×480 的彩色图像，每个像素用 24 位表示，数据量约为 7.37KB。因此，多媒体中的声音、视频等连续媒体，都是具有很大数据量的信息，实时地处理这些信息对计算机系统来说是一个严峻的挑战。

多媒体数据压缩和编码技术是多媒体系统的关键技术。利用先进的数据压缩和编码技术，多媒体计算机系统就具有了综合处理声音、文字、图形、图像的能力，并能够面向三维图形、立体声音和真彩色高保真全屏幕运动画面。

2. 超大规模集成（VLSI）电路制造技术

多媒体信息的压缩处理需要进行大量的计算，视频图像的压缩处理还要求实时完成。对于这样的处理，如果由通常的计算机来完成，需要用中型机甚至大型机才能胜任，而其高昂的成本将使多媒体技术无法推广。由于 VLSI 技术的进步使得价格低廉的数字信号处理器（DSP）芯片得以实现，使个人计算机完成上述任务成为可能。DSP 芯片是为完成某种特定信号处理而设计的，且价格便宜，在通常的个人计算机上需要多条指令才能完成的处理在 DSP 上可用一条指令完成。DSP 完成特定处理时的计算能力与普通中型计算机相当。因此，VLSI 技术为多媒体技术的普及创造了必要条件。

3. 大容量光盘存储技术

数字化的多媒体信息虽然经过了压缩处理，但仍然包含大量的数据。视频图像在未经压缩处理时，每秒播放的数据量为 28MB，经压缩处理后每秒钟的数据量则为 8.4MB，不可能存储于一张软盘上，而一般硬盘的存储介质由于不方便携带和交换，因此不适宜用于多媒体信息和软件的大量发行。

大容量只读光盘存储器 CD-ROM 的出现，正好适应了这样的需要。目前常用的 CD-ROM 光盘的外径为 5in（英寸），容量约为 700MB，并像软盘那样可用于信息交换，大量生产时的价格也相当低廉。

存储容量更大的是 DVD 光盘。DVD 的意思是"数字电视光盘"。DVD 的特点是存储容量比现在的 CD-ROM 光盘大得多，最高可达到 17GB。一张 DVD 光盘的容量相当于现在

的 25 张 CD-ROM，但它的尺寸与 CD-ROM 相同。DVD 的制作所需要的软硬件要遵照由计算机、消费电子和娱乐公司联合制定的规格，目的是能够根据这个新一代的 CD 规格开发出存储容量大且性能高的兼容产品，用于存储数字电视的内容和多媒体信息。

4. 多媒体同步技术

多媒体技术需要同时处理声音、文字、图像等多种媒体信息。在多媒体系统处理的信息中，各个媒体都与时间有着或多或少的依从关系。例如，图像、语音都是时间的函数；声音和视频图像要求实时处理，同步进行；视频图像更是要求以 25 帧/s 的视频速率更新图像数据。此外，在多媒体应用中，通常要对某些媒体执行加速、放慢、重复等交互性处理。多媒体系统允许用户改变事件的顺序并修改多媒体信息的表现形式。多媒体具有本身的独立性、共存性、集成性和交互性。系统中各媒体在不同的通信路径上传输，将分别产生不同的延迟和损耗，造成媒体之间协同性的破坏。因此，多媒体同步是一个关键问题。

5. 多媒体网络技术

互联网是一个通过网络设备把世界各国的计算机相互连接在一起的计算机网络。在这个网络上，使用普通的语言就可以相互通信、协同研究、从事商业活动、共享信息资源。现在人们越来越多地在通信中使用多媒体信息。多媒体技术的发展必然要与计算机网络技术相结合，以便使丰富的多媒体信息资源得以共享。为此，要解决网络中心的大容量存储和网络数据库管理的问题，使用户的本地操作和远端的网络中心数据库相连，以便顺利地对各种信息进行访问、创建、复制、编辑和处理，达到共享信息资源的目的。多媒体网络技术是目前最热门的计算机多媒体技术之一。

6. 多媒体计算机硬件体系结构的关键——专用芯片

多媒体计算机需要快速、实时地完成视频和音频信息的压缩和解压缩、图像的特技效果、图形处理和语言信息处理，这些都要求有高速的芯片。

7. 多媒体信息检索技术

随着接触到的视听多媒体信息越来越多，需要使用这些信息时，首先就要找到和定位这些信息。要在日益增长和大量潜在的有用信息中找到某一具体的多媒体信息，这一挑战使人们急需一种能在各种多媒体信息中快速定位有用信息的方法，这就是多媒体信息检索技术。MPEG-7（多媒体内容描述接口）建立了一种对多媒体数据的描述标准。建立在符合这些标准的多媒体信息上的模型将使信息的检索和过滤更加的方便、容易，以便用户能够用尽量少的时间找到自己感兴趣的信息。

6.1.4 多媒体技术的应用

多媒体技术、网络技术及通信技术的有机结合，使得多媒体的应用领域越来越广泛，几乎覆盖了计算机应用的领域，而且还开拓了涉及人们工作、学习、生活和娱乐等多方面的新领域，多媒体技术正在不断地成熟和进步。

1. 计算机辅助教学 CAI（Computer Assisted Instruction）

教育领域是应用多媒体技术最早的领域，也是进展最快的领域。多媒体技术的特点最适合教学，因为它将声、文、图集成一体，使计算机表示的信息更丰富、形象，这是一种更合乎自然的交流环境和方式。人们在这种多媒体环境中通过多种感觉器官接受信息，可以加速理解和接受知识信息的过程，有助于联想和推理等思维活动。这种形式还可以提高学习者的兴趣和注意力，使学习者在较短的时间内获得更多的信息，并留下深刻的印象，提高知识吸收率。

CAI 是利用由多媒体技术设计和制作的多媒体教学软件来进行教学的，它的最大优点是具有个别性、交互性、灵活性和多样性。多媒体教学软件是一种根据教学目标设计的能表现特定的教学内容，反映一定教学策略的计算机教学系统。它具有存储、传递和处理教学信息，让学生与计算机进行交互操作的功能。多媒体教学软件的基本任务是：正确和生动地表达课程的知识内容、确定教学过程和教学策略、提供学生与计算机进行信息交换的交互界面、提出问题、判断正误和教学指导等。多媒体教学软件的基本模式包括课堂演示模式、个别化交互模式、训练复习模式、资料查询模式和教学游戏模式。

2. 计算机辅助设计

计算机辅助设计是指利用多媒体技术中的二维和三维绘图技术、动画技术以及 RGB 调色技术等进行各种设计，如美术图案设计、服装设计、工艺设计、动画设计、土木建筑设计、园林设计等。计算机辅助设计迅速准确、模拟与修改灵活方便、设计效果好，同时又便于计算机辅助制造和自动化作业。

3. 远程工作系统

远程教育是利用多媒体网络技术、多媒体教学软件和多媒体课件，通过课程上网、网上培训和网上学历教育等形式，完成教学、答疑、布置与批改作业、考试与答辩、教学管理等任务。远程教育可以共享教育资源（教学环境和设备、教学资料、师资等），使受教育者不受时间和地点的限制，自主地接受教育，而且成本低、效果好。

远程教学，中央电大等大专院校为提高边远地区的教学质量，普及专业文化。一般的解决办法是通过卫星发射和接收信号，只要能接收到卫星频道信号的地方，就可以接受优秀教师的远程教学。

远程医疗是利用多媒体网络技术进行远程数据检查与图表分析、远程诊断与会诊、远程治疗与健康咨询等。远程医疗可以共享医疗资源，不论相隔多远都如同面对面一般。

利用电视会议双向或双工音频及视频，可以实现与病人的面对面交谈，进行远程咨询和检查，从而进行远程会诊，在远程专家的指导下进行复杂的手术，并为医院与医院之间，甚至国与国之间的医疗系统建立信息通道，实现信息共享。

远程工作的内容还包括视频会议、远程查询、文件的接收与发布、协议或合同的签订以及分布式多媒体计算机系统支持的远程协同工作等。

4. 多媒体家电

多媒体家电是计算机应用中一个很大的领域。过去人们常说计算机和电视机合一，即计算机电视和电视计算机。现在，在计算机上插上一块电路板就可以看电视了。数字电视也即将走入市场，它是将电视信号进行数字化采样，经过压缩后进行播放。

5. 商业和文化服务业

多媒体技术广泛应用于商业活动中，有商业广告（包括影视广告、市场广告、企业广告等）、网上购物和电子商务等。利用多媒体技术制作的广告不同于平面广告，它使人们的视觉、听觉和感觉全都处于兴奋状态，其绚丽的色彩、变化多样的形态和特殊创意的效果，不但使人们了解了广告的意图，而且得到了艺术的享受。

声、文、图并茂的逼真实体模拟出的游戏、动画更加逼真，特技、编辑技术更加高超，趣味性、娱乐性更强。在多媒体网络上，电影、电视、歌曲和广播的点播业务发展迅速，深受广大用户的欢迎。

6. 多媒体数据库

多媒体数据库支持文字、文本、图形、图像、视频、声音等多种媒体的集成管理和综合描述，支持同一媒体的多种表现形式，支持复杂媒体的表示和处理，能对多种媒体进行查询和检索。多媒体数据库有非常广阔的应用领域，能给人们带来极大的方便。

7. 虚拟现实

虚拟现实是用多媒体计算机及其他装置虚拟现实环境，其实质是人与计算机之间或人与人之间借助计算机进行交流，这种交流十分逼真。人的所有感觉都能在虚拟的环境中得到体现。虚拟现实技术被广泛用于科学研究、各种训练、多维电影和游戏等方面，用户不仅有身临其境的感觉，而且效果好、成本低。

8. 多媒体技术在其他方面的应用

多媒体技术在其他很多方面都得到了广泛应用。例如，军事方面的应用有军事指挥与通信、目标识别与定位、导航等；在设备运行、化学反应、天气预报等自然现象的诸多方面，采用多媒体技术可以模拟其发生过程，使人们更形象地了解事物变化发展的原则和规律；多媒体技术应用于旅游业，可以为顾客提供景点真实的介绍，或提供检索和咨询等服务信息，并通过国际互联网快速传送到世界各地。

6.2　多媒体计算机系统的组成

具有多媒体功能的计算机称为多媒体计算机，其中使用最广泛、最基本的是多媒体个人计算机（Multimedia Personal Computer，MPC）。多媒体计算机系统是指能对文字、声音、图形、图像、视频等多种媒体进行处理的计算机系统，即具有多媒体功能的计算机系统。

多媒体计算机系统由多媒体硬件系统和多媒体软件系统两大部分组成。多媒体硬件系统是多媒体技术的基础，为多媒体的采集、存储、传输、加工处理和显示提供了物理条件，使多媒体技术的实现成为可能。多媒体软件系统是多媒体技术的灵魂，它综合利用计算机处理各种媒体的新技术，如数据采集、数据压缩、声音的合成与识别、图像的加工与处理、动画制作等，能灵活地调度、使用多媒体数据，使多媒体硬件和软件能协调工作。

多媒体计算机系统应具有以下 3 个基本特性：

1）高度的集成性，即能高度地综合集成各种媒体信息，使得各种多媒体设备能够相互协调地工作。

2）良好的交互性，即用户能够根据自己的意愿很方便地调度各种媒体数据和指挥各种媒体设备。

3）具有完善的多媒体操作系统、相关功能强大的多媒体工作平台和创作工具。

6.2.1　多媒体计算机的硬件系统

1. 概述

多媒体计算机硬件系统主要包括以下几个部分：

1）多媒体主机，如 PC、工作站、超级微机等。

2）多媒体输入设备，如摄像机、电视机、麦克风、录像机、视盘、扫描仪、CD-ROM 等。

3）多媒体输出设备，如打印机、绘图仪、音响、电视机、扬声器、录音机、录像机、高分辨率屏幕等。

4）多媒体存储设备，如硬盘、光盘、声像磁带等。

5）多媒体功能卡，如视频卡、声音卡、压缩卡、家电控制卡、通信卡等。

6）操纵控制设备，如鼠标、操纵杆、键盘、触摸屏等。

多媒体计算机系统硬件设备如图 6-1 所示。

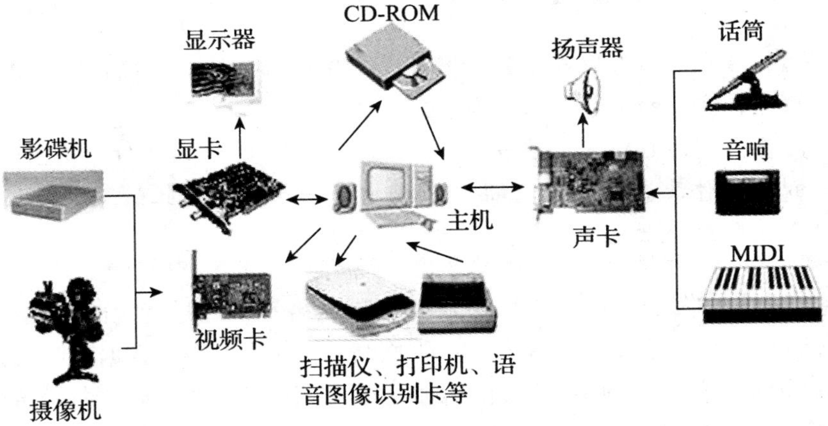

图 6-1　多媒体计算机系统硬件设备

2. 常用的输入/输出设备

（1）输入设备　键盘、鼠标、手写板、磁卡设备、IC 卡设备、条码设备、扫描仪、数字化仪、触摸屏、视频卡。

（2）输出设备　CRT 显示器、液晶显示器（LCD）、等离子显示器（PDP）、显示卡、绘图仪、打印机。

（3）通信设备　调制解调器、网卡、传真/通信卡。

3. 存储设备

对多媒体终端来说，存储设备的发展趋势是更大容量和更高速。

硬盘生产商通过一种称为反铁磁耦合介质（AFC）的硬盘涂层，使每个硬盘盘片上能够存放更多的数据。这种硬盘涂层中使用了被 IBM 称为"仙尘"的钌元素。现在，大多数硬盘的存储密度为每平方英寸 20GB，AFC 硬盘的存储密度最终能达到这一数字的 5 倍。这就意味着，一块 400GB 的硬盘与普通 80GB 的硬盘体积大致相当。

4. 存储技术

目前，存储应用的体系结构主要有 NAS、SAN、和 DAS3 种模式。

（1）网络附加存储（NAS）　NAS 是 Network Attached Storage 的简称，中文为网络附加存储。在 NAS 存储结构中，存储系统不再通过 I/O 总线附属于某个特定的服务器或客户机，而是直接通过网络接口与网络直接相连，由用户通过网络来访问。

NAS 实际上是一个带有瘦服务器的存储设备，其作用类似于一个专用的文件服务器，但是把显示器、键盘、鼠标等设备通通省去。NAS 用于存储服务，可以大大降低存储设备的成本。另外，NAS 中的存储信息都是采用 RAID 方式进行管理的，从而有效地保护了数据。在访问资源方面也非常方便，用户访问 NAS 同访问一台普通计算机的硬盘资源一样简单，甚至可以设置 NAS 设备为一台 FTP 服务器，这样其他用户就可以通过 FTP 访问 NAS 中的资源了。在管理方面也可以通过网页浏览的方式进行管理。

提示

瘦服务器是指在普通服务器的基础上减少了显示器、键盘、鼠标等设备后所形成的服务器、它不是完整的服务器但仍然可以正常工作。

目前，很多厂商的 NAS 产品在接口方面增加了 PS2 口和 USB 口，甚至还有显示器接口，可以说在硬件配置上 NAS 产品越来越接近一台真真正正的服务器了，而且在 NAS 的使用和故障排除上也变得更加简单了。

（2）存储区域网络（SAN）　SAN（存储区域网络）即通过特定的互联方式连接的、由若干台存储服务器组成的、一个单独的数据网络，提供企业级的数据存储服务。

SAN 是一种特殊的高速网络，连接网络服务器和诸如大磁盘阵列或备份磁带库的存储设备，SAN 置于 LAN 之下，而不涉及 LAN。利用 SAN，不仅可以提供大容量的存储数据，而且地域上可以分散，缓解了大量数据传输对于局域网的影响。SAN 的结构允许任何服务器连接到任何存储阵列，不管数据放置在哪里，服务器都可直接存取所需的数据。

（3）直连式存储（DAS）　DAS（直连式存储）是一种直接与主机系统相连接的存储设备，如作为服务器的计算机内部硬件驱动。到目前为止，DAS 仍是计算机系统中最常用的数据存储方法。

5. USB 设备

USB（Universal Serial Bus）即通用串行总线，是由 Compaq、DEC、IBM、Intel、Microsoft、NEC 和 Northern Telecom 等公司为简化 PC 与外部设备之间的互联而共同研究开发的一种标准化连接器，它支持各种 PC 与外部设备之间的连接，还可实现数字多媒体的集成。

USB 接口的主要特点是即插即用、可热插拔并具有自动配置能力，用户只要简单地将外部设备连接到 USB 总线中，PC 就能自动识别和配置 USB 设备，而且带宽更大，增加外部设备时无须在 PC 内添加接口卡，多个 USB 集线器可相互传送数据，使 PC 可以用全新的方式控制外部设备。

（1）USB 的硬件结构　USB 采用四线电缆，其中两根是用来传送数据的串行通道，另两根则为下游设备提供电源。对于高速且需要高带宽的外部设备，USB 以全速 12Mbit/s 的传输速率来传输数据；对于低速外部设备，USB 则以 1.5Mbit/s 的传输速率来传输数据。USB 总线会根据外部设备情况在两种传输模式中自动地动态转换。

USB 系统采用级联星形拓扑，该拓扑由 3 个基本部分组成，即主机（Host）、集线器（Hub）和功能设备。

（2）USB 的软件结构

1）USB 总线接口。

2）USB 系统：

①主控制器驱动程序（HCD）。

②USB 设备类驱动程序（USBD）。

③USB 设备驱动程序。

USB 系统促进客户和功能间的数据传输，并作为 USB 设备的规范接口的一个控制点。USB 系统提供缓冲区管理能力并允许数据传输同步于客户和功能的需求。

3）USB 客户软件。

（3）USB 的数据流传输

1）主控制器负责主机和 USB 设备间数据流的传输。

2）USB 支持 4 种基本的数据传输模式，即控制传输、等时传输、中断传输及数据块传输。

①控制传输：外部设备与主机之间各种控制、状态、配置等信息的传输。

②等时传输：周期性、时延和带宽有限、数据传输速率不变的外部设备与主机间的数据传输。

③中断传输：数据量小、无周期性、对响应时间敏感的外部设备与主机间的数据传输。

④数据块传输：数据量很大的外部设备与主机间的数据传输。

（4）USB 的应用

1）让计算机支持 USB→安装 USB 连接卡。

2）让 Windows 系统支持 USB→安装 USB 驱动程序。

3）让计算机连接更多的 USB 设备→安装 USB 集线器。

6. USB 规范及产品

（1）USB 规范

1）按数据传输速率，USB 可分为 12Mbit/s 和 1.5Mbit/s 两种规范。这两种规范除紧接外部设备和所用电缆不同外，其他均相同。

①结点个数：127 个。

②结点间距离：5m。

③连接器：4 针（信号：2 针，电源：2 针）。

④12Mbit/s 的连接对象：电话机、交换机、扬声器、扫描仪、打印机等。

⑤1.5Mbit/s 的连接对象：键盘、鼠标、调制解调器、操纵杆、指示笔等。

2）USB 2.0 规范，其速度可达 480Mbit/s，结点间距离可达近百米。

（2）USB 产品　满足 USB 要求的外部设备有调制解调器、键盘、鼠标、光驱、操纵杆、软驱、扫描仪、音箱等。

USB 产品中应用最广泛的当属 U 盘。U 盘即 USB 盘的简称，是闪存的一种，因此也叫闪存盘，是移动存储设备之一。U 盘最大的特点是小巧、便于携带、存储容量大、价格便宜。一般的 U 盘容量有 64MB、128MB、256MB、512MB、1GB、2GB、4GB 等。

闪存盘是一种移动存储设备，可用于存储任何格式的数据文件且便于随身携带。和其他存储设备一样，增大存储密度、缩小体积占用、提高读写速度是闪存技术进化的指导方向，而数码行业的激烈竞争和高速更新要求闪存业也进行同步的变革。

闪存一般分为 NOR 型与 NAND 型两种，两者的区别很大。NOR 型更像内存，有独立的地址线和数据线，所以读写速度很快，数据储存安全可靠，嵌入式系统、应用软件可以在上面直接运行，但它的存储容量相对较小，主要应用于手机、掌上计算机、无线通信、网络通信、数字机顶盒以及其他数字家电产品中。NAND 型闪存的特点是存储容量比较大，但速度较慢、容易出错，因此难以满足装载关键软件的要求，只能用于各类数据的常规存储。数字照相机、MP3 播放器使用的闪存卡和作为移动存储设备的 U 盘所使用的都是 NAND 型闪存。

提升工艺的代价高得惊人，从 0.13μm 到 0.11μm、到 90nm、再到 60nm，每一步工艺转换都需要花费数十亿美元的巨额资金，即便是实力雄厚的半导体业巨头也难以承受，因此制造出的高容量显存价格也是居高不下。

6.2.2　多媒体计算机的软件系统

多媒体计算机的应用除了要具有一定的硬件设备外，更重要的是软件系统的开发和应用。著名的 Microsoft、IBM、Apple 等公司相继推出了在基本功能上旗鼓相当的多媒体软件平台，而其特点又都是在已有的操作系统上追加实现多媒体功能的扩充模块而形成的，这就为用户提供了较为方便和实用的使用环境。

多媒体计算机软件系统包括支持多媒体功能的操作系统、多媒体信息处理工具或软件和多媒体应用软件。

1. 支持多媒体功能的操作系统

目前，市场上常见的 Windows XP、Windows 7 等操作系统，在传统的操作系统基础上，增加了同时处理多种媒体的功能，具有多任务的特点，并能控制和管理与多种媒体有关的输入、输出设备。

2. 多媒体信息处理工具或软件

多媒体信息处理就是把通过外部设备采集来的多媒体信息，包括文字、图像、声音、动画、影视等，用软件进行加工、编辑、合成、存储，最终形成一个多媒体产品。在这一过程中，会涉及各种媒体加工工具和集成工具。

（1）文字处理软件　文字是使用频率最高的一种媒体形式，对文字的处理包括输入、文本格式化、文稿排版、在文稿中插入图片等。常用的文字处理软件有 Windows 系统中的记事本和写字板软件、Word、WPS 等。

（2）图形图像处理软件　图形图像的处理包括改变图形图像大小，图形图像的合成和编辑，添加如马赛克、模糊、玻璃化、水印等特殊效果，图形图像的输出和打印等。常用的图形图像处理软件有 Photoshop、PhotoDraw、CorelDraw、Freehand 等。

（3）声音处理软件　声音的处理包括录音、剪辑、去杂音、混音和声音合成等。常用的声音处理软件有 Ulead Audio Edit、Creative 的录音大师、Cake Walk 等。

（4）动画处理软件　处理动画的软件主要有 3DS、3ds Max、Flash 等。利用这些软件制作动画，可以产生逼真的效果。

（5）视频处理软件　视频的处理主要指利用影像、动画、文字和图片等素材进行编辑处理，或利用与其他外部设备（如摄像机、录像机等）的连接，完成影视等节目的编辑、制作等工作。

（6）多媒体集成工具　除了单个媒体的加工处理软件外，在开发一个多媒体软件产品时，必须有一个多媒体集成软件，把各种单媒体有机地集成为一个统一的整体。目前，应用比较广泛的多媒体集成软件有图标式多媒体制作软件 Authorware，基于时间顺序的多媒体制作软件 Director，用于网页制作的 FrontPage、Dreamweaver 等。

3. 多媒体应用软件

多媒体应用软件是利用多媒体加工和集成工具制作的、运行于多媒体计算机上的具有某种具体功能的软件，如教学软件、游戏软件、电子工具书等。这些软件的一般特色具体如下。

（1）多种媒体的集成　多媒体应用软件中往往集成了文字、声音、图像、视频和动画等多种媒体信息，在使用这些软件时，可同时从两种以上的感官得到信息。

（2）超媒体结构　多媒体最早起源于超文本。超文本是一种非线性结构，以节点为单位组织信息，在节点与节点之间通过表示它们之间的关系链加以连接，构成特定内容的信息网络，用户可以有选择地查阅自己感兴趣的内容。这种组织信息的方式与人类的联想记忆方式有着相似之处，因此可以更有效地表达和处理信息。这种表达方式用于文本、图像、声音等形式时，就称为超媒体。

（3）交互操作　多媒体应用软件强调人的主动参与。通过超媒体结构，应用软件中的不同媒体能够有机地结合，用户可以按照自己的方式、方法对多媒体信息进行操作。

6.3 多媒体信息处理技术基础

多媒体计算机具有信息集成、交互等功能。多媒体技术在对各种媒体信息进行处理时一般采取转换、集成、管理、控制和传输等方式。这里，转换可以分为两个阶段：信息采集和信息回放。信息采集是将不同的媒体信息转换成计算机能够识别的数字信号；信息回放则是把计算机处理后的数字信息还原成人们所能接受的各种媒体信息。集成是把不同类的媒体信息进行组合。管理和控制是在应用媒体信息的过程中对各种媒体进行编辑、剪辑和重组等处理或操作。传输则是将处理后的媒体信息以各种方式传递给用户。

6.3.1 音频信息处理技术

声音是携带信息的重要媒体，是多媒体技术研究中的一个重要内容。声音的种类很多，如人的语音、乐器的声音、机器产生的声音、动物发出的声音以及自然界的风声、雨声等。用计算机处理这些声音时，既要考虑它们的共性，又要利用它们各自的特性。

1. 声音的振幅和频率

声音是由于物体震动而产生，并通过空气传播的一种连续的波，称为声波。最简单的声波是正弦波。

在正弦波中，波峰和波谷的排列非常整齐，波峰之间的距离也是相同的，所以，正弦波表示了一个纯正声波的图像。但自然界中的声波往往是许多不同声音的叠加。

用声波表示声音时，可以看到波峰越高，声音越响，波峰之间的距离越小，音调就越高。声音的响亮程度用振幅表示，波峰之间的距离称为周期，如图6-2所示。

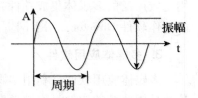

图6-2　声波的周期和振幅

周期的倒数称为频率，频率的单位为Hz（赫兹），$1\text{Hz}=1\text{s}^{-1}$。频率范围为 20Hz～20kHz 的信号称为音频信号。多媒体技术中处理的信号主要是音频信号，包括音乐、语音、风雨声、鸟叫声、机器声等。

2. 声音的采样和量化

在计算机内，所有的信息均以数字0或1表示，声音信号也用一组数字表示，称为数字音频。数字音频与模拟音频的区别在于：模拟音频在时间上是连续的，而数字音频是一个数据序列，在时间上是断续的。用数字量而不用模拟量进行信号处理的主要优点如下：

　　1）数字信号计算是一种精确的运算方法，它不受时间和环境变化的影响。

　　2）表示部件功能的数字运算不是物理的功能部件，而是使用数字运算模拟，其中的数字运算也相对容易实现。

　　3）可以对数字运算数据进行程序控制，如可以改变算法或改变某些功能，还可以对数字部分进行再编程。

　　从声音波形的连续变化特性来看，声音是一种模拟量。利用计算机录音时，要将这些模拟量转换成能够在计算机中进行存储和处理的二进制数字量，这是通过对模拟声波的采样和量化得到的。

　　声音的采样是按一定的时间间隔采集该时间点的声波幅度值，采样得到的表示声音强弱的数据以二进制形式表示和存储（称为量化），当需要播放时再将这些二进制数据还原成模拟波形。采样的时间间隔称为采样周期，单位时间内的采样数称为采样频率，其单位也是 Hz。对模拟音频信号进行采样量化后，即得到数字音频。数字音频的质量取决于采样频率、量化位数和声道数 3 个因素。

3. 数字音频的存储与编码

　　数字音频文件的存储量以字节为单位，模拟声波被数字化后，音频文件的存储量（未压缩）可表示为：

$$存储量 = 采样频率 \times 量化位数 \times 声道数 \times 时间 / 8$$

　　例如，用 44.1kHz 的采样频率进行采样，量化位数选用 16 位，则录制 1s 的立体声音，其波形文件所需的存储量为：$44100 \times 16 \times 2 \times 1/8B = 176400B$。

　　一般情况下，声音的制作通过传声器或录音机来完成。例如，由声卡上的 WAVE 合成器（模数转换器）对模拟音频采样后，量化编码为一定字长的二进制序列，并在计算机内传输和存储。在数字音频回放时，再由数/模转换器解码将二进制编码恢复成原始的声音信号，最后通过音响设备输出。

　　数字波形文件的数据量很大，所以数字音频的编码必须采用高效的数据压缩编码技术。

4. 声音合成技术

　　计算机中的声音有两种产生途径：一种是通过数字化录制直接获取；另一种是利用声音和技术实现，后者是计算机音乐的基础。

　　声音合成技师使用微处理器和数字信号处理器代替发声部件，模拟出声音波形数据，然后将这些数据通过数/模转换器转换成音频信号并发送到放大器，合成声音或音乐。乐器生产商利用这一原理生产了各种各样的电子乐器。

6.3.2　视觉信息处理技术

　　多媒体创作最常用的视觉信息分为静态图像和动态图像两大类。静态图像根据其在计算机中生成的原理不同，又分为位图图像和矢量图形两种。动态图像又分为视频和动画，视频和动画之间的界限并不明显，习惯上将通过摄像机拍摄得到的动态图像称为视频，而利用计算机或绘画的方法生成的动态图像称为动画。

1. 静态图形图像的数字化和存储

在计算机科学中，图形（Graphic）和图像（Image）是两个不同的概念。图形一般指用计算机绘制的画面，如直线、圆、圆弧、矩形、任意曲线和图表等。图像则是指由输入设备捕捉的实际场景画面，或以数字化形式存储的任意画面。

图像经摄像机或扫描仪输入到计算机后，转换成了由一系列排列成行列的点组成的数字信息。计算机中的数字图像又可分为矢量图和位图两种表示形式。

（1）矢量图及表示　矢量图用一组指令集合来描述图形的内容，这些指令用来构成该图形的所有直线、圆、圆弧、曲线等图元的位置、维数和形状等。矢量图与分辨率无关，放大或缩小矢量图的尺寸不会使图像变形或变模糊。所以在缩放时，矢量图不会因为放大而产生马赛克现象。

（2）位图及表示　位图图像由数字阵列信息组成，阵列中的各项数字用来描述构成图像的各个点的强度和颜色等信息。位图适用于表示含有大量细节（如明暗变化、多种颜色等）的画面，并可直接、快速地显示在屏幕上。位图的质量主要由图像的分辨率和色彩模式决定。

1）分辨率。分辨率有屏幕分辨率和图像分辨率之分。屏幕分辨率是指显示屏幕上水平与垂直方向的像素个数。屏幕分辨率与显示模式有关，如标准 VGA 图形卡的最高分辨率为 640×480，即水平有 640 个像素，垂直有 480 个像素。图像分辨率是指图像水平和垂直方向的像素个数。在屏幕分辨率一定的情况下，图像分辨率越高，显示的图像越大，图像占用的存储空间越多。由于位图是由许多像素组成的，因此放大后表示图像内容和颜色的像素数量没有增加，于是图片会出现马赛克现象。

2）色彩模式。在多媒体计算机系统中，图像的颜色是用若干位二进制数表示的，称为图像的颜色深度。计算机中有多种表示色彩的方式，其主要区别就是图像的颜色深度不同。常常根据颜色深度来划分图像的色彩模式，如黑白图像的颜色深度为 1，只能表示出两种色彩，即黑和白。常见的图像色彩模式如下：

①Black White，即黑白图，图像颜色深度为 1，可表示黑和白两种色彩。

②GrayScale，即灰度图，图像颜色深度为 8，以 256 个灰度级的形式表示图像的层次变化。

③RGB Color，即 8 色图，图像颜色深度为 3，利用三基色组合可产生 8 种颜色。

④Indexed 16 – Color，即索引 16 色图，图像颜色深度为 4，通过建立调色板，可以任选 16 种颜色供图像使用，而调色板中的颜色可以根据不同的图像进行改变。

⑤Indexed 256 – Color，即索引 256 色图，图像颜色深度为 8，与索引 16 色图的区别在于调色板的颜色数，Indexed 256 – Color 可任选 256 种颜色供图像使用。

⑥RGB True Color，即真彩色图，图像颜色深度为 24，可表示多达 16 772 216 种颜色，其像素的色彩数由 3 个字节组成，分别代表 R（红）、G（绿）和 B（蓝）三色值，由于这个颜色数接近人眼能识别的颜色数，因此通常把这种图像数据类型称为真彩色。

可见，图像颜色深度值越大，图像的色彩就越丰富，但同样大小的图像所占用的空间也就越大。

2．静态图像的处理

静态图像的处理操作主要包括图像颜色模式的变换，部分图像对象的选择，进行大小缩放、剪切、翻转、旋转、扭曲等变换，多幅图像的编辑、合成，添加如马赛克、模糊、水印等特殊效果，图像文件格式的转换和图像的打印输出等。常用的图形图像处理软件有 Photoshop、PhotoDraw、CorelDraw、Freehand、Illustrate 等。

3．动态图像的数字化和存储

动态图像包括视频和动画。在多媒体计算机系统中，通过视频卡把视频信息输入到计算机中。视频卡是所有用于视频信号输入输出的接口功能卡的总称。DV 卡和视频采集卡是目前常用于获取视频信息的设备。DV 卡通常就是 1394 卡，它可以将 DV 摄像机或录像带中记录的数字视频信号用数字方式直接输入到计算机中，是目前高质量且廉价的视频信号数字化设备。视频采集卡主要由视频信号采集模块、音频信号采集模块和总线接口模块组成。视频信号采集模块的主要任务是将模拟视频信号转换成数字视频信号并送到计算机中；音频信号采集模块完成对音频信息的采样和量化；总线接口模块用来实现对视频、音频信息采集的控制，并将采样量化后的数字信息存储到计算机中。

4．视频信息和动画的处理

视频信息的处理包括视频画面的剪辑、合成、叠加、转换和配音等。由于数字视频的编辑与模拟视频的编辑有许多共同的特点，因此也借用了大量的相关概念。常用的处理软件有 Ulead Video Editor、Adobe Premiere、Storm Edit 等。

动画效果主要是依赖于人的视觉暂留特征而实现的。当多幅具有一定差异的图片连续不断地依次显现在眼前时，人眼便感觉画面具有活动的效果。传统的动画是制作在透明胶片上的，先由艺术大师制作一系列画面中的部分关键帧，然后由一些助手制作关键帧之间的画面。将动画的每一个动作都先画在透明胶片上，以便能叠加到背景图上。最后将这些透明胶片分别放在背景图上进行拍照，形成最终的电影胶片。利用计算机可以建立动画中关键帧的画面，并由计算机产生中间过渡帧，从而方便地获得动画效果。现在，动画处理软件有很多种，较常用的是 3ds Max 和 Flash。

6.3.3　多媒体数据压缩技术

多媒体技术能实时、动态、高质量地处理声音和运动的图像，这些过程的实现需要处理的数据量相当大。数据压缩技术的成熟使得多媒体技术得以迅速地发展和普及。

1．多媒体数据压缩的必要性

多媒体数据压缩技术是计算机多媒体的关键技术。计算机多媒体系统需要具有综合处理声、文、图数据的能力，能面向三维图形、立体声、真彩色高保真全屏幕运动画面，能实时处理大量的数字化视频和音频信息。这些操作对计算机的处理、存储、传输能力都有较高的要求。

多媒体信息的特点之一就是数据量非常庞大。例如，1min 的声音信号，用 11.02kHz 的频率采样，每个采样数据用 8 位二进制位存储，则数据量约为 660KB；一帧 A4 幅面的图片，用 12px/mm 的分辨率进行采样，每个像素用 24 位二进制位存储彩色信号，数据量约为 25MB；一幅中等分辨率（640×480）的彩色图像的数据量约为 7.37MB/帧。

随着信息时代的到来，网络已走进人们的生活。通过网络，人们可以看到或听到几万公里以外的信息，包括录像、各种影片、动画、声音和文字。网络数据的传输速率远低于硬盘和 CD–ROM 的数据传输速率。所以要实现网络多媒体数据的传输，实现网络多媒体，数据不进行压缩是不可能实现的。

数据压缩是一种数据处理的方法，它的作用是将一个文件的数据容量减小，而又基本保持原来文件的内容。数据压缩的目的就是减少信息存储的空间，缩短信息传输的时间。当需要使用这些信息时，需要通过压缩的反过程——解压缩，将信息还原。研究结果表明，选用合适的数据压缩技术，有可能将原始文字量数据压缩 1/2 左右；图像数据量压缩到原来的 1/2 ~ 1/60。

2. 数据压缩的种类

（1）无损压缩　无损压缩是利用数据统计特性进行的压缩处理，压缩效率不高。无损压缩是一种可逆压缩，即经过压缩后可以将原来文件中包含的信息完全保存。例如，常用的压缩软件 WinZip 和 WinRAR 就是基于无损压缩原理设计的，因此可以用来压缩任何类型的文件。

显然，无损压缩是最理想的，因为不丢失任何信息，然而它只能得到适中的压缩比。

（2）有损压缩　经过压缩后不能将原来的文件信息完全保留的压缩称为有损压缩，它是不可逆压缩方式。有损压缩以损失原文件中某些信息为代价来换取较高的压缩比，其损失的信息多数是对视觉和听觉感知不重要的信息，基本不影响信息的表达。例如，电视和收音机所接受到的电视信号和广播信号与从发射台发出时相比，实际上都不同程度地发生了损失，但都不影响收看、收听和使用。

3. 数据压缩的主要指标

数据压缩的主要指标包括压缩比、压缩和解压缩的时间、解压缩后信息恢复的质量 3 个方面。

（1）压缩比　压缩比即压缩前后的数据量之比，如果文件的大小为 1MB，经过压缩处理后变成 0.5MB，那么压缩比为 2:1。高的压缩比是数据压缩的根本目的，无论从哪个角度看，在同样压缩效果的前提下，数据压缩得越小越好。

（2）压缩和解压缩的时间　数据的压缩和解压缩是通过一系列的数学运算实现的，其计算方法的好坏直接关系到压缩和解压缩所需的时间。但是，压缩速度和解压缩速度是衡量压缩系统性能的两个独立指标。其中，解压缩的速度比压缩速度更重要，因为压缩只有一次，是生产多媒体产品时进行的。而解压缩则要面对用户，有更多的使用者。

（3）解压缩后信息恢复的质量

1）对于文本等文件，特别是程序文件，是不允许在压缩和解压缩过程中丢失信息的，因此需要采用无损压缩，不存在压缩后恢复质量的问题。

2）对于音频和视频，经过数据压缩后允许部分信息的丢失。在这种情况下，信息经解压缩后不可能完全恢复，压缩和解压缩质量就不能不考虑。因此，是否具有良好的恢复质量是数据压缩的另一个重要指标。良好的恢复质量和较高的压缩比是相互矛盾的。高的压缩比是以牺牲好的恢复质量为代价的。无损压缩的压缩比通常较小，是因为一般用于无损压缩的文件数据量较小。对于图像和声音文件，特别是活动图像和视频影像，数据量特别大，希望压缩比也尽量大。

6.3.4　多媒体信息的压缩方法和标准

多媒体信息的压缩主要是指对音频、静态和动态图像等多媒体信息的压缩。

1. 音频信息的压缩和 MPEG 标准

音频信号能够被压缩和编码的依据有两个，一是声音信号存在数据冗余；二是利用人的听觉特性来降低编码率。人的听觉具有一个强音能抑制一个同时存在的弱音的现象，这样就可以抑制与信号同时存在的量化噪声。音频信号的压缩编码方式可分为波形编码、参数编码和混合编码等几种。

（1）波形编码　波形编码是基于音频数据的统计特性进行编码，其目标是重建语音波形，保持原波形的形状。它的算法简单，易于实现，可获得高质量的语音。常见的 3 种波形编码方法为脉冲编码调制、差分脉冲编码调制及自适应差分编码调制。

（2）参数编码　通过建立声音信号的产生模型，将声音信号用模型参数来表示，再对参数进行编码，在声音播放时根据参数重建声音信号。参数编码法算法复杂，计算量大，压缩比高。

（3）混合编码　混合编码是把波形编码的高质量和参数编码的低数据率结合在一起，可以取得较好的效果。音频信号的压缩方法分为有损压缩和无损压缩。常见的无损压缩有 Huffman 编码和行程编码；常见的有损压缩方法是波形编码中的脉冲编码调制方法，Windows 系统中的 Wave 文件便使用该方法。

MPEG 音频标准是由 3 种音频编码和压缩组成，称为 MPEG 音频层－1（MPEG Layer1）、MPEG 音频层－2（MPEG Layer 2）和 MPEG 音频层－3（MPEG Layer 3）。随着层数的增加，压缩算法的复杂性也增大。MPEG 音频标准达到的压缩比分别为：

MPEG Layer 1:4:1

MPEG Layer 2:6:1～8:1

MPEG Layer 3:10:1～12:1

MP3 是 MPEG Layer 3 的缩写，是一种具有最高压缩比的波形音频文件的压缩标准，利用该技术可以使压缩比达到 12:1，同时还可保持较高质量的音响效果。例如，一首容量为 30MB 的 CD 音乐，压缩成 MP3 格式后为 2MB 多。平均起来，1min 的歌曲可以转换为

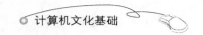

1MB 的 MP3 音乐文档，一张 650MB 的 CD 可以录制 600min 的 MP3 音乐。

MP3 采用的是有损压缩技术，但由于它利用人耳听觉系统的主观特性，压缩比的取得来自去掉人耳感觉不到的信息细节，也就是说，对正常的人耳而言感觉不到失真。经 MP3 压缩的音频必须经过解压还原才能播放，因此 MP3 的音质取决于还原技术、音响系统以及听者的主观感受。由于 MP3 的高性能，使得资源宝贵的互联网也用其进行音频文件的传输，大大丰富了网络音乐、视频会议等网上新兴多媒体应用。MP3 音乐光盘以及支持 MP3 的专用播放机和 VCD 产品也相继在市场上推出。

2. 静态图像的压缩和 JPEG 标准

图像在计算机中是以数据的形式表现的，这些数据具有相关性，因此可以使用大幅压缩的方法进行压缩，其压缩的效率取决于图像数据的相关性。

（1）图像压缩的概念　图像数据的相关性首先表现在相邻平面区域的像素点有相近的亮度和颜色值。假如一幅照片是蓝天、白云、海滩和站立的人，那么照片上天空部分是蓝色和白色，海滩部分大多是黄色的，当然这里会有很多细微的亮度色调的变化，但总的来说具有比较高的相关性。照片中人的部分相对来说可能复杂一点，但也是具有相关性的。例如，人脸和人的衣服总是表现为比较相近的色调，正是这些相关性使图像的压缩有了可能。

（2）静态图像的 JPEG 国际标准　多媒体技术中，数据压缩的方法很多，不同的压缩方法需要用相应的解压缩软件才能正确还原。

3. 动态图像的压缩及 MPEG 标准

全屏幕活动视频图像是多媒体技术最终要达到的目标之一。实现这一目标的关键是对动态图像进行有效的压缩，因此制定统一的视频压缩技术标准变得十分重要。标准化可以使各生产厂家的产品相互兼容，这样使超大规模集成电路的批量生产才有了可能。

6.4　多媒体文件格式

在计算机中存储的音频、视频等多媒体信息是以不同的文件格式存储的。在对某种多媒体信息进行处理时需要对存储该信息的文件格式的特点有所了解，以便更好地应用针对性强的软件对其进行处理。

6.4.1　音频文件格式

计算机中存储声音数字化信息的文件格式主要有 WAV、MP3、VOC 文件；存储合成音乐信息的文件格式主要有 MIDI、MOD、RMI 文件。

1. WAV 文件格式

WAV 文件是一种波形文件，是 Microsoft 公司和 IBM 公司共同开发的音频文件格式，它来源于对声音模拟波形的采样。用不同的采样频率对声音的模拟波形进行采样，可以得到一系列离散的采样点，以不同的量化位数把这些采样点的值转换成二进制数，然后存储在磁盘上，就产生了 WAV 文件。WAV 文件的扩展名是 ".wav"。

WAV 文件主要用于自然声音的保存与重放，其特点是声音层次丰富、表现力强、声音还原性好。当使用足够高的采样频率时，其音质非常好，但是这种格式的文件的数据量比较大。

2. MIDI 文件格式

MIDI 是乐器数字接口的英文缩写方式，它规定了计算机音乐程序、电子合成器和其他电子设备之间交换信息与控制信号的方法。

MIDI 文件的生成不对音乐进行采样，而是将 MIDI 设备发出的每个音符记录成一个数字，通过各种音调的混合及合成器发音来输出。MIDI 文件的扩展名是 ".mid"，这种文件多用于计算机声音的重放与处理。

3. RMI 文件格式

RMI 文件是 Microsoft 公司的 MIDI 文件格式。

4. MP3 文件格式

MP3 压缩音频文件是将 WAV 文件以 MPEG-3 标准进行压缩而得到的。压缩后的数据存储量只有原来的 1/10 ~ 1/12，而音质不变。这一技术使得一张碟片就可以容纳十几个小时的音乐节目，相当于原来的十几张 CD 唱片。

MP3 格式的音频文件在保持音质近乎完美的情况下，文件的数据量非常小，并且播放的设备也比较多。

5. MOD 文件格式

MOD 文件格式也是一种比较受欢迎的 MIDI 文件格式。为确保一个 MIDI 文件在所有系统中听起来一致，MOD 文件在其内部自带了一个波形表，因此，该种文件通常比 MIDI 文件大。

6.4.2 数字图像的文件格式

为了适应不同应用的需要，在数字图像的编辑过程中，图像可能会以不同的文件格式进行存储。例如，Windows 系统中画图工具所制作的图像多以 BMP 格式存储；从网上下载的图像多为 GIF 格式和 JPG 格式。不同的图像文件格式具有不同的存储特征，对其的处理也有不同的方法。具体的图像处理软件往往可以识别和使用这些图像文件，并可以在这些图像文件格式之间进行转换。

1. PCX 文件格式

PCX 是微机上使用最广泛的图像文件格式之一，绝大多数的图像编辑软件都支持这种格式，由各种扫描仪扫描得到的图像几乎都能存储为 PCX 文件格式。PCX 文件格式使用

游程长度编码（RLE）方法，可将一连串重复的图像数据进行缩减，只存储一个重复的次数和被重复的数据，可节省 30% 左右的空间。PCX 文件格式适合一般软件使用，压缩和解压缩的速度都比较快。PCX 文件格式支持黑白图像、灰度图像、16 位色图像、256 位色图像和真彩色图像。

2. BMP 文件格式

BMP 是 Bit Mapped 的缩写，是 Microsoft 公司为 Windows 系统自行推出的一种图像文件格式。在 Windows 环境中，画面的滚动、窗口的打开或恢复，均是在绘图模式下运行，因此选择的图像文件格式必须能应付高速度的操作要求，不能有太多的计算过程。为了真实地将屏幕内容存储在文件内，避免解压缩时浪费时间，就有了 BMP 文件格式的诞生。

多数的图形图像软件，特别是在 Windows 环境下运行的软件，都支持这种文件格式。BMP 文件有压缩和非压缩之分，一般作为图像的 BMP 文件都是不压缩的。BMP 文件格式支持黑白图像、16 位色图像、256 位色图像和真彩色图像。

3. GIF 文件格式

GIF 是 Graphics Interchange Format 的缩写，全称是图形交换格式，是一种可缩放的压缩格式，最初是 CampuServe 机构为了允许用户联机交换图片而开发的。由于 GIF 文件支持动画和透明，所以被广泛应用在网页中，现在已经成为 Web 上大多数图像的标准格式。由于 GIF 文件格式最多只能显示 256 种颜色，因此一般用于主要包含纯色的图像，如插图、图标、按钮、草图等，不太适用于照片一类的图像。

4. TIF 文件格式

TIFF 是 Tagged Image File Format 的缩写，简称 TIF，是由 Aldus 和 Microsoft 公司合作开发的，最初用于扫描仪和桌面出版业，是工业标准格式，支持所有图像类型。TIF 是一种包容性十分强大的图像文件格式，可以包含多种不同类型的图像，甚至可以在一个图像文件内放置一个以上的图像，所以这种格式是许多图像应用软件（如 CoreDraw、PageMaker、Photoshop 等）支持的主要文件格式之一。

5. JPG 文件格式

JPEG 文件格式简称 JPG 文件格式，是一种可缩放的静态图像文件的存储格式。JPG 文件格式是将每个图像分割为许多 8×8 像素大小的方块，再对每个小方块进行压缩，经过复杂的压缩过程所产生出来的图像文件可以达到 30:1 的压缩比，虽然付出的代价是某些程度的失真，属于有损压缩，但这种失真是人类肉眼无法察觉到的。JPG 文件格式图像是目前所有格式中压缩率最高的一种，被广泛应用于网络图像的传输。

JPG 文件格式可以支持真彩色图像，通常用于存储自然风景照、人和动物的各种彩色照片以及大型图像等。

6. PSD 文件格式

PSD 文件格式是 Photoshop 软件生成的格式，包括层、通道、路径以及图像的颜色模式等信息，同时支持所有这些信息的也只有 PSD 文件格式。

当图像以 PSD 文件格式进行保存时，系统会自动对文件进行压缩，使文件的长度较小。但由于 PSD 格式的文件保存了较多的层和通道信息，因此通常还是显得比其他格式的文件大些。

7. WMF 文件格式

WMF（Windows Metafile Format）文件格式是 Windows 系统中很多程序所支持的图形格式，如 Microsoft Office 的剪辑库中有许多 WMF 格式的图像，但 Windows 系统以外的程序对这种格式的支持比较有限。WMF 是一种矢量图形格式，但它既可以联结矢量图，也可以联结位图。

6.4.3　数字视频的文件格式

1. AVI 文件格式

AVI 文件格式是目前比较流行的视频文件格式，称为音频－视频交错（Audio-Vidio Inter-leaved）。它采用 Intel 公司的 Indeo 视频有损压缩技术将视频信息和音频信息混合交错地存储在同一文件中，从而解决了视频和音频同步的问题。

AVI 实际上包括两个功能：一个是视频捕获功能，另一个是视频编辑、播放功能，但是目前的许多软件中只包含播放功能。AVI 文件格式是许多视频处理软件都支持的文件格式。

2. MOV 文件格式

MOV 文件格式是 Apple 公司的 Quick Time 视频处理软件所选用的视频文件格式。与 AVI 文件格式相同，MOV 文件也采用 Intel 公司的 Indeo 视频有损压缩技术，以及视频信息与音频信息混排技术。MOV 文件的质量比 AVI 文件好。

3. MPG 文件格式

MPG 文件格式通常用于视频的压缩，其压缩的速度非常快，而解压缩的速度几乎可以达到实时的效果。目前，市面上的产品大多将 MPEG 的压缩/解压缩操作做成硬件式配卡的形式。MPEG 文件的压缩比在 50:1 ~ 200:1 之间。

4. DAT 文件格式

DAT 是 Video CD 或 Karaoke CD 数据文件的扩展名，也是基于 MPEG 压缩方法的一种文件格式。当计算机中安装了如"超级解霸"之类的 VCD 播放软件时，便可播放这种格式的文件。

5. SWF 文件格式

SWF（Shock Wave Flash）文件格式是利用 Macromedia 公司的动画制作软件 Flash 制作的动画的输出格式。由于在安装了相应的免费插件后，在 IE 浏览器中便可播放这种格式的动画，而且这种格式的动画文件所占用的存储空间比较小，还带有一定的交互性，所以，近年来在互联网上越来越受欢迎。

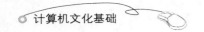

6. DIR 文件格式

DIR 是 Macromedia 公司使用的 Director 多媒体制作工具产生的视频文件格式。

6.5　多媒体信息处理与制作工具

由于多媒体集成了声音、图像、图形、动画等特征，并且具有强大的可交互性，使得个人计算机发挥了空前的潜力，因此越来越多的人希望能够自己制作多媒体产品。为了适应这种需求，许多软件开发商相继推出了各种各样的多媒体信息处理和制作工具。

6.5.1　多媒体信息处理与制作工具的功能与特性

多媒体信息处理和制作工具的功能是把多媒体信息集成为一个结构完整的多媒体应用程序。随着信息技术的发展，多媒体制作工具越来越大众化，用户只需将欲处理的内容分别按文本、声音、图像、动画等不同类型的格式进行存储，然后再用制作工具中的按钮、菜单等交互方式将其进行系统整合，便可以完成产品的制作。一般来说，多媒体制作工具应具备以下几个功能和特性。

1. 编程环境

多媒体制作工具除了要具备一般编程工具所具有的功能外，还应具有将不同媒体信息编入程序、时间控制、调试以及动态文件输入、输出的能力。

2. 强大的超文本功能

随着网络技术的发展，超文本技术的应用越来越广泛，它是基于网络节点和连接数据库实现信息的非线性组织，从而使用户能够快速、灵活地检索和查询信息，其中数据节点可以包含文本、图像、音频、视频以及其他媒体信息。在一般情况下，制作工具都提供超链接的功能，即实现从一个静态对象跳转到另一个相关的操作对象进行编程的能力。

3. 动画的制作与演播

多媒体制作工具最基本的要求是通过程序控制对象的移动，从而制作出简单的动画，并且能够改变操作对象的方向和速度以及控制对象显现的清晰程度等。制作多媒体的最终目的是播放，因此，制作软件还应兼容外部制作的动画，并且能够将各个素材进行系统地有机整合，从而进行同步的信息播放。

4. 友好的交互界面

多媒体制作工具应该具有可视程度高、界面友好、易学易用的特征，使用户操作简

便、便于编辑修改，使其在掌握了基本操作技能后，可以独立进行多媒体软件的设计与
开发。

5. 支持多种媒体数据的输入与输出

用户在多媒体应用软件的制作过程中，往往需要引入各种媒体数据，因此就要求多媒
体编辑软件要具有多种媒体数据输入与输出的能力。例如，输入音频数据时，可以从磁
盘、CD 或数据库中直接引入数据，并且还要支持多种格式的声音素材（如 WAV 文件、
MIDI 文件等）。

6. 良好的扩充性

多媒体硬件的发展非常迅速，因此多媒体制作工具应该具有较强的兼容性和扩充性，
并且能够提供一个开放的系统，以便用户进行二次开发和扩充。

6.5.2　多媒体信息处理与制作工具的分类

多媒体信息处理与制作工具的数量繁多，要从众多软件中选择自己需要的软件并非易
事。如果能够了解这些软件的分类方法，了解每个类别的特点和其中的几种常用软件，即
可根据自己的兴趣或工作、学习的需要，有目的地选择。

多媒体信息处理与制作工具分类的方法很多，主要有以下几种。

1. 根据软件来源分类

根据软件来源分类，多媒体信息处理与制作工具可分为与系统软件或外部设备捆绑销
售的各种软件以及单独购买的软件，如 Windows 系统自带的基本的多媒体工具（画图、
CD 播放器、录音机等），是最容易得到的多媒体处理工具。

除了系统自带的工具外，若希望有更强的多媒体处理能力，则需要单独购买相关的多
媒体工具软件。软件的价格根据其功能和用户对象的不同而不同，范围大致从几十元到上
千元不等。

2. 根据用户分类

根据用户分类，多媒体信息处理与制作工具可分为家用或商用及专业多媒体处理工具
两类。

家庭用户和一般商业用户一般不会整天使用这个工具，而且希望花费较少的学习时间
就能完成任务。因此，这类软件主要强调使用者的参与性。一般地，软件的操作界面简单
易学，并能引起使用者的兴趣，如 Adobe Photo Deluxe 软件。

专业软件是为从事某一行业的专业人员设计的。这类软件更多地强调软件功能的强
大，强调操作人员对最终效果的精确控制。通常专业软件具有功能强大、有多个独立控制
窗口、操作逻辑清晰等特点。例如，现在流行的平面图形图像处理软件 Photoshop 就属于
专业软件。

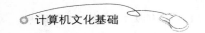

3. 按处理对象的艺术特征分类

按处理对象的艺术特征分类，多媒体信息处理与制作工具可分为图像处理类、矢量插图类、音频播放及处理类、视频播放及处理类、平面动画类、三维动画类和网页设计类等几种。

（1）图像处理类　图像处理软件的主要特点是以照片或其他光栅图像为基础进行拼贴、组合、调整色彩、质感等编辑，通常也带有一些笔工具，供用户绘图使用。这类软件主要用来调整图像，或对已有图像进行二次创作。这类软件是多媒体技术在计算机艺术领域中应用最多的。市场上常见的软件产品有 Adobe Photoshop、Macromedia Fireworks、Corel PhotoI House、Adobe Photo Deluxe、Microsoft PhotoDraw 等。

（2）矢量插图类　基于矢量图形技术的绘图软件有很多，如 AutoCAD 等工程制图软件，还有一类是图形艺术创作软件。矢量插图类用于设计和制作图形的软件较常用的有 FreeHand、Illustrator、CorelDraw 等。

（3）音频播放及处理类　音频处理类的软件可以分为音频制作软件和基于 MIDI 技术的作曲软件两大类。目前流行的典型音频制作工具有 CoolEdit、GoldWave、Windows 系统中的录音机等。典型的 MIDI 作曲程序有"音乐大师"以及既有 MIDI 编辑能力又有音频处理功能的 CakeWalk 等。此外，还有大量的可以播放 MIDI 程序的播放器软件，如 Windows Media Player 等。

（4）视频播放及处理类　常见的视频播放类软件有 Windows Media Player、Quick Time、超级解霸等。现在，绝大多数播放器软件都能播放多种格式的媒体文件。视频编辑类软件的功能是对视频节目进行剪辑、合成并进行后期配音，从而实现在计算机中对节目的编辑。较为常见的视频编辑软件有 Adobe Premiere、StormEdit、贝尔 FreeEdit - DV、Ulead Video Studio、MGI VideoWave 等。

（5）平面动画类　平面动画类软件目前最流行的是 Flash，此外还有 GIF Animator、Ani-matorPro 等。

（6）三维动画类　这里的三维是指在计算机中建立的一系列物体的三维空间数学模型。有了这些模型，就可以在计算机中任意旋转该物体，让它动起来。

三维动画类的软件中比较常用的有 3ds Max、3D Studio Wiz、Soft Image、Bryce、Maya、Solid Works、Alias、ProEngineer 等。在三维动画类软件中每种软件与相应的用途联系非常紧密，专业性要比二维软件明显得多。

（7）网页设计类　随着计算机网络技术的成熟和发展，针对网页设计的多媒体工具大量涌现，常见的网页设计工具有 Dreamweaver、FrontPage 等。

6.5.3　Photoshop 多媒体制作工具简介

Adobe Photoshop 是图像处理软件领域最著名的软件之一，是专业平面设计师首选的图像处理软件。Photoshop 提供的强大功能足以让创作者充分表达设计创意，进行艺术创作。

（1）Photoshop 的功能

1）支持多种图像格式。　Photoshop 支持绝大部分的图像文件格式，包括 BMP、PCX、TIF、JPG（JPEG）、GIF 等，并且本身还提供了 PSD 和 PDD 两种专用的文件格式，用来保存图像创作中的所有数据。同时它还是一个图像文件格式转换器，可以将一种图像文件格式转换为其他文件格式。

2）绘图功能。　Photoshop 提供了丰富的绘图工具。遮光和加光工具可以有选择地改变图像的曝光程度，海绵工具可以选择性地加减色彩的饱和度。另外，还提供如喷枪、画笔、文字等工具组，并可以随意地设置画笔的模式、压力、边缘等参数，以控制其绘制效果。

3）选取功能。　在 Photoshop 中，可以利用魔术棒，在图像内按照颜色选取某一个区域；利用选取工具，按矩形、椭圆形、多边形等形状选取某一个区域；利用套索工具，手工选择一些无规则、外形复杂的区域。

4）调整颜色。　用户可以通过多种途径查看或调整图像的色度、饱和度和亮度。

5）图像变形。　用户可以旋转、拉伸、倾斜图像，并根据需要改变图像的分辨率和大小。

6）支持层的概念。　Photoshop 是最早提出图层概念的软件。运用图层功能，可以将一幅复杂的图像分解成独立存在的若干层，并且对每层进行单独处理而不影响其他层，这样就使图像的处理过程更加灵活和容易控制。

7）提供通道和屏蔽功能。　Photoshop 提供了两种通道：颜色通道用来储存图像的颜色信息；Alpha 通道用来储存和评比图像中特定的选择区域。

8）丰富的滤镜功能。　Photoshop 最有特色的功能之一就是提供了大量的滤镜。运用滤镜可以得到很多特殊的效果，原本需要很多步骤才能完成的工作在 Photoshop 中只需简单的几步即可完成。Adobe 公司也在不断地推出新的滤镜，用户可以下载并在 Photoshop 中使用。

（2）Photoshop 的用户界面　当在 Windows 环境下，双击 Photoshop 图标，进入 Photoshop 操作环境时，将会出现如图 6-3 所示的主窗口。窗口主要由菜单栏、工具箱、工具属性栏、浮动面板、状态栏和工作区几部分组成。

1）菜单栏。菜单栏包含了 Photoshop 中所有的下拉菜单，共包括文件、编辑、图像、图层、选择、滤镜、视图、窗口和帮助 9 项。

2）工具箱。工具箱中包含了 Photoshop 所有的绘图工具，把鼠标停在某个工具图标上时，Photoshop 将会自动给出该工具的名称。需要注意的是，某些图标的右下角有一个黑色的小三角形标记，标识该工具是一个工具组，当单击该工具时，会出现一个下拉菜单，标明该工具组包含哪些工具。图 6-4 所示为 Photoshop 工具箱中全部工具组的内容。

图 6-3　Photoshop 主窗口

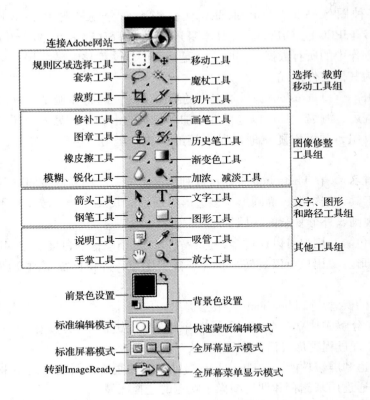

连接Adobe网站

规则区域选择工具 —— 移动工具
套索工具 —— 魔杖工具
裁剪工具 —— 切片工具
选择、裁剪
移动工具组

修补工具 —— 画笔工具
图章工具 —— 历史笔工具
橡皮擦工具 —— 渐变色工具
模糊、锐化工具 —— 加浓、减淡工具
图像修整
工具组

箭头工具 —— 文字工具
钢笔工具 —— 图形工具
文字、图形
和路径工具组

说明工具 —— 吸管工具
手掌工具 —— 放大工具
其他工具组

前景色设置 —— 背景色设置
标准编辑模式 —— 快速蒙版编辑模式
标准屏幕模式 —— 全屏幕显示模式
转到ImageReady —— 全屏幕菜单显示模式

图 6-4 Photoshop 的工具箱

3）工具属性栏。工具属性栏位于菜单栏下方，它提供当前所使用工具的有关信息及其相关属性设置。当选择不同的工具时，工具属性栏随之改变。

4）浮动面板。浮动面板主要包括导航器、信息、颜色、色板、样式、图层、历史记录、动作、通道、路径、字符、段落等，这些面板以及工具箱、工具属性栏都可以通过菜单栏中的"窗口"菜单来使其隐藏或显示。

5）状态栏。状态栏位于窗口的底部，用来显示当前打开图像的一些信息，如文档大小、文档配置文件、当前工具等。

6）工作区。工作区主要指当前 Photoshop 所打开的图像窗口。

本章小结

现代多媒体计算机技术的发展是人类 20 世纪最伟大的发明之一，它提供了一条把科学和艺术结合起来的道路。它将音乐、声音、图像等组合起来，创造出无比神奇的效果，给人们带来感官上的享受。

本章讨论了多媒体技术领域的一些基础知识，包括多媒体及多媒体技术的概念和特点、多媒体计算机系统的组成、多媒体信息的数字化和压缩的原理和方法、多媒体信息的不同文件格式，以及从音频、视频等方面着手简要介绍了当今市场上比较流行的一些多媒体应用软件的特点和分类。

思考题

1. 什么是多媒体？什么是多媒体技术？多媒体有哪些关键技术？
2. 简述多媒体技术的应用，最好能结合实际，举出实例。
3. 简述多媒体计算机系统的组成。与传统计算机系统相比，多媒体计算机系统有什么特点？
4. 举例说明多媒体技术中数据压缩的重要性。
5. 简述多媒体计算机获取声音的方法。
6. MPEG 和 JPEG 两种压缩方法有哪些相同点和不同点？
7. 什么是 MP3 音频文件？这种格式的文件有什么特点？列举两个常用的 MP3 播放软件。
8. 常用的图形图像处理软件有哪些？
9. 列出几个你熟悉的音频、静态图像和视频文件格式。
10. 说说你对多媒体、多媒体技术、多媒体应用的理解和体会。

第7章 计算机网络与安全技术

计算机网络技术是当今计算机科学中最为热门的发展方向之一。随着 21 世纪的到来，网络技术已经渗透到社会的各个领域，社会的发展与进步也越来越离不开计算机网络。互联网技术的应用，更是给人们的生活方式和思维方式带来了新的变化。计算机网络是一个复杂的系统，是计算机技术和通信技术互相渗透、共同发展的产物。本章主要介绍计算机网络中的一些基本概念和原理等，同时介绍互联网的基本应用，最后介绍计算机网络安全的威胁和计算机病毒的防范措施。

7.1 计算机网络概述

信息社会化是计算机网络技术发展的必然结果。人们通过计算机网络来获取、存储、传输各种信息，并将它们广泛运用到工作、生活等各项活动中。互联网是信息传播的主要途径，它已经日益深入到国民经济各个部门和社会生活的各个方面，成为人们日常生活中必不可少的交流工具，学习和掌握计算机网络的基础知识和实用技术将为今后的学习和工作打下牢固的基础。

7.1.1 计算机网络的概念

计算机网络是指将地理位置不同的具有独立功能的多台计算机及其外部设备，通过通信线路连接起来，在网络操作系统、网络管理软件及网络通信协议的管理和协调下，实现资源共享和信息传递的计算机系统。

计算机网络，通俗地讲就是由多台计算机（或其他计算机网络设备）通过传输介质和软件物理（或逻辑）连接在一起组成的。总的来说，计算机网络的组成基本包括计算机、网络操作系统、传输介质（可以是有形的，也可以是无形的，如无线网络的传输介质就是空气）以及相应的应用软件 4 部分。具体可以从以下几方面来理解：

1）两台或两台以上的计算机相互连接起来才能构成网络。网络中的各个计算机具有独立功能，既可以联网工作，也可以脱离网络独立工作。

2）计算机之间的通信需遵循某些约定和规则，即网络协议。网络协议是计算机网络工作的基础。

3）网络中的计算机之间相互进行通信，还需要有一条通道以及必要的通信设备。通道是指网络传输介质；通信设备是指在计算机与通信线路之间按照一定通信协议传输数据的设备。

4）计算机网络的主要目的是实现资源共享，使用户能够共享网络中的所有硬件、软件和数据资源。

7.1.2　计算机网络的功能

计算机网络的功能可以概括为以下 4 个方面：

（1）资源共享　资源包括硬件、软件和数据。硬件包括各种处理器、存储设备、输入/输出设备等，可以通过计算机网络实现这些硬件的共享，如打印机、处理器和硬盘空间等；软件包括操作系统、应用软件和驱动程序等，可以通过计算机网络实现这些软件的共享，如多用户的网络操作系统、应用程序服务器；数据包括用户文件、计算机配置文件、数据文件等，可以通过计算机网络实现这些数据的共享，如通过网络邻居复制文件、通过网络数据库共享资源，使计算机系统发挥最大的作用，同时节省成本、提高效率。

（2）数据传输　这里的数据指的是数字、文字、声音、图像、视频信号等计算机所存储的信息。在计算机世界里，一切事物都可以用 0 和 1 这两个数字来表示。计算机网络使得各种媒体信息通过一条通信线路从甲地传送到乙地。数据传输是计算机网络各种功能的基础，有了数据传输，才有资源共享，才有其他的各种功能。

（3）协调负载　在有多台计算机的环境中，这些计算机需要处理的任务可能不同，经常有忙闲不均的现象。有了计算机网络，可以通过网络调度来协调工作，把“忙”的计算机的部分工作交给“闲”的计算机去做，还可以把庞大的科学计算或信息处理题目交给几台联网的计算机协调配合共同完成。分布式信息处理、分布式数据库等应用只有依靠计算机网络才能实现协调负载，提高效率。在有些科研领域，只有借助计算机网络协调负载才能使一些计算处理任务繁重的工作得以完成。

（4）提供服务　有了计算机网络，才有了现在风靡全球的电子邮件、网上电话、网络会议、电子商务等，它们给人们的生活、学习和娱乐带来了极大的方便。有了网络，实时控制系统有了备用和安全保证，军事设施在遭到敌方打击时指挥系统能保持畅通无阻。最大的计算机网络——互联网就是冷战时期的产物，用它能够解决可靠性问题，并为计算机用户带来很大的便利。网络新技术层出不穷，不断有新的服务使人们从中受益。

以上介绍的是计算机网络的一般功能，只是一个描述性的介绍。所有计算机网络的功能都是以上 4 种功能中的一种或几种。具体的计算机网络可能各有不同的功能，要实现具体功能读者还需查阅相关书籍。

7.1.3　计算机网络的分类

虽然网络类型的划分标准各种各样，但是从地理范围划分是一种普遍认可的通用网络划分标准。按照这种标准可以把网络划分为局域网、城域网、广域网和互联网 4 种类型，

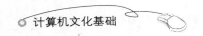

具体介绍如下：

1）局域网（Local Area Network，LAN）。局域网是最常见、应用最广的一种网络，现在局域网随着整个计算机网络技术的发展和提高已得到了充分的应用和普及，几乎每个单位都有自己的局域网，有的甚至在家庭中建立起自己的小型局域网。所谓局域网，就是指在局部地区范围内的网络，它所覆盖的地区范围较小。局域网在计算机数量配置上没有太多的限制，少的可以只有两台，多的可达几百台。一般来说，在企业局域网中，工作站的数量在几十台到200台之间。局域网涉及的地理距离，一般可以是几米至10km，一般位于若干建筑物或一个单位内。

2）城域网（Metropolitan Area Network，MAN）。城域网一般是在一个城市，但不在同一地理范围内的计算机互联。这种网络的连接距离可以在10～100km，它采用的是IEEE 802.6标准。城域网与局域网相比扩展的距离更长，连接的计算机数量更多，在地理范围上可以说是局域网的延伸。在一个大型城市或都市地区，一个城域网通常连接着多个局域网，如连接政府机构、医院、电信部门、各公司企业的局域网等。光纤连接的引入，使得城域网中高速的局域网互联成为可能。

3）广域网（Wide Area Network，WAN）。广域网也称为远程网，所覆盖的范围比城域网更广。它一般是将不同城市之间的局域网或城域网互联，地理范围可从几百公里到几千公里。因为距离较远，信息衰减比较严重，因此这种网络一般要租用专线，通过接口信息处理协议和线路连接起来，构成网状结构。城域网因为所连接的用户多，总出口带宽有限，所以用户的终端传输速率一般较低，通常为4～100MB。目前，中国联通、中国电信等网络服务提供商都提供这种广域网接入服务。

4）互联网（Internet）。在互联网应用如此发达的今天，互联网已经成为人们每天都要打交道的一种网络，无论从地理范围，还是从网络规模来讲都是最大的一种网络。从地理范围来说，它可以是全球计算机的互联。互联网最大的特点就是不定性，整个网络的计算机数量每时每刻随着人们的接入和断开在不断地变化。当计算机接入互联网时，就算是互联网的一部分，但一旦断开与互联网的连接，便不再属于互联网了。但它的优点也是非常明显的，就是信息量大、传播广，无论我们身处何地，只要能上互联网，就可以对任何可以联网的用户发送信息。因为互联网的复杂性，所以其实现的技术也非常复杂，这一点可以通过后面要介绍的几种互联网接入设备来详细地了解。

其实，在现实生活中计算机网络还有很多种分类，如按通信介质可分为有线网和无线网；按网络拓扑结构可分为总线型网络、星形网络、环形网络和树形网络等；按传输带宽可分为基带网和宽带网等，这里不再一一详细地介绍。

7.2　数据通信基础

数据通信技术是构成现代计算机网络的重要基石之一。随着计算机网络的发展，计算机技术与数据通信技术融为一体，密不可分。数据通信系统一般由数据传输设备、传输控制设备和传输控制规程及通信软件组成。这里简单介绍一些有关数据通信的基本知识，以便读者更好地理解计算机网络。

7.2.1　数据通信的基本概念

（1）数据通信　数据通信是指依照通信协议，利用路由数据传输技术在两个功能单元之间传递数据信息。

（2）数据　数据指被传输的二进制代码。

（3）信息　信息是数字、字母和符号的组合。信息的载体可以包含语音、音乐、图形、图像、文字和数据等多媒体。信息在传递的过程中通常用二进制代码表示（如 ASCII 码）。

（4）信号　信号是数据在传输过程中的表示形式，有模拟信号和数字信号两种。在通信系统中，数据以模拟信号（波形连续变换的电信号）或数字信号（离散信号）的形式由一端传输到另一端。

（5）模拟通信系统　模拟通信系统指传输模拟信号的系统。

（6）数字通信系统　数字通信系统指传输数字信号的系统。

（7）数字信号编码　数字信号编码是将二进制数用两个不同的电平值或电压极性来表示，形成矩形脉冲电信号。常用的数字信号编码如图 7-1 所示，常用的方法有：

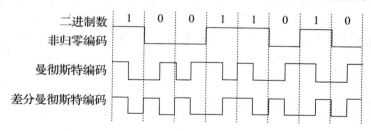

图 7-1　常用的数字信号编码

1）非归零编码。信号电平一次反转表示 0，电平不变化表示 1，并且在表示完一个码元后，电压不需要回到 0。

2）曼彻斯特（Manchester）编码。将每个码元分为前后两个相等的部分，当前半部分为高电平、后半部分为低电平时表示 1，反之表示 0。

3）差分曼彻斯特编码。差分曼彻斯特编码是对曼彻斯特编码的改进，其特点是码元中间的电平跳变仅作为时钟，用于同步信号传输。用每个码元开始边界是否发生跳变来决定数值（与前一码元后半部分的电平相比），有跳变为 0，无跳变为 1。

（8）基带与宽带　所谓基带，就是电信号固有的基本频率。简单来说，基带就是将全部介质带宽分配给一个单独的信道，直接用两种不同的电压来表示数字信号 0 与 1。当传输系统直接传输基带信号时，则称为基带传输。

宽带是指比音频带宽更宽的频带，它包括了大部分的电磁波频谱。使用这种宽频带进行信息传输的系统称为宽带传输系统。宽带传输数据的速率为 0 ~ 400Mbit/s，常用的是

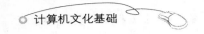

5～100Mbit/s。

7.2.2 数据传输方式

数据传输就是依照适当的规程，经过一条或多条链路，在数据源和数据宿之间传送数据的过程，也表示借助信道上的信号将数据从一处送往另一处的操作。

1. 并行传输与串行传输

在数据通信中，数据以什么方式进行传输，关系到通信设备的选择。数据传输的方式可以分为并行传输与串行传输两种。

2. 数据同步技术

（1）异步传输　异步传输是以字符为单位的数据传输。在每个发送的字符前加入一个起始位，后面插入一个（或两个）停止位，以便接收设备将自己的内部时钟与发送端的计时设置同步。起始位的编码值为0，停止位的编码值为1。当没有数据发送时，发送器就连续发出停止码1，接收器根据从1至0的跳变来识别一个新字符的开始。

异步传输要附加发送起止位，所以传输效率有所损失。但是由于每个字符是独立的，可以以不同的速率发送，因此称为异步传输。

（2）同步传输　同步传输是以数据块为单位的数据传输。在每一个数据块的开始处和结束处各附加一个或多个特殊的字符或比特序列，用于标记数据块，这些组合称为帧。接收端接收到同步脉冲序列后，根据同步脉冲来确定数据的起始与终止，从而实现发送端信号和接收端信号同步的目的。

7.2.3 数据交换技术与差错控制

1. 数据交换技术

交换是网络中实现数据传输的一种手段。数据从信源到信宿的传输过程中，采用的交换技术可分为线路交换和存储转发交换两大类。通常使用以下3种交换方法：

（1）线路交换　线路交换是一种直接交换方式。在数据传输期间，发送点和接收点之间构成一条实际连接的专用物理线路。线路交换的通信过程分为线路建立、数据传输和线路释放3个阶段。在数据传输的全部时间内，用户始终占用端到端的通路，因此数据传输速度快，但线路利用率较低。

（2）报文交换　在通信技术中，将需要传输的整块数据加上控制信息后称为报文。报文主要包括报文的正文信息和收发控制信息（包括数据地址信息）等，报文长度不固定。

（3）分组交换　分组交换也称为包交换，它是现代计算机网络的技术基础。当一个主机向另一个主机发送数据时，首先将需要发送的数据划分成一个个大小平均且保持不变的小组作为传送的基本单位，在每一个数据段前加上收发控制信息，就构成了一个分组。每个分组都携带一些相关的目的地址信息和分组序号（报文中不用分组序号），系统根据分组中的目的地址信息，利用网络系统中数据传输的路径算法选择路由，确定分组的下一个节点并将数据发送到所确定的节点，分组数据就这样被一步步传下去，直至目的计算机。到达目的地的分组数据，再根据分组序号被重新装配起来。

2. 通信服务形式

在计算机网络中，进行数据交换的通信服务形式可分为面向连接通信服务和无连接通信服务两种。

（1）面向连接通信服务 面向连接通信服务的整个过程可分为建立连接、数据传输和释放连接3个阶段。它的特点是所有的数据在一次连接中完成交换。可以借用日常生活中打电话的过程来说明面向连接通信服务：用户拨号过程为建立连接，电话可能拨通，也可能遇到忙音拨不通，若电话拨通则从主叫端到被叫端建立了一条物理通路，这个过程称为通信双方的握手。当电话接通后可以开始通话，通话过程就是数据传输，通话结束后必须挂机。用户挂断电话的动作就是取消连接，释放这条物理通路。在面向连接通信服务中，到达目的站点的数据与发送时的顺序保持一致，如同通话过程中按所讲语句的先后顺序被对方听到一样。

（2）无连接通信服务 无连接通信服务是指在两个实体间进行通信时，不需要事先建立好一个连接，即发送端和接收端的两个实体不需要同时处于活跃状态。当发送的实体在发送时，它必须进入活跃状态。这时，接收端的实体不一定是活跃的。只有当接收端的实体正在进行接收时，它才必须是活跃的。

3. 差错控制

差错控制的核心是差错控制编码。差错控制编码的基本思想是通过对信息序列的某种变换，使原来彼此独立、没有相关性的信息码元序列产生相关性，接收端据此来检查和纠正传输序列中的差错。差错控制编码分为检错码和纠错码两种。检错码是能够自动发现错误的编码；纠错码是既能够发现错误，又能自动纠正错误的编码。

7.3 计算机网络的组成

无论什么样的计算机网络，组成网络的基本拓扑结构、硬件和网络操作系统基本是一样的。下面将从计算机网络的拓扑结构、计算机网络的硬件组成和计算机网络操作系统等几方面来介绍计算机网络的组成。

7.3.1 计算机网络的拓扑结构

拓扑结构是指一个网络的通信链路和节点的集合排列或物理布局。在计算机网络中，抛开网络中的具体设备，把工作站、服务器等网络单元抽象为"点"，把网络中的电缆等通信介质抽象为"线"，计算机网络结构就抽象为点和线组成的几何图形，称为网络拓扑结构。

计算机网络的拓扑结构根据其几何形状可分为星形、总线型和环形结构，以及由以上3种类型的拓扑结构所衍生出来的混合型结构。

（1）星形拓扑结构　星形拓扑结构是指网络中所有节点都连接在一个中央集线设备上，所有数据的传输以及信息的交替和管理都通过中央集线设备来实现。星形拓扑结构如图7-2所示。

在一个星形网络中，任何单根缆线只连接两个设备，如一个工作站和一个集线器。因此，若某段缆线出现问题，最多影响连接它的两个节点，其连接方式直接决定了它的优缺点。

星形拓扑结构的优点：

1）结构简单，连接方便，管理和维护都相对容易，而且扩展性强。

2）网络延迟时间较小，传输误差低。

3）在同一网段内支持多种传输介质，除非中心节点发生故障，否则网络不会轻易瘫痪。因此，星形拓扑结构是目前应用较广泛的一种网络拓扑结构。

星形拓扑结构的缺点：

1）安装和维护的费用较高。

2）共享资源的能力较差。

3）通信线路利用率不高。

4）对中心节点要求相当高，一旦中心节点出现故障，则整个网络将瘫痪。

（2）总线型拓扑结构　总线型拓扑结构采用单根传输线作为传输介质，所有站点发送的信号通过相应的硬件接口直接连接到传输介质上，即总线。任何一个站点发送的信号都可以沿着传输介质传播，而且能被其他所有站点接受。总线型拓扑结构如图7-3所示。

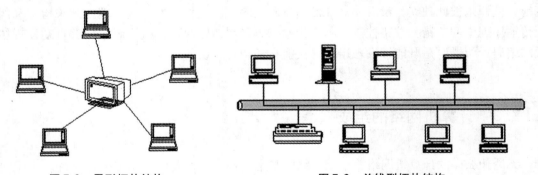

图7-2　星形拓扑结构　　　　　　　图7-3　总线型拓扑结构

在总线型拓扑结构中，连接的线缆称为总线，终结器表示物理终点。当数据在总线上传输时，各节点在接收信息时都进行地址检查，看是否与自己的站点地址相符，若相符则接收该信息，当信号到达网络终点时终点器将结束信号。在总线型拓扑结构网络中，如果接入的计算机数量较多，那么网络速度会明显下降。

总线型拓扑结构的优点：

1）结构简单，组网容易，网络扩展方便。

2）线缆长度短，易于布线和维护。

3）传输速率高，可达 1～100Mbit/s。

4）多个节点共用一条传输信道，信道利用率高。

总线型拓扑结构的缺点：

1）故障检测需要在网络中的各个站点上进行。

2）在扩展总线的干线长度时，需重新配置中继器、剪裁线缆、调整终端器等。

3）一个节点出现故障可能导致整个网络不通，因此可靠性不高。

（3）环形拓扑结构　环形拓扑结构是由连接成封闭回路的网络节点组成的，每一个节点与它左右相邻的节点连接。环形拓扑结构如图 7-4 所示。

在环形网络中传递着一个叫作令牌的特殊信息包，只有得到令牌的工作站才可以发送信息。当发送信息的工作站获得令牌后，就发送信息包。信息包在环形网络中"流走"一圈，当信息包经过目标站时，目标站根据信息包中的目标地址判断自己是否为接收站，如果是就把信息复制到自己的接收缓冲区中。最后，发送站点将发送的信息包回收，释放令牌信息包，让其他站点发送信息。

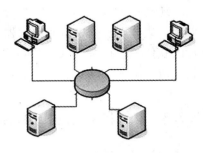

图 7-4　环形拓扑结构

环形拓扑结构的优点：

1）线缆长度短，节约费用。

2）数据流在网络中是沿着固定方向流动的，两个节点之间仅有唯一的通道，大大简化了路径选择的控制。

3）环形网络中的每个节点都拥有相同的访问权，所以在整个网络中数据不会出现冲突。

环形拓扑结构的缺点：

1）由于环路是封闭的，因此要扩充网络比较困难，会影响网络的正常运行。

2）如果网络中任一点出现故障，则整个网络会瘫痪，影响整个网络的正常运行。

3）由于信息是串行穿过各个节点的环路接口，因此当节点过多时，传输效率低，网络的响应时间较长。

（4）混合型拓扑结构　目前，局域网很少采用单纯的某一种网络拓扑结构，而是将几种拓扑结构综合运用。根据实际需要选择合适的混合型拓扑结构，具有较高的可靠性和较强的扩充性。常见的混合型拓扑结构有星总线型和星环形等。

1）星总线型拓扑结构。星总线型拓扑结构是将星形拓扑和总线型拓扑结合起来的一种拓扑结构，即网络的主干线采用总线型拓扑结构，而在非主干线上采用星形拓扑结构，通过集线器将其结合起来。在这种网络拓扑结构中，只要主干线不出现故障，任何一个节点出现故障都不会影响网络的正常运行。

2）星环形拓扑结构。星环形拓扑结构是星形拓扑结构与环形拓扑结构混合而成的。这种网络结构布局与星形网络很相似，但是中央集线器采取了环形方式，外层集线器可以连接内部集线器，从而有效地扩展了内总环的循环范围。采用星环形拓扑结构，还可以将

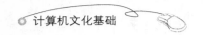

环中的任意一个节点和整个网络剥离开，从而方便故障的诊断和隔离。

7.3.2 计算机网络的硬件组成

计算机网络是由两个或多个计算机通过特定通信模式连接起来的一组计算机，完整的计算机网络系统是由网络硬件系统和网络软件系统组成的。

组成计算机网络的硬件一般有：①网络服务器；②网络工作站；③网络适配器，又称为网络接口卡或网卡；④连接线，学名"传输介质"或"传输媒体"，主要是电缆或双绞线，还有不常用的光纤。如果要扩展局域网的规模，就需要增加通信连接设备，如调制解调器、集线器、交换机和路由器等。把这些硬件连接起来，再安装上专门用来支持网络运行的软件，包括系统软件和应用软件，那么一个能够满足工作或生活需求的计算机网络也就建成了。

7.3.3 计算机网络的操作系统

网络操作系统（Network Operating System，NOS）是网络的心脏和灵魂，是向网络计算机提供服务的特殊的操作系统。它在计算机操作系统下工作，使计算机操作系统增加了网络操作所需的能力。例如，当在 LAN 上使用字处理程序时，用户 PC 操作系统的行为就像在没有构成 LAN 时一样，这正是 LAN 操作系统软件管理了用户对字处理程序的访问。网络操作系统运行在称为服务器的计算机上，并由联网的计算机用户共享，这类用户称为客户。

网络操作系统的功能及特点如下：

1）允许在不同的硬件平台上安装和使用，能够支持各种网络协议和网络服务。

2）提供必要的网络连接支持，能够连接两个不同的网络。

3）提供多用户协同工作的支持，具有多种网络设置、管理的工具软件，能够方便地完成网络的管理。

4）具有很高的安全性，能够进行系统安全性保护和各类用户的存取权限控制。

7.4 计算机网络体系结构和网络协议

计算机网络是各类终端设备通过通信线路连接起来的一个复杂的系统，在这个系统中，由于计算机型号不同、终端类型各异，并且连接方式、同步方式、通信方式及线路类型等都有可能不一样，因此给网络通信带来了一定的困难。要做到各设备之间有条不紊地交换数据，所有设备必须遵守共同的规则，这些规则明确地规定了数据交换时的格式和时序。这些为进行网络中数据交换而建立的规则、标准或约定称为网络协议。

一个完整的网络需要一系列网络协议构成一套完整的网络协议集，大多数网络在设计时，是将网络划分为若干个相互联系而又各自独立的层次，然后针对每个层次及每个层次间的关系制定相应的协议，这样可以减少协议设计的复杂性。这样的计算机网络层次结构模型及各层协议的集合称为计算机网络体系结构。

7.4.1　OSI 参考模型

OSI 参考模型是一个描述网络层次结构的模型，它最大的特点是：不同厂家的网络产品，只要遵照这个参考模型就可以实现互联。也就是说，任何遵循 OSI 标准的系统，只要物理上连接起来，它们之间就可以互相通信。OSI 参考模型定义了开放系统的层次结构和各层所提供的服务。它的一个成功之处在于，清晰地分开了服务、接口和协议这 3 个容易混淆的概念。服务描述了每一层的功能，接口定义了某层提供的服务如何被高层访问，而协议则是每一层功能的实现方法。OSI 将网络划分为 7 个层次，如图 7-5 所示。

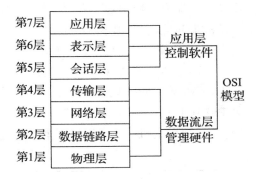

图 7-5　OSI 参考模型

7.4.2　TCP/IP

1. TCP

互联网是全球性的计算机网络，其中运行着众多不同规模、不同类型的网络，各个网络中的计算机从大型机到微型机多种多样，这些计算机运行在不同的操作系统下，使用不同的软件。在这样一个复杂的系统中，如何保证互联网能够正常工作且不同网络之间能够准确通信呢？这就像世界上有很多国家，各个国家的人说各自的语言，那么世界上任意两个人要怎样做才能互相沟通呢？设想，如果全世界的人都能说同一种语言（即世界语），那问题就迎刃而解了。互联网也有自己的"世界语"，那就是 TCP/IP。

TCP/IP 是互联网使用的基本通信协议，TCP（Transmission Control Protocol）是传输控制协议，IP（Internet Protocol）是网间协议。TCP/IP 是一个互联网协议簇，并不单指 TCP 和 IP，实际上它包括上百个各种功能的协议，如远程登录、文件传输和电子邮件等，而 TCP 和 IP 是保证数据完整传输的两个基本的重要协议，其中 TCP 用于在应用程序之间传递数据，IP 用于在主机之间传递数据。

2. IP 地址

（1）IP 地址的概念　接入互联网的计算机如同接入电话网的电话，每台计算机应有一个由授权机构分配的唯一号码标识，这个标识就是 IP 地址。IP 地址是互联网上主机地址的数字形式，每个 IP 地址由 4 个整数组成，每两个整数之间用点隔开，如 202. 112. 10. 65。IP 地址的每一个整数都不能大于 256。

IP 地址由两部分组成，即网络地址和收信主机（指网络中的计算机主机或通信设备，如路由器或网关等）地址。同一物理网络上的所有主机用同一个网络地址标识一个特定的网络，类似邮政系统中的邮政编码；收信主机地址则可标识一个网络中的某一特定主机，类似邮政系统中的街道和门牌号。将两者有机地结合起来就能准确地找到连接在互联网上的某一台计算机。

（2）IP 地址的等级与分类　根据网络规模和应用的不同，互联网委员会将 IP 地址分为 A、B、C、D、E 5 类，每类地址规定了网络地址、收信主机地址各使用多少位，也就定义了可能有的网络数目和每个网络中可能有的收信主机数。在以上 5 类 IP 地址中，A 类地址的最高位为 0，B 类地址的最高位为 10，C 类地址的最高位为 110，D 类地址的最高位为 1110，是保留的 IP 地址，E 类地址的最高位为 1111，是科研机构的 IP 地址。

下面介绍常用的 A、B、C 类地址。

1）A 类地址（见表 7-1）。高 8 位代表网络号，后 3 个 8 位代表主机号。IP 地址范围为 1.0.0.1 ~ 126.255.255.254。A 类地址的有效网络数为 126 个，每个网络能容纳 16 777 214 台主机。A 类地址用来支持超大规模网络。

表 7-1　A 类地址

1 位	7 位	24 位
0	网络地址	主机地址

2）B 类地址（见表 7-2）。前 2 个 8 位代表网络号，后 2 个 8 位代表主机号。IP 地址范围为 128.0.0.1 ~ 191.255.255.254。B 类地址的有效网络数为 16 384 个，每个网络能容纳 65 534 台主机。B 类地址用来支持大中型网络。

表 7-2　B 类地址

2 位	14 位	16 位
10	网络地址	主机地址

3）C 类地址（见表 7-3）。前 3 个 8 位代表网络号，低 8 位代表主机号，IP 地址范围为 192.0.0.1 ~ 223.255.255.254。C 类地址的有效网络数为 2 097 154，每个网络仅能容纳 254 台主机。C 类地址一般用来支持小型网络。

表 7-3　C 类地址

3 位	21 位	8 位
110	网络地址	主机地址

IP 地址由国际组织按级别统一分配，用户在申请入网时可以获取相应的 IP 地址。

IP 地址现由互联网名字与号码指派公司 ICANN（Internet Corporation for Assigned Names and Numbers）分配，具体介绍如下。

1）InterNIC：负责美国及其他地区。

2）ENIC：负责欧洲地区。

3）APNIC（Asia Pacific Network Information Center）：我国用户可向 APNIC 申请（要

缴费）。

日前，中国互联网络信息中心（CNNIC）表示，全球互联网 IP 地址刚刚突破了一个新的关键临界点，IANA 可分配的 IPv4 地址剩余量已不足 10%。CNNIC 同时呼吁应尽快从国家层面加快部署向 IPv6 地址的平稳过渡，避免在下一代互联网发展中掉队。

7.4.3　下一代互联网协议——IPv6 技术

目前使用的第二代互联网 IPv4 技术，其核心技术属于美国。它的最大问题是网络地址资源有限，从理论上讲，可编址 1 600 万个网络、40 亿台主机。但采用 A、B、C 三类编址方式后，可用的网络地址和主机地址的数目大打折扣，以至目前的 IP 地址近乎枯竭。其中，北美占有 3/4，约 30 亿个，而人口最多的亚洲只有不到 4 亿个，中国只有 3 000 多万个，只相当于美国麻省理工学院的数量。地址不足，严重地制约了我国及其他国家互联网的应用和发展。一方面是地址资源数量的限制，另一方面是随着电子技术及网络技术的发展，计算机网络将进入人们的日常生活，可能身边的每一样东西都需要联入全球互联网。在这样的环境下，IPv6 应运而生。单从数字上来说，IPv6 所拥有的地址为 $2^{128} - 1$ 个。这不但解决了网络地址资源数量有限的问题，同时也为除计算机外的设备联入互联网在数量上的限制扫清了障碍。

7.5　Internet 应用

Internet 中文译名为互联网、国际互联网，它是由遍布全世界的各种各样的网络组成的松散结合的全球网，是世界上发展速度最快、应用最广泛和最大的公共计算机信息网络系统，它提供了数万种服务，被世界各国计算机信息界称为未来信息高速公路的雏形。

7.5.1　Internet 的起源和发展

Internet 的出现，与计算机的问世一样，最初都是源于军事需求、用于军事目的。1962 年 10 月，美国国防部高级研究计划局 ARPA 成立科研组，开始了研制大型网络的计划，这个网络被命名为 ARPAnet。1969 年 12 月初步建成这个试验性网络，并开始投入使用。1972 年，ARPAnet 在首届计算机后台通信国际会议上首次与公众见面，并验证了分组交换技术的可行性，由此，ARPAnet 成为现代计算机网络诞生的标志。

7.5.2　连接 Internet

互联网上丰富的资源吸引着每个人，要想利用这些资源，首先要将用户的计算机联入互联网。由于拥有的环境不同、要求不同，所以采用的接入方式也不同。近几年来，随着信息业务的快速增长，特别是互联网的迅猛发展，人们对传输速率提出了越来越高的要求，网络接入技术也因此得到了迅速的发展，并且呈现出多样化的特征。一般用户对接入互联网的基本要求是：高的传输速率（即带宽），支持多媒体通信；接通速度快；上网费用低，通信质量高。

下面介绍几种常见的接入互联网的方式。

（1）拨号连接入网　几乎所有的 ISP（互联网服务提供商）都提供这种服务。用户利用已有的电话网，通过电话拨号程序将计算机连接到 ISP 的一台主计算机上，成为该主机的一台仿真终端，经由 ISP 的主机访问互联网。

以这种方式上网时，用户需要用拨号程序的拨号功能通过调制解调器（Modem）拨通 ISP 一端的 Modem，然后根据提示输入个人账号和密码。通过账号和密码检查后，用户的计算机就是远程主机的一台终端了。

（2）通过 DDN 专线方式入网　DDN（Digital Data Network）即数字数据网，它是利用数字传输通道（光纤、数字微波、卫星）和数字交叉复用设备组成的数字数据传输网，用户通过相对固定不变的通信线路接入互联网。专线入网与拨号入网的最大区别是专线用户与互联网之间保持着永久的、高速的通信连接，专线用户可以随时访问互联网。该方式适用于大公司、科研机构等拥有自己的局域网的用户。DDN 专线入网是一种复杂的、成本昂贵的方式，一般将整个局域网联入互联网，此时，局域网内的任何一台工作站都配有独立的 IP 地址，或通过代理服务器都可以访问互联网。

（3）通过代理服务器入网　代理服务器是提供对互联网资源共享的计算机软件系统，其主要功能是允许多个用户通过一个类似的网络相互连接，同时访问互联网。代理服务器的广域网端口接入互联网，局域网端口与局域网相连，在局域网上运行 TCP/IP。当局域网内的其他计算机有访问互联网资源和服务请求时，这些请求被提交给代理服务器，由代理服务器将请求送到互联网上并把取回的信息送给该计算机，从而完成为局域网中的计算机的代理服务。这种代理服务是同时实现的，即局域网中的每台计算机都可以同时通过代理服务器访问互联网，它们共享代理服务器的一个 IP 地址和同一账号。

（4）通过 ISDN 专线方式入网　ISDN 是综合业务数据网（Integrated Setvices Digital Net-work）的缩写。ISDN 是电话网和数字网相结合演化出来的一种网络，它可以实现计算机之间的数字连接，提供包括语音和非语音在内的多种业务。

（5）通过 XDSL 专线方式入网　近年来，互联网以惊人的速度发展，各种新业务对传输速率提出了越来越高的要求。例如，多媒体应用常常要求全屏动态图像，而 ISDN 和 DDN 不能达到这一要求，于是数字用户线路 XDSL（Digital Subscriber Line）技术应运而生。

（6）通过卫星入网　目前，世界上约有 300 万使用卫星接入互联网的用户，多数集中在欧美、日本等发达国家。这种入网用户上行采用调制解调器或其他方式经过互联网接入系统，向网络操作中心发出服务请求，下行有卫星高速向用户提供所需服务。卫星互联网接入的特点是：传输绕过拥挤的公众电信网络，直接通过卫星链路访问互联网；卫星不对称线路方案可使 ISP 根据业务需求租用所需转发器的容量；经济高效，更适用于局域网等。

7.5.3　访问万维网

WWW 是环球信息网（World Wide Web）的缩写，也可以简称为 Web，中文名字为"万维网"。

WWW 分为 Web 客户端和 Web 服务器程序。WWW 可以让 Web 客户端（常用浏览器）访问浏览 Web 服务器上的页面。WWW 提供丰富的文本和图像、音频、视频等多媒体信息，并将这些内容集合在一起，并提供导航功能，使得用户可以方便地在各个页面之间进行浏览。由于 WWW 内容丰富，浏览方便，目前已经成为互联网最重要的服务之一。

浏览器是专门用于定位和访问互联网信息的应用程序或工具。目前比较常用的浏览器软件是 Internet Explorer（IE）和 Netscape。由于 IE 浏览器是内置于 Windows 操作系统中的，所以用户大多使用 IE 作为浏览器软件。

1. IE 浏览器的启动与窗口结构

下面以 Internet Explorer 7.0 为例介绍如何通过 IE 上网。启动 Internet Explorer 7.0 的方法有多种，常用的方法为：单击任务栏"快速启动"中的浏览器图标或双击桌面上的浏览器图标。启动 IE 后，窗口结构如图 7-6 所示。

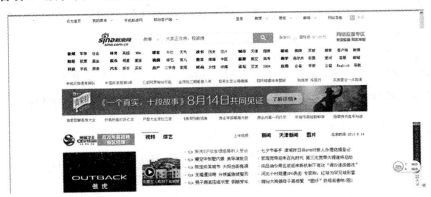

图 7-6　Internet Explorer 7.0 的窗口结构

Internet Explorer 7.0 的窗口由标题栏、菜单栏、工具栏、地址栏、链接工具栏和状态栏等组成。

（1）标题栏　标题栏位于窗口的顶部，它的左上角显示了当前所打开的 Web 页面的标题或名称。标题栏的右边是窗口控制按钮，用来控制窗口的大小。

（2）菜单栏　菜单栏集中了 Internet Explorer 7.0 提供的所有命令，包括"文件""编辑""查看""收藏夹""工具"和"帮助"6 个菜单。用户可以利用这些菜单完成查找信

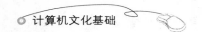

息、保存网页、收藏站点、脱机浏览等操作。

（3）工具栏　工具栏为管理浏览器提供了一系列功能和命令。Internet Explorer 7.0 的工具栏列出了用户在浏览网页时所需的最常用的工具按钮，如"后退""前进""刷新""主页""搜索""收藏夹""媒体""邮件"等。一般来说，这些按钮的功能也可以通过菜单中相应的命令来实现。

（4）地址栏　地址栏显示目前访问的 Web 页的地址（常称为网址）。若用户要访问新的 Web 站点，可直接在此栏的空白处输入地址，在输入完后按〈Enter〉键即可。也可以打开地址栏的下拉列表框，在列表框中显示了浏览器曾经浏览过的 Web 页，直接选择这些曾经访问过的地址也可方便地打开相应的网页。

（5）链接工具栏　链接工具栏位于地址栏的右边或下方（用户可以拖动它的位置）。Internet Explorer 7.0 自带了"Windows""免费的 Hot Mail"和"自定义链接"3 个 Web 页的链接。用户可以通过链接来直接访问相应的 Web 页，也可向链接工具栏中添加新的链接。用户还可以把自己经常访问的站点放到链接工具栏上，以便日后使用。

主窗口中显示打开的 Web 页的信息。若 Web 页太大，无法在窗口中完全显示，则用户可以使用主窗口旁边和下边的滚动条浏览 Web 页的其他部分。

（6）状态栏　状态栏显示了 Internet Explorer 7.0 当前状态的信息，如当前正在打开的 Web 页以及进度如何等。通过状态栏，用户可以查看 Web 页的打开过程。

2. 浏览 Web 信息

地址栏用于输入和显示网页地址，用户只要在地址栏的文本框中输入要访问的 Web 站点的地址，输入完成后按〈Enter〉键即可。例如，用户要访问新浪网站，可以按如下方法进行操作：

1）打开 Internet Explorer 7.0，在地址栏中输入新浪网站的网址：http：//www. sina. com. cn/。

2）按〈Enter〉键即可以打开新浪网站主页，如图 7-7 所示。

3）在该网页中有许多超链接，单击这些超链接，可以访问相关的链接信息。

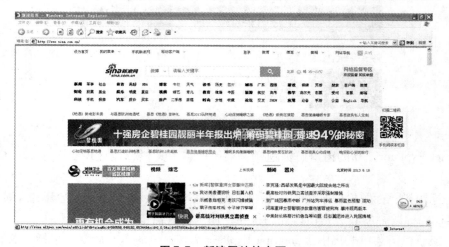

图 7-7　新浪网站的主页

4）如果以前访问过这个 Web 站点，则"自动完成"功能将自动打开地址栏的下拉列表框，给出匹配地址的建议，找到匹配的地址后，按〈Enter〉键即可。

5）为了提高浏览效率，可以同时打开多个浏览窗口，这样就可以在一个窗口中浏览网页，在另一个或多个窗口中下载其他网页。

3. 快速浏览 Web 信息

Internet Explore 7.0 的工具栏上有多个方便用户操作的按钮。使用这些按钮，可以比较快速、方便地浏览 Web 页面。Internet Explorer 7.0 工具栏上常用的按钮介绍如下。

（1）"后退"按钮和"前进"按钮　单击工具栏上的"后退"按钮，则返回到在此之前显示的网页，通常是最近的那一页；单击工具栏上的"前进"按钮，则转到下一页。如果在此之前没有使用"后退"按钮，则"前进"按钮将处于非激活状态，不能使用。

（2）"停止"按钮　在加载某个网页时，如果要中止加载该网页，这时可以单击工具栏上的"停止"按钮，取消加载网页的操作。

（3）"刷新"按钮　保存在本地硬盘上的网页，如果长时间没有到该 Web 站上访问，其内容可能已经过时，单击"刷新"按钮，可以连接到互联网并下载最新内容。

（4）"主页"按钮　主页是某个 Web 站点的起始页，单击"主页"按钮将返回到默认的起始页。起始页是打开浏览器时开始浏览的那一页。

（5）"收藏"按钮　通过将 Web 页添加到"收藏夹"列表，可以让浏览器保存想再次访问的网页。也可以使用"收藏夹"列表返回到任何一个网页。单击"收藏夹"菜单中的"添加到收藏夹"命令，可以添加网页，以便日后阅览。

4. 使用代理服务器

前面已经介绍过，代理服务器是提供对互联网资源共享的计算机软件系统，其主要功能是允许多个用户通过一个类似的网络相互连接，同时访问互联网。局域网内的计算机访问互联网资源等服务请求被提交给代理服务器，由代理服务器将请求发送到互联网并把取回的信息送给该计算机，从而完成为局域网中的计算机代理服务。通过代理服务器浏览网页的操作步骤如下：

1）单击"工具"菜单中的"Internet 选项"命令，打开"Internet 选项"对话框，如图 7-8 所示。

2）单击"连接"选项卡，在随即打开

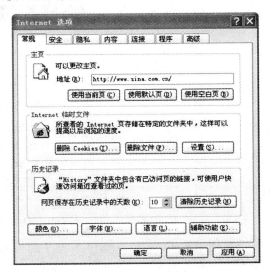

图 7-8　"Internet 选项"对话框

的对话框中单击"局域网设置"按钮，打开"局域网（LAN）设置"对话框，如图7-9所示。

3）在"代理服务器"选项区的第一个复选框中打"√"，然后单击"确定"按钮，即可使用代理服务器浏览网页。

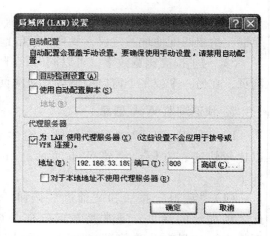

图7-9 "局域网（LAN）设置"对话框

7.5.4 邮箱的使用

Outlook Express 内置于 Internet Explorer 7.0 中，包括邮件和新闻两部分。用户可以使用 Outlook Express 管理多邮件和新闻账户，也能方便地查看、浏览、回复和发送邮件。

用户有多种方法启动 Outlook Express。可以双击桌面上的"Outlook Express"图标，或单击 Windows 任务栏上的图标，或在 Internet Explorer 窗口的"工具"菜单中选择"邮件和新闻"的相应项，都可以进入 Outlook Express 主窗口；也可以在菜单栏中单击"开始"→"程序"→"Outlook Express"命令，系统会自动打开 Outlook Express 主窗口，如图 7-10 所示。

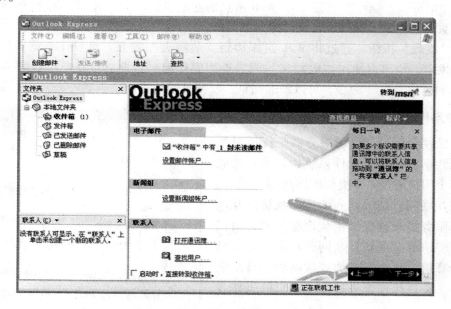

图 7-10 Outlook Express 的主窗口

在使用 Outlook Express 收发电子邮件前，用户必须要设置电子邮件账户，只有这样才能建立与邮件服务器的连接。在 Outlook Express 中，有专门为用户设置账户的设置向导。用户需要先在提供邮箱服务的网站中申请一个电子邮箱，申请成功后，网站将提示用户邮箱接收和发送邮件的服务器名。

设置个人电子邮件账户的具体操作步骤如下：

1）打开 Outlook Express 主窗口，在菜单栏中单击"工具"→"账户"命令，打开"Internet 账户"对话框。

2）在该对话框中单击"邮件"选项卡，如图 7-11 所示。

3）在"邮件"选项卡中单击"添加"按钮，在随后弹出的菜单中单击"邮件"命令，打开"Internet 连接向导"对话框，如图 7-12 所示。

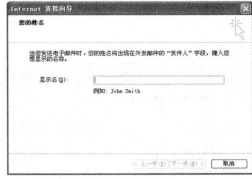

图 7-11　"邮件"选项卡　　　　　**图 7-12　"Internet 连接向导"对话框**

4）在"Internet 连接向导"对话框的"显示名"文本框中，输入想要创建的名称，这个名称在发邮件时将显示在"发件人"字段中，如图 7-13 所示。单击"下一步"按钮，打开"Internet 电子邮件"对话框。

5）在该对话框的"电子邮件地址"文本框中输入用户的电子邮件地址，然后单击"下一步"按钮，打开"电子邮件服务器名"对话框，如图 7-14 所示。

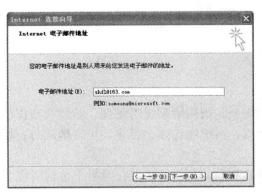

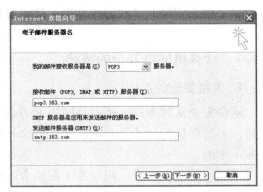

图 7-13　"Internet 电子邮件"对话框　　**图 7-14　"电子邮件服务器名"对话框**

6）在"接收邮件（POP3，IMAP 或 HTTP）服务器"文本框中输入接收邮件的服务器，如 pop3. 163. com，在"发送邮件服务器（SMTP）"文本框中输入发送邮件的服务器，如 smtp. 163. com。然后单击"下一步"按钮，打开"Internet Mail 登录"对话框，如图 7-15所示。

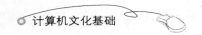

7) 在"账户名"文本框中输入邮件服务商提供的电子邮件账户名（即用户在提供邮箱服务的网站中申请的电子邮箱账户名，如 liul23@163.com），在"密码"文本框中输入相应密码。

8) 单击"下一步"按钮，打开"祝贺您"对话框，提示用户已经设置好账户，如图7-16 所示。单击"完成"按钮，至此完成电子邮件账户的设置。

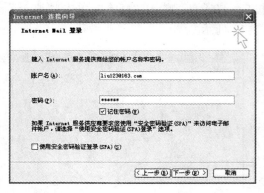
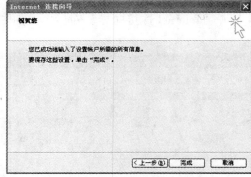

图 7-15　"Internet Mail 登录"对话框　　　图 7-16　"祝贺您"对话框

7.6　计算机网络安全

由于计算机网络具有开放性、互联性、连接方式的多样性及终端分布的不均匀性，再加上计算机网络具有难以克服的自身脆弱性和人为的疏忽，因此导致了网络环境下的计算机系统存在很多安全问题。国家计算机网络信息安全管理中心的有关人士指出，网络与信息安全已成为我国互联网健康发展必须面对的严重问题。

7.6.1　计算机网络安全的威胁

1. 网络安全的定义

网络安全从其本质上讲就是网络上的信息安全，指网络系统的硬件、软件及数据受到保护，不遭受偶然的或恶意的破坏、更改和泄露，系统能连续、可靠、正常地运行，网络服务不中断。

从用户的角度来讲，用户希望涉及个人隐私和商业利益的信息在网络上传输时能受到机密性、完整性和真实性的保护，避免其他人或对手利用窃听、冒充、篡改、抵赖等手段对自己的利益和隐私造成损害和侵犯。同时，用户希望自己的信息保存在某个计算机系统上时，不受其他非法用户的非授权访问和破坏。

从网络运营商和管理者的角度来说，他们希望对本地网络信息的访问、读写等操作受到保护和控制，避免出现病毒、非法存取、拒绝服务和网络资源的非法占用和非法控制等威胁，制止和防御网络"黑客"的攻击。

2. 计算机网络面临的安全威胁

由于网络的开放性和安全性本身即是一对固有矛盾，无法从根本上予以调和，再加上基于网络的诸多已知和未知的人为与技术方面的安全隐患，网络很难实现自身的根本安全。目前，计算机信息系统的安全威胁主要来自于以下几类：

（1）软件漏洞　每一个操作系统或网络软件的出现都不可能是无缺陷和漏洞的，这就使用户的计算机处于危险的境地，一旦连接入网，就将成为众矢之的。

（2）配置不当　安全配置不当会造成安全漏洞。例如，防火墙软件的配置如果不正确那么它根本不起作用。对特定的网络应用程序，当它启动时，就打开了一系列的安全缺口，许多与该软件捆绑在一起的应用软件也会被启用。除非用户禁止该程序或对其进行正确配置，否则安全隐患始终存在。

（3）安全意识不强　用户密码选择不慎，或将自己的账号随意转借他人或与他人共享等都会对网络安全带来威胁。

（4）病毒　目前，数据安全的头号大敌是计算机病毒，它是病毒编制者在计算机程序中插入的破坏计算机功能或数据，影响计算机软件、硬件的正常运行并且能够自我复制的一组计算机指令或程序代码。计算机病毒具有传染性、寄生性、隐蔽性、触发性、破坏性等特点。因此，提高对病毒的防范刻不容缓。

（5）黑客　对于计算机数据安全构成威胁的还有计算机黑客（Hacker）。计算机黑客利用系统中的安全漏洞非法进入他人计算机系统，其危害性非常大。从某种意义上讲，黑客对信息安全的危害甚至比一般的计算机病毒更为严重。

7.6.2　计算机病毒的防范措施

随着计算机广泛应用于人们工作和生活中的各个领域，计算机除了给人们带来方便和提高效率之外，还隐藏着许多不安全因素，计算机病毒就是其中之一。各种计算机病毒的产生和全球性蔓延已经给计算机系统的安全造成了巨大的威胁和损害，造成计算机资源的破坏和社会性的灾难。因此，计算机的相关从业人员不但要熟练掌握计算机软硬件知识，同时也应加深对计算机病毒的了解，掌握一些必要的计算机病毒的防范措施。

1. 计算机病毒的定义及特点

计算机病毒是一组通过复制自身来感染其他软件的程序。当程序运行时，嵌入的病毒也随之运行并感染其他程序。一些病毒不带有恶意攻击性编码，但更多的病毒携带毒码，一旦被事先设定好的环境激发，立刻感染和实施破坏。自20世纪80年代莫里斯编制的第一个"蠕虫"病毒程序至今，世界上已出现了多种不同类型的病毒。归纳起来，计算机病毒有以下特点：

1）攻击隐蔽性强。病毒可以无声无息地感染计算机系统而不被察觉，等发现时，往往已造成严重后果。

2）繁殖能力强。计算机一旦染毒，可以很快"发病"。目前的三维病毒还会产生很

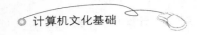

多变种。

3）传染途径广。计算机病毒可以通过 U 盘、有线和无线网络、硬件设备等多渠道自动侵入计算机中，并不断蔓延。

4）潜伏期长。病毒可以长期潜伏在计算机系统中而不发作，待满足一定条件后，就激发破坏。

5）破坏力大。计算机病毒一旦发作，轻则干扰系统的正常运行，重则破坏磁盘数据、删除文件，导致整个计算机系统的瘫痪。

6）针对性强。计算机病毒的效能可以准确地加以设计，以满足不同环境和时机的要求。

2. 计算机病毒技术分析

长期以来，人们设计计算机的目标主要是追求处理功能的提高和生产成本的降低，但对于安全问题则重视不够。计算机系统的各个组成部分、接口界面、各个层次的相互转换，都存在着不少的漏洞和薄弱环节。实施计算机病毒入侵的核心技术是解决病毒的有效注入，其攻击目标是对方的各种系统，以及从计算机主机到各式各样的传感器、网桥等，以使他们的计算机在关键时刻受到诱骗或崩溃，无法发挥作用。从国外技术研究现状来看，病毒注入方法主要有以下几种：

（1）无线电方式　此种方式主要是通过无线电把病毒码发射到对方电子系统中。此方式是计算机病毒注入的最佳方式，同时技术难度也最大，可能的途径有：①直接向对方电子系统的无线电接收器或设备发射，使接收器对其进行处理并把病毒传染到目标机上。②冒充合法无线传输数据，根据得到的或使用标准的无线电传输协议和数据格式，发射病毒码，使之能够混在合法传输信号中，进入接收器，进而进入网络。③寻找对方系统保护最薄弱的地方进行病毒注放，通过对方未保护的数据链路，将病毒传染到被保护的链路或目标中。

（2）"固化"式方法　"固化"式方法即把病毒事先存放在硬件和软件中，然后把此硬件和软件直接或间接交付给对方，使病毒直接传染给对方电子系统，在需要时将其激活，以达到攻击目的。这种攻击方法十分隐蔽，即使芯片或组件被彻底检查，也很难保证其没有其他特殊功能。目前，我国很多计算机组件都依赖于进口产品，因此很容易受到芯片的攻击。

（3）后门攻击方式　后门是计算机安全系统中的一个小洞，由软件设计师或维护人发明，允许知道其存在的人绕过正常的安全防护措施进入系统。攻击后门的形式有许多种，如控制电磁脉冲可将病毒注入目标系统。计算机入侵者就常通过后门进行攻击，如曾经普遍使用的 Windows 98 系统就存在这样的后门。

（4）数据控制链侵入方式。互联网技术的广泛应用，使计算机病毒通过计算机系统的数据控制链侵入目标计算机成为可能。使用远程修改技术，可以很容易地改变数据控制链的正常路径。除上述方式外，还可以通过其他多种方式注入病毒，这里不再一一介绍。

3. 计算机病毒的防范措施

（1）安装杀毒软件　选择一款知名度高的杀毒软件，国产的如瑞星、金山毒霸、

KV3000 等，国外的如诺顿、趋势等均可。在计算机上安装杀毒软件后，必须设置为开机后自动打开病毒实时监控功能，定期使用查病毒软件扫描系统，定期升级或设置为自动升级杀毒软件。

（2）关闭病毒经常攻击的端口　有些病毒只是攻击计算机的特定端口，因此只要在计算机上关闭其攻击的端口便可将病毒拒之门外，常见的病毒攻击端口有 23、135、445、139、3389 等。

（3）使用国内知名的搜索引擎搜索和下载资源　如果要打开陌生网页，可以在百度等知名搜索引擎中输入其首页地址，这样可以在一定程度上防止中病毒或木马程序，因为这些知名的搜索引擎会检测网站首页是否有木马程序等。

（4）阻止异常程序的开机自动启动　目前流行的病毒往往会在开机时自动运行。计算机中毒后，单击"开始"→"运行"，输入 msconfig 命令，会出现一个系统配置实用程序。单击最右面的"启动"，然后根据实际情况（注意，必须有一个打钩的 ctfmon. exe，这是输入法程序，否则系统无法启动）选择开机启动程序。如果认为哪个是病毒程序，可以取消其勾选状态，然后重新启动系统即可。

（5）及时安装系统补丁　黑客等往往都是利用工具扫描对方系统漏洞，进而进行攻击或安放木马。安装补丁在很大程度上可以减少中毒概率。下载 360 安全卫士且完成安装后，会自动评估用户目前系统的安全性。如果系统不安全，会自动提示用户修复，用户可以修复安装补丁。这个程序是自动完成的，只需单击选择"全部"，然后进行修复即可。

（6）不要轻易打开陌生网站　尽管目前的杀毒软件和木马扫描软件越来越好，但是很多新型病毒在一定时间内并未被杀毒软件发现。所以为了上网安全，最好不要打开一些陌生的网站，以防链接到病毒页面。

本章小结

本章从计算机网络的概念入手，首先介绍了计算机网络的概念、功能和分类；由于计算机网络中主要应用的是数据通信技术，因此本章介绍了数据通信的基本概念、数据的传输方式和数据交换技术与差错控制；接下来在讲授局域网的几种常见的拓扑结构的基础上，对其拓扑结构的硬件组成、网络互联设备和网络操作系统进行了介绍；在计算机网络的体系结构和网络协议中，着重讲述了 OSI 参考模型，介绍了目前应用最为广泛的 TCP/IP 和下一代互联网协议。

计算机网络技术的飞速发展，使得 Internet 的应用迅速普及。因此，本章还介绍了 Internet 的基本知识和技术，包括 Internet 的起源和发展、几种常见的接入 Internet 的方式、Internet Explorer 7.0 的基本使用方法、利用 Outlook Express 收发和管理电子邮件的方法等。

本章最后介绍了计算机网络安全的威胁和病毒的防范措施。

思考题

1. 什么是计算机网络？

2. 计算机网络具有哪些功能？

3. 常见的计算机网络拓扑结构有哪几种？各有哪些特点？

4. 什么是 OSI 参考模型？各层的主要功能是什么？

5. 常用的计算机网络操作系统有哪些？

6. 什么是 IPv6 技术？

7. 简述 IPv6 的典型应用。

8. 举例说明几种 Internet 接入技术。

9. 如何使用 IE 浏览网页？

10. 如何使用 Outlook Express 编辑、发送、接收和转发邮件？

11. 计算机网络的主要安全威胁有哪些？

12. 计算机病毒的防范措施有哪几种？

第 8 章　常用工具软件的使用

8.1　下载工具

8.1.1　迅雷简介

迅雷是一个提供下载和自主上传的工具软件。迅雷的资源取决于拥有资源网站的多少，任何一个迅雷用户使用迅雷下载过相关资源，迅雷就能有所记录。迅雷使用的多资源超线程技术基于网格原理，能够将网络上存在的服务器和计算机资源进行有效的整合，构成独特的迅雷网络，通过迅雷网络各种数据文件能够以最快的速度进行传递。

多资源超线程技术还具有互联网下载负载均衡功能，在不降低用户体验的前提下，迅雷网络可以对服务器资源进行均衡，有效降低了服务器负载。

8.1.2　迅雷的使用

1．让迅雷可持续下载

（1）设置同时下载任务数　迅雷 7 现在最多同时下载的任务数可以上调为 50，在炎热的夏天，或持续地下载电影、电视剧，这些文件一般较大，用户可以将同时的任务数数值下调，这样迅雷对于文件系统和资源的占用会少很多，既提升了速度，也减轻了系统负荷，使系统更为稳定。

选择"配置中心"→"系统设置"→"我的下载"，再选择"常用设置"，即可在右侧的"同时进行的最大任务数"下拉列表框中进行设置，推荐值为 5，如图 8-1 所示。

（2）设置更大的缓存　可以设置更大的缓存来改善电影等大文件的下载。选择"配置中心"→"系统设置"→"我的下载"→"常用设置"，然后在"磁盘缓存"中将"最小缓存"和"最大缓存"都设置成最大值，如图 8-1 所示。

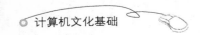

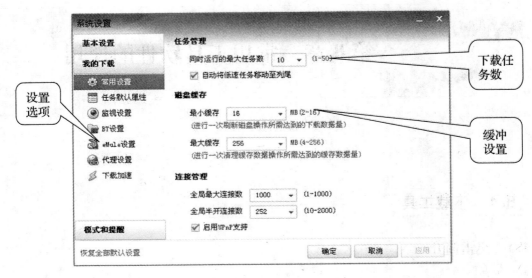

图 8-1　系统设置

2．让迅雷在夜间自动下载

相对来说，夜间比白天的温度低，而且网络的负荷也少，因此下载时效率高，发热也少。用户可以对任务进行设置，让迅雷在夜间自动下载。

（1）添加下载资源　在浏览器中直接拖放下载链接，或右键单击链接，在弹出的快捷菜单中单击"使用迅雷下载"命令，并在打开窗口中不进行任何设置，也可以将任务添加到列表中。

（2）设置下载完成后关机　让迅雷在下载后自动关机，可选择"工具"→"计划任务管理"→"下载完成后"→"关机"，如图8-2所示。

图 8-2　下载完成后设置

3．批量下载

迅雷 7 是一款新型的基于多资源超线程技术的下载软件，作为"宽带时期"的下载工具，迅雷针对宽带用户做了特别的优化，能够充分利用宽带上网的特点，带给用户高速下载的全新体验！同时，迅雷推出了"智能下载"的全新理念，通过丰富的智能提示和帮助，让用户真正享受到下载的乐趣。

4．BT 种子下载

打开迅雷，单击"新建下载"→"打开 BT 种子文件"，找到种子的文件目录，然后选择该种子文件打开，出现"新建 BT 任务"界面。选择"新建 BT 任务"→"自定义"→"浏览文件夹"，把要下载的文件保存到一个目标位置（也可以使用默认的下载位置），最后单击"立即下载"按钮即可。

8.2 文件压缩工具

8.2.1 WinRAR 的主界面

打开 WinRAR 软件，在工具栏上单击鼠标右键，在弹出的快捷菜单中选择"选择按钮"选项，然后在"选择工具栏按钮"对话框中勾选全部的复选框，确定后，所有快捷按钮都会出现在 WinRAR 的主界面的工具栏上，如图 8-3 所示。

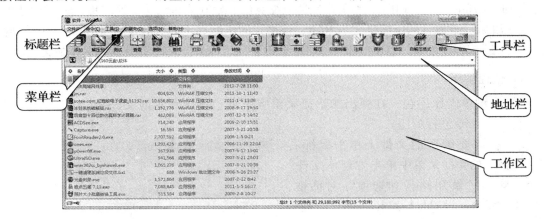

图 8-3 WinRAR 的主界面

1）标题栏：表明了当前窗口的名称。

2）菜单栏：有文件、命令、工具、收藏夹、选项和帮助 6 个菜单（菜单中的所有命令均有键盘快捷键）。

3）工具栏：包括一些常用工具的按钮，是下拉菜单中的快捷命令。用户可以使用常规设置对话框来选择要显示的按钮、删除按钮文本或改变按钮的尺寸，或在工具栏上单击鼠标右键进行具体设置。

4）地址栏：用以显示当前文件的路径，用户可以使用鼠标或按〈F4〉键将其打开。地址栏的左侧是一个小型"向上"按钮，它会将当前文件夹转移到上一级。按〈Ctrl + D〉组合键或单击地址栏上的小型"驱动器"图标，也能更改当前的驱动器。

5）工作区：也称为文件列表，它可以显示当前路径下的文件夹，或 WinRAR 进入压缩文件时，显示压缩过的文件等内容，这些被称为文件管理和压缩文件管理模式。每一个文件会显示下列参数：名称、大小、类型和修改时间。通过在工作区标题的名称上单击鼠标左键，可以更改文件的排列顺序（如在标题栏的"大小"上单击，蓝色的箭头显示排序的方向），也可以通过鼠标拖动标题栏的分隔线来改变标题栏的宽度。如果压缩文件被加密过，它的名称后面会跟随星号。如果文件连接着下一个分卷，则它的名称会跟随"→"；如果文件是 F 连接着上一个分卷，则它的名称会跟随"←"；如果文件是连接在上一个与下一个分卷之间，则它的名称会跟随"↔"。

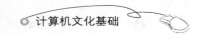

如果在文件列表上单击鼠标右键，将会出现包含文件管理和界面命令的菜单。这些命令在普通的 WinRAR 菜单和工具栏中也有，所以可以自行选择最方便的一个。

8.2.2　WinRAR 的使用方法

WinRAR 的特性包括强力压缩、多卷操作、加密技术、自释放模块等。与众多的压缩工具不同的是，WinRAR 沿用了 DOS 下程序的管理方式，压缩文件时不需要事先创建压缩包然后向其中添加文件，而是可以直接创建。此外，把一个软件添加到一个已有的压缩包中，也非常方便。WinRAR 还采用了独特的多媒体压缩算法和紧固式压缩法，这点更是针对性地提高了其压缩率。它默认的压缩格式为 RAR，该格式的压缩率比 ZIP 格式高出 10% ~ 30%，同时，它也支持 ZIP、ARJ、CAB、LZH、ACE、TAR、GZ、UUE、BZ2、JAR 类型的压缩文件。

1．快速解压

1）右键单击压缩包，在弹出的快捷菜单中单击"解压到当前文件夹"或"解压到 ＊＊文件"命令进行解压。

2）在需要解压的文件上单击鼠标右键，在弹出的快捷菜单中单击"解压文件"命令，弹出"解压路径和选项"对话框，如图 8-4 所示。设置目标路径（用户需要将解压文件存放的位置）、更新方式、覆盖方式等（一般不用设置，选择默认设置即可），然后单击"确定"按钮即可解压。

3）打开 WinRAR 主界面，双击要解压的压缩文件，单击工具栏上的"解压到"按钮，弹出"解压路径和选项"对话框，保持默认设置并单击"确定"按钮即可解压。

图 8-4　"解压路径和选项"对话框

2．压缩文件的方式及加密

1）打开 WinRAR 主界面，选择要压缩的文件，单击工具栏上的"添加"按钮，在弹出的"压缩文件名和参数"对话框中，压缩文件格式选择"RAR"，压缩方式选择"标准"。在"压缩分卷大小，字节"下拉列表框中，选择"1，457，664 – 3.5"选项，也可以输入自己设定的数值或保持默认数值，如图 8-5 所示。最后，单击"确定"按钮，即可开始进行文件压缩。

2）在需要压缩的文件上单击鼠标右键，在弹出的快捷菜单中单击"添加文件到压缩文件中"命令，或按〈Alt + A〉组合键，弹出"压缩文件名和参数"对话框，按照上述1）进行设置，最后单击"确定"按钮即可进行压缩。

图 8-5 "压缩文件名和参数"对话框

3）创建自解压文件：为了不受解压软件的限制，在"压缩文件名和参数"对话框中勾选"创建自解压格式压缩文件"复选框，此时"*.rar"变成了"*.exe"，该文件可以直接运行，不受解压软件的限制。

4）生成加密压缩文件：在"压缩文件名和参数"对话框中，选择"高级"选项卡如图 8-6 所示，单击"设置密码"按钮，同时勾选"加密文件名"复选框，然后输入密码，即可生成加密压缩文件。

图 8-6 加密压缩文件

3. 批量处理

1）批量转换压缩格式：把 ZIP、ARJ、ACE、CAB、ISO 等压缩格式的压缩包放到一个文件夹 AAA 下，然后打开 WinRAR，单击"工具"→"转换压缩文件格式"命令，打开"转换压缩文件"对话框，或在 WinRAR 的主界面中单击"转换"按钮，在弹出的"转换压缩文件"中单击"添加"按钮，如图 8-7 所示，选择文件夹 AAA，勾选"删除原来的压缩文件"复选框，单击"确定"按钮，即可将该文件夹内的其他格式转换成 RAR 压缩包。

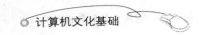

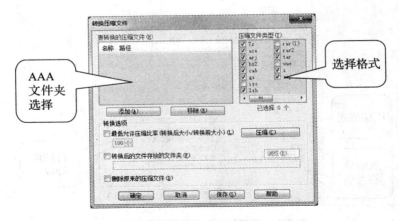

图8-7 批量转换压缩格式

2）批量删除压缩包内无用的文件：删除压缩包中占主要体积的 JPG 图像文件，仅保留里面的其他文件。在 WinRAR 的主界面中单击"文件"→"选定一组"命令，输入"＊.jpg"，即可选中所有 TIF、BMP 文件。单击 WinRAR 主界面工具栏上的"删除"按钮，一段时间后，这些文件就从压缩包中删除了。

3）批量提取压缩包中文件：提取压缩包中占主要体积的 BMP 图像文件到"图片"文件夹。将所有 BMP 文件选中，单击工具栏上的"解压到"按钮，在弹出的"解压路径和选项"对话框中，选择"高级"选项卡，勾选"不解压路径名"复选框，然后单击"确定"按钮，所有的文件就解压到目标文件夹"图片"下了。

8.3 网络交流工具

8.3.1 腾讯 QQ 简介

1999 年 2 月由腾讯自主开发了基于 Internet 的即时通信网络工具——腾讯即时通信（TencentInstant Messenger，简称 TM 或腾讯 QQ）。

2012 年 12 月 4 日，腾讯 QQ 正式开放了人数上限为 1 000 人的 QQ 群。2012 年 12 月 20 日，腾讯 QQ 群 1 000 人群升级为 2 000 人群，从这天起腾讯 QQ 群为网民提供了更宽广的舞台。

1. 启动 QQ

在腾讯官方网站 http：//im.qq.com 页面下载 QQ 安装程序后，双击即可安装，安装过程非常简单。安装完毕后单击"开始"→"程序"→"腾讯软件"→"腾讯 QQ"命令，即可打开"QQ 用户登录"窗口。

2. 申请账号

在 QQ 登录界面中单击"注册账号"超链接，打开"申请 QQ 账号"页面，按要求填写内容。目前，申请 QQ 账号有 3 种方式：网页免费申请、手机免费申请、手机快速申请。

任选一种申请方式按照提示即可申请到 QQ 号码。

3. 常用操作

（1）添加好友　单击 QQ 主界面下方的"查找"按钮，打开对话框，有 3 种方式可以选择：看谁在线上、精确查找、QQ 交友搜索。其中，"看谁在线上"是在没有固定目标时选择，这时会显示所有的在线 QQ 用户；"精确查找"是在知道对方的 QQ 号码或昵称时，输入对方的 QQ 号码或昵称就可以找到对方；"QQ 交友搜索"是按设置条件，如城市、年龄、性别，查找后显示满足条件的所有 QQ 用户。然后单击"加为好友"按钮，再输入验证信息，等对方同意加为好友后即可。

（2）聊天　双击好友头像，会弹出聊天窗口，在窗口下部的空白处输入聊天内容，单击"发送"按钮即可。如果好友回复了信息，则好友的头像会跳动，双击头像即可查看信息。

（3）传送文件　QQ 还可以传送文档、图片、音乐、电影等文件，操作方法是：直接单击聊天窗口中的"发送文件"图标，选中所要发送的文件后单击"打开"按钮，弹出窗口，然后等待对方接收文件；还可以将要发送的文件直接用鼠标拖进好友聊天的对话框中。如果双方是好友则可直接发送离线文件，如果双方是陌生人就只能在双方都在线的情况下才能收发文件。

（4）语音聊天　使用 QQ 提供的语音聊天功能，就像和对方在打电话一样，在计算机上安装话筒和音箱等设备，双击某个好友头像，然后从弹出的聊天对话框中单击"开始语音会话"图标，在右侧弹出对话窗口，然后等待对方收到请求并同意后即可开始进行对话。

（5）视频聊天　QQ 提供了视频聊天功能，可以和对方进行面对面谈话，在计算机上安装话筒、音箱、摄像头等设备（如果一方没有装载这些多媒体设备，则只可以看到安装设备一方的图像）。双击某个好友头像，然后从弹出的聊天对话框中单击"开始视频会话"图标，在右侧弹出对话窗口，然后等待对方收到请求并同意后即可进行视频聊天。

（6）远程协助　双击某个好友头像，然后从弹出的聊天对话框中单击"远程协助"图标，在右侧弹出对话窗口，然后等待对方收到请求并同意后即可让好友操作你的计算机并帮助你进行远程协助。

（7）创建群组　在 QQ 面板中选择"群/讨论组"→"创建群/讨论组"，然后在弹出的面板中依次填写"选择群类别""填写群信息"等信息，然后单击"下一步"按钮直到创建成功。

8.3.2　MSN 软件简介

MSN Messenger 是一款出自微软的即时通信工具，和腾讯 QQ、新浪 UC、YY、百度 hi、Lava 快信是同一个类别的工具。MSN 是 4 大顶级个人即时通信工具之一。MSN 作为一种联络通信工具，已经越来越普及，特别是上班族。MSN 是微软公司提供的互联网服务，也就是说与网络同步服务。

1. 登录与注册

1）可在 MSN 的主页下载并安装 MSN 的 Messenger 软件。

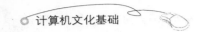

2）注册一个 MSN 的 Hotmail 电子邮件地址，注册过程可在登录 MSN 的 Messenger 的过程中根据提示进行，也可直接到 MSN 主页的 Hotmail 页面上注册。

3）打开 MSNMessenger 软件，使用已有的电子邮件地址登录。

4）登录后，单击"添加联系人"，根据他人的电子邮件地址即可将其设置为联系人。

2. MSN 的几种使用技巧

（1）背景设置　准备一幅 160×140 的 GIF 图片，将其保存到 C:\Program Files\MSN Messenger 文件夹下，命名为 lvback.gif，重新登录 MSN Messenger 即可发现新的背景图。

（2）个性名字显示　右键单击昵称，选择"个人设置"，在"个人设置"面板中的第一项"键入让其他用户看到的用户的名称"中输入昵称，在希望出现图标的地方输入图释代码，并且用西文小括号括起来。当发出信息时，用户好友就可以看到新的个性昵称了。

（3）让 MSN 自动离开　选择"工具"→"选项"，在"个人信息"选项卡下的"常规"项中勾选"如果我在×分钟内为非活动状态，则显示'离开'"复选框。在后面设置一个数值，这样在规定的几分钟内鼠标没有移动，MSN Messenger 就会自动显示为"离开"，这样别人发消息时就会得到用户离开的消息。

（4）让消息有条理　如果想给消息分段，则只要在输入消息后，按〈Ctrl + Enter〉组合键或按〈Alt + Enter〉组合键即可，按〈Enter〉键则会发送此消息。

（5）阻止不受欢迎的人　如果不欢迎某人，但他总是发消息，则可以右击此人的头像，在下拉列表中单击"阻止"命令即可。

（6）设置聊天文字　在聊天窗口中单击"字体"按钮，可以设置字号、字体大小、字体样式等。这样，向别人发送的消息就会使用个性文字。

（7）设置 MSN 的声音　打开"控制面板"，双击"声音和音频设备"图标。选择"声音事件"标签，拖动滚动条，找到 MSN Messenger 类别，为 MSN 设置自己的声音。

（8）让别人更好地了解自己　如果用户想让好友更好地了解自己，可以单击"工具"→"选项"→"个人信息"命令，然后单击"编辑个人资料"按钮，再到网站对自己的"档案文件"进行详细设置即可。

（9）传递文件　从"资源管理器"中直接把文件拖放到聊天窗口中（可以一次拖放多个文件），则可快速向联系人发送文件。另外，在"资源管理器"中选中多个文件，按〈Ctrl + C〉组合键，再在 MSN 聊天窗口中按〈Ctrl + V〉组合键即可向好友发送多个文件。

8.4　多媒体播放工具的使用

随着计算机技术的不断发展，到目前为止，常见的音频文件格式有 CD、WAVE（*.wav）AIFF、AU、MP3、MIDI、WMA、RealAudio、VQF、OggVorbis、AAC、APE 等。常见的视频文件格式有 wmv、asf、asx、avi、rm、rmvb、mpg、mpeg、mpe、3gp、mov、mp4、m4v、dat、mkv、flv、vob、xv 等。

8.4.1 暴风影音界面介绍

为了方便介绍，将暴风影音界面分为以下几个区域，如图 8-8 所示。

1）菜单区：单击左上角的"暴风影音"下拉按钮，会出现主菜单，这里有大部分的设置项目，分为文件、播放、DVD 导航、帮助、高级选项、退出 6 部分。在每个主菜单下还有相应的子菜单，如"文件"下有打开文件、打开文件夹、打开 URL 和打开碟片/DVD。

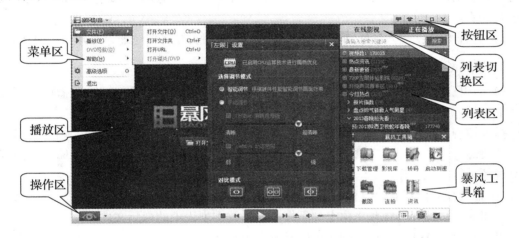

图 8-8 暴风影音界面

2）播放区：视频的播放画面，有快速打开视频文件的按钮。

3）操作区：左边的眼睛是开启左眼功能，眼睛右边的下拉箭头是左眼功能设置；中间依次是停止、上一个视频、播放/暂停、下一个视频、打开文件、静音开/关、声音大小调节；右边是打开/关闭播放列表、暴风工具箱、暴风盒子。

4）按钮区：有皮肤更换、播放器界面的最小、最大/还原、关闭几个按钮。

5）列表切换区：在线影视和正在播放列表的切换。

6）列表区：有在线影视搜索功能和在线的视频列表以及当前播放的视频列表。

7）暴风工具箱：包括下载管理、影视库、转码、启动测速、截图、连拍、资讯。

8）画面比例：有全屏、最小界面、1 倍尺寸、2 倍尺寸、始终置顶/播放时置顶/从不置顶、剧场模式。

9）调节设置：包括画质调节、音频调节、字幕调节和播放调节。

8.4.2 暴风影音播放器的使用

1. 视频文件的打开

（1）打开本地视频

1）打开文件：打开要播放的文件，如电影、电视剧等。

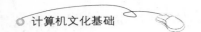

2）打开文件夹：打开要播放的文件所在的文件夹，暴风影音会按设置顺序的要求进行播放。

3）打开碟片/DVD：打开光驱内的视频文件。

4）右键打开：打开播放列表，在列表切换区选择"正在播放"，右键单击可以打开快捷菜单，选择"添加文件到列表"进行观看，可以选择一个或多个视频文件，也可选择"载入播放列表"，打开用户先前保存过的播放列表进行观看。

（2）打开在线视频

1）在线观看：打开播放列表，在列表切换区选择"在线影视"，根据系统的分类选择自己想看的影视作品，也可在"搜索框"中直接输入用户想看的视频文件的名字，搜索后进行观看。

2）打开 URL：输入互联网媒体文件地址或局域网媒体文件地址，打开在线视频文件。

2．暴风影音的使用

1）打开子菜单，选择里面相应的选项：快进、快退、加速播放、减速播放、正常速度、上一帧、下一帧。

播放控制：在操作区选择相应的快捷键播放、停止、下一个、上一个、调节音量的大小、如要静音在"小喇叭"图标上单击，在按键区单击最小化、最大化/还原、关闭等按钮对视频进行相应操作。

2）播放模式的设置，具体有以下几种。

顺序播放：选择后视频将由上到下按顺序播放本列表中的视频文件。

单个播放：选择后将播放列表中的某一个视频文件。

随机播放：选择后将随机播放列表中的视频文件。

单个循环：选择后将循环播放某一个视频文件，直到用户停止。

列表循环：选择后将循环播放所有列表中的所有视频文件，直到用户停止。

3）AB 点重复：在播放进度条上先后设置 A、B 两点，视频就会在 A、B 两点之间循环播放，直到取消 A、B 点重复后才能继续播放列表中的其他文件。

4）保存播放列表：用户根据需要把要播放的文件添加到播放列表中，若当时观看不完，则可以把播放列表保存，在下次要观看时直接选择"载入播放列表"。

5）视频画面。比例调节：打开"播放"菜单下的"显示比例/尺寸"子菜单，下面有原始比例（推荐）、按 16:9 比例显示、按 4:3 比例显示、铺满播放窗口；0.5 倍、1.0 倍、1.5 倍、2.0 倍缩放画面。也可在视频播放时，当鼠标放在画面上端时出现"播放画面调节"的浮动条，单击左侧的快捷按钮对视频画面比例进行调节。

6）音频调节。很多电影使用双语压制而成，需要切换声道观看。在观看视频上端出现"播放画面调节"的浮动条，如图8-9所示。打开右侧的"音频调节"，根据需要选择默认、左声道或右声道。单击比例条选择音量的大小，可设置声音提前或延后几毫秒。

图8-9　播放画面调节

3. 选项的设置

选项设置中包含两个模块：常规设置和播放设置。

1）常规设置分为基本设置和缓存与网络，下面简单介绍以下几项。

列表区域：列表区域的展现方式，有总是展开、总是关闭、记忆列表区展开 3 种状态。

文件关联：系统提供了它能播放的所有格式，有视频、音频、动画等格式。用户可以根据需要进行选择，或选择"全选"，如选了音频后，所有歌曲就会用暴风影音进行默认播放。

热键设置：设置老板键，在启动后按下老板键则暂停播放；修改各项控制命令的快捷键；在播放 SWF 格式的文件时禁用快捷键。

截图设置：截图保存路径的选择；连拍截图的设置，有 4 张、9 张、16 张可选；截图方式设置，是按视频源尺寸截图，还是按当前窗口尺寸截图。

隐私设置：勾选"退出时清空播放列表记录"复选框，则在下次打开暴风影音时列表中不会显示用户上次观看的视频。

启动与退出：在启动暴风影音时是否启动暴风盒子，开机时是否自动运行暴风影音，单击右上角的关闭按钮时是最小化还是退出暴风影音。

升级与更新：软件更新方式的选择。

资讯与推荐：有"求救暴风资讯窗口""取消授权时赞助商推荐内容""弹出推荐给我的消息"3 个复选框。

缓存与网络：设置缓存的路径和占用的最大空间，也可以自动优化占用空间。

2）播放设置分为常规播放和高清播放两种设置方式。

常规播放设置：快进/快退一次设置为几秒；加速/减速一次设置为几秒；播放列表选项，继续上次未完成的列表，自动添加相似名称的文件到列表（勾选后，用户观看电视剧时，打开第一集时，暴风影音会自动把后面的 2～N 集自动添加，以方便用户观看）；打开文件时清空原有列表；列表文件数超过设定值时提示清理的个数。

高清播放设置：高清加速开启设置。

在线影视：可以根据需要搜索想看的视频，也可以根据列表区提供的信息观看最新、最全的各种视频，有电影、电视剧、综艺等。

8.5   英汉字典及翻译软件

8.5.1   金山词霸 2009

金山词霸 2009 各系列版本中，不仅完善了网络在翻译软件中的各种应用，还新增了韩语、成语等 12 本经典词典，并且增加了 32 万纯正真人语音（含英式和美式）以及方便

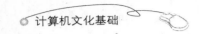
大家日常写作、聊天使用的 200 万个实用例句，支持中、日、英 3 种语言网页和文本快速一键翻译，另外，附赠写作、语法等英语学习资料。

1. 金山词霸 2009 的主界面

金山词霸 2009 专业版中提供的功能较为齐全，有主功能标签切换区、搜索输入操作区、主菜单、侧栏操作引导区、主题内容显示区和快捷操作 6 块，如图 8-10 所示。

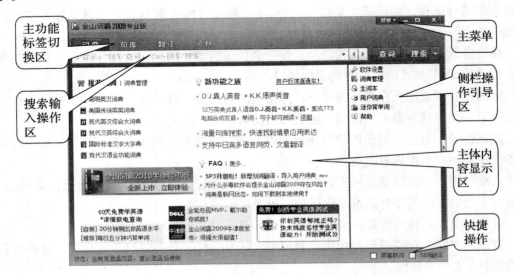

图 8-10　金山词霸 2009 的主界面

2. 屏幕取词界面窗口

屏幕取词界面窗口简单分为菜单操作区、添加到生词本、取词结果显示区和翻译结果显示区 4 部分，如图 8-11 所示。

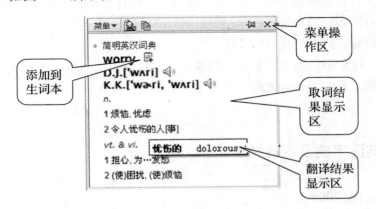

图 8-11　屏幕取词界面窗口

8.5.2 使用金山词霸

1. 主菜单功能介绍及使用

文件菜单包含激活、词典、词库、翻译、资料、开启屏幕取词、开启划词翻译，这 7 项在主界面窗口中都有快捷操作方式，如图 8-12 所示，可以在主功能标签切换区和快捷方式中选择。

图 8-12 设置窗口

2. 工具

（1）生词本 生词本如图 8-13 所示，是用来帮助用户记忆生词的工具。

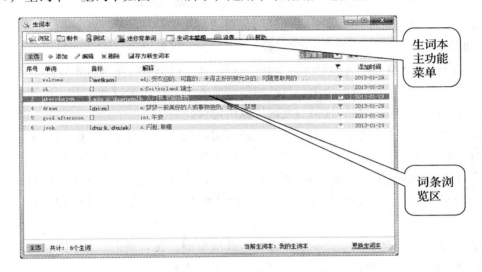

图 8-13 生词本

1）生词本主功能菜单简介如下。

浏览：浏览当前生词本的内容。

制卡：把当前生词本内容制成小卡，方便携带。

测试：对当前生词本内容进行测试。

生词本管理：打开生词本管理。

2）生词本浏览辅助功能简介如下。

添加：手工输入新的生词。

编辑：对已有生词进行编辑。

存为新生词本：把当前选中的词条另存为新生词本。

3）把陌生的单词加入生词本有以下两种方式：

查词后，在释义中的词条名右边，单击图标如图 8-13 所示，把生词加入生词本。

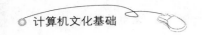

（2）迷你背单词　如图 8-14 所示。

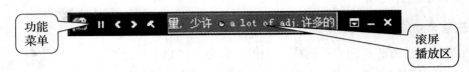

功能菜单　　　　　　　　　　　　　　　　　　　　滚屏播放区

图 8-14　迷你背单词

迷你背单词的设置如下。

背诵内容：可选择 17 类公共背诵词库表，也可选择自己生词本中的词条背诵。

背诵范围：提供首字母范围及详细的单词范围（如"this"至"that"）。

界面方案：时尚黑（默认）、晶紫、苹果绿、金属灰、简洁白。

滚屏样式：背景、单词、音标、解释均可做颜色调整。

滚动设置：滚动模式、滚动速度、滚动文字大小均可做设置。

声音设置：手动发音、自动发音；同时允许加载自己的语音库文件发音。

用户词典：用户词典是一个用户自己编撰词典的小工具。通过此工具，用户可自行添加词库中没有的词条，保存或选用为查词、取词词典。

新建词条：用户词典在初始状态下已经为用户建立了一本默认用户词典，即"我的用户词典"，用户在输入框中输入要添加的词条（如"Ferris wheel"），并在右侧的"音标"框中输入词条的音标（借助音标键盘），在"解释"框中输入单词的解释，单击"保存"按钮，词条即出现在左侧的单词列表中，说明该词条已被加入到用户词典中。

修改词条：在左侧单词列表中选择需要修改的单词，在右侧的"单词""音标""解释"输入框内直接修改单词内容，单击"保存"按钮即可。

删除词条：在左侧单词列表中选择需要删除的词条，单击"删除词条"按钮即可。按住〈Ctrl〉键或〈Shift〉键可一次选择多个单词进行删除操作。

3. 设置

（1）软件设置

常规：设置软件是否开机启动、主界面的语言、关闭时的状态。

词典/句库：历史的记录个数、查询显示的条数、搜索服务的选择。

阅读样式：阅读字体的颜色、大小。

屏幕取词：屏幕取词的方式、缓存时间、取词的类型等。

语音：声音的类型、要发声的词或句的设置等。

热键：词霸中各种热键的设置及修改。

生词本：翻译的单词加入生词本的设置。

（2）词典管理　如图 8-15 所示。

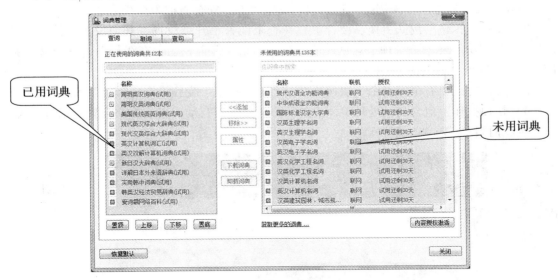

已用词典

未用词典

图 8-15　词典管理

在词典管理中，用户可以对查词词典、取词词典、查句句库执行启用或禁用操作。

提 示

在词典管理中，查词与取词的词典略有不同：取词作为辅助阅读的功能，通常用户会选择词条量多、释义简明的词典作为取词词典，如《简明英汉词典》《简明汉英词典》等；查词词典列出了该软件中的所有词典，包括《现代英汉综合大辞典》等大部分词典，用户可根据需要进行个性化的设置。用户可以根据磁盘空间的大小，将经常使用的词典下载到本地使用，不经常用的词典联网使用。

8.6　系统安全防护工具

8.6.1　瑞星杀毒软件

1.界面介绍

1）主功能标签具体介绍如下。

病毒查杀：病毒查杀主界面的开启（病毒的查杀方式，也是瑞星默认打开的界面，主界面如图 8-16 所示）。

电脑防护：实时监控及主动防御各项防护功能的开启和关闭。

安全工具：瑞星的全部产品的下载，包括瑞星安全产品、系统优化产品、网络安全、手机安全、辅助工具。

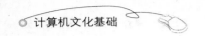

帮助中心：包括常见问题、官方论坛、微博互动、在线客服、热线客服和新手帮助。

资讯中心：包括瑞星动态、瑞星播报、安全动态、安全防护等在线信息。

2）设置区：包括皮肤更换、设置中心（查杀设置、升级设置、其他设置、使用默认设置）、其他功能（上报管理、意见反馈、官方网站、卡卡论坛、在线帮助、关于瑞星）、最小化、最大化、还原和关闭。

3）查杀方式：有全盘查杀、快速查杀、自定义查杀、变频杀毒、云查杀5种方式。

4）快捷操作：包含自动处理检测出的病毒、杀毒后自动关机、查杀设置、杀毒日志、隔离区、白名单、检测更新和微博。

图 8-16　瑞星杀毒软件的主界面

2. 病毒查杀

1）全盘查杀：全面查杀系统和硬盘，保证计算机的安全，用时最长，查杀最干净。

2）快速查杀：快速查杀重要区域，高速清除活体病毒，用时最短，但是杀毒不全面。

3）自定义查杀：查杀指定目录内的文件，确保文件安全。

4）变频杀毒：智能检测计算机资源占用，自动分配杀毒时占用的系统资源，既保障计算机能正常使用，又保证计算机的安全。

5）云查杀：可以大大降低用户的计算机资源占用率，杀毒速度快速提升，无须升级即可查杀最新病毒。

3. 电脑防护

（1）实时监控

文件监控：开启后实时监控中的应用文件，有效发现可疑文件。

邮件监控：开启后对用户打开的邮件进行扫描。

（2）主动防御

内核加固：对系统内核进行加固，可以设置文件类安全规则和注册表安全规则。

U 盘防护：阻止 U 盘中的程序自动运行，在 U 盘接入时进行安全扫描。

浏览器防护：防护恶意脚本、预防未知漏洞攻击、浏览器主页锁定，还可以选择需要加固的浏览器。

办公软件防护：预防办公软件中未知漏洞的攻击，用户可以根据需要添加相应的办公软件。

木马防御：对防御系统在运行过程中出现的木马程序及处理方法的设置。

网购防护：用户打开网购网页即会有对应的安全提示，并拦截虚假、诈骗和不良信息等有害网站。

8.6.2　360 安全卫士

360 安全卫士是当前功能最强、效果最好、最受用户欢迎的上网必备安全软件之一，主界面如图 8-17 所示。360 安全卫士不但永久免费，还独家提供多款著名杀毒软件的免费版。

360 安全卫士运用云安全技术，在杀木马、打补丁、保护隐私、保护网银和游戏的账号密码安全、防止计算机变"肉鸡"等方面表现出色。360 安全卫士自身非常轻巧，查杀速度快。同时，还可以优化系统性能，加快计算机的运行速度。

图 8-17　360 安全卫士的主界面

1. 360 安全卫士的使用技巧

1）电脑体检：通过对计算机的体检结果进行相关的操作，单击"一键修复"按钮对木马病毒、系统漏洞、恶评插件等问题进行修复，并全面解决潜在的安全风险，提高计算机的运行速度。

2）木马查杀：分为以下 3 个部分，用户可根据需要进行相关操作。

快速扫描：只扫描系统关键区域，时间短，速度快。

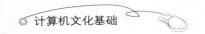

全盘扫描：扫描整个磁盘的文件，用时较长，扫描彻底，在初次使用或较长时间未查杀木马时用。

自定义扫描：可以扫描用户定义的某个磁盘、文件夹或文件。

3）漏洞修复：自动检测操作系统以及应用软件的漏洞，然后根据漏洞的安全级别从网上下载对应的补丁进行修复，在初次安装该软件或安装完操作系统时使用效果最好。

4）系统修复：分为"常规修复"和"电脑门诊"两部分。

常规修复：修复常见的上网设置和系统设置，根据扫描结果，可以对有用的插件设为"信任"，对无用的插件设为"取消信任"，如图 8-18 所示。

电脑门诊：精确修复计算机中的问题，如桌面顽固恶意图标、IE 主页篡改、无法联网等详细的问题，还可联网进行帮助（此功能在工具栏上有快捷菜单）。

图 8-18　常规修复界面

5）电脑清理：快速清理计算机中的垃圾，使系统运行更高速。

一键清理：依次勾选"电脑中的垃圾""电脑中不必要的插件""使用电脑和上网产生的痕迹""注册表中的多余项目"复选框，然后可以一键清理所有的垃圾。

查找大文件：选择要查找的磁盘和设置"跳过要扫描的重要文件"后，进行扫描，可对无用、重复的文件进行删除，节省磁盘空间。

6）优化加速：智能分析系统，优化开机启动项目。

7）软件管家：联网可以提供用户所需的大量应用软件和工具软件。

8）功能大全：在 360 安全卫士中还集成了不少功能强大的小工具，可以帮助用户更好地解决系统问题。

除了上述的几种技巧外，360 安全卫士还集成了个人中心、360 沙箱、安全桌面、木马防火墙、杀毒、网盾等功能，用户可以根据不同的需要进行相关操作。

2．360 安全卫士的设置

360 安全卫士在软件安装完成后一般不用再单独设置，如需高级功能，可在"设置"

中进行设置。单击界面上的"换肤"，可以更换软件皮肤。

8.7　系统优化工具

计算机系统优化的作用很多，可以清理 Windows 临时文件夹中的临时文件，释放硬盘空间；可以清理注册表里的垃圾文件，减少系统错误的产生；还能加快开机速度，阻止一些程序开机自动执行；可以加快上网和关机速度；可以使用它使系统个性化。Windows 优化大师和超级兔子这两款系统优化与维护工具软件，可以在不升级系统硬件的前提下，最大限度地提高系统性能，充分发挥系统所具有的功能。

8.7.1　Windows 优化大师

Windows 优化大师是一款功能强大的系统工具软件，它提供了全面有效且简便安全的系统检测、系统优化、系统清理、系统维护四大功能模块及数个附加的工具软件，主界面如图 8-19 所示。使用 Windows 优化大师，能有效地帮助用户了解自己的计算机软硬件信息、简化操作系统设置步骤、提升计算机运行效率、清理系统运行时产生的垃圾、修复系统故障及安全漏洞、维护系统的正常运转。

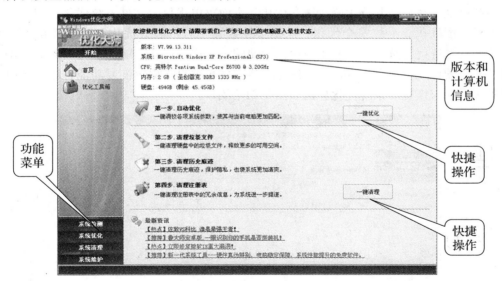

图 8-19　Windows 优化大师的主界面

Windows 优化大师的界面主要分为四大模块，即系统检测、系统优化、系统清理和系统维护，还提供自动优化、自动恢复的快捷向导和优化工具箱。

1. 系统检测

Windows 优化大师深入系统底层，分析用户计算机，提供详细、准确的硬件、软件信

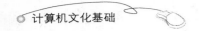

息，并根据检测结果向用户提供系统性能进一步提高的建议。系统检测模块共分为三大类，分别是系统信息总览、软件信息列表、更多硬件信息，如图 8-20 所示。

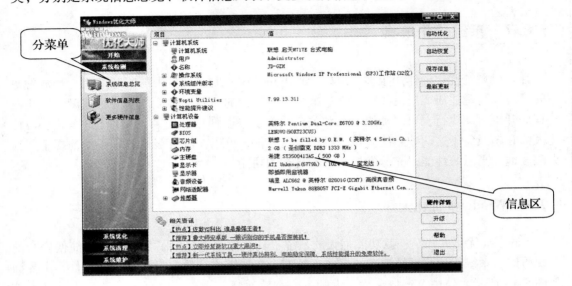

图 8-20　系统检测界面

2．系统优化

系统性能优化模块共分为磁盘缓存优化、桌面菜单优化、文件系统优化、网络系统优化、开机速度优化、系统安全优化、系统个性设置、后台服务优化和自定义设置项 9 大类。全面的系统优化选项，并向用户提供简便的自动优化向导，能够根据检测分析用户计算机的软、硬件配置信息，进行自动优化。所有优化项目均提供恢复功能，用户若对优化结果不满意可以恢复。系统优化界面如图 8-21 所示。

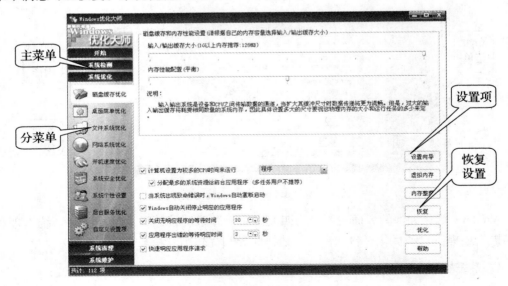

图 8-21　系统优化界面

3．系统清理

（1）注册信息清理　包括扫描、查找目标、删除、全部删除、备份和恢复等，如图 8-22 所示。

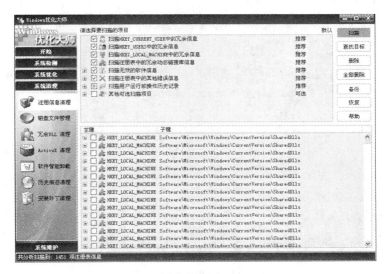

图 8-22　注册信息清理界面

1）扫描 HKEY_ CURRENT_ USER 中的冗余信息，它包含当前用户的登录信息。

2）扫描 HKEY_ USERS 中的冗余信息。

3）扫描 HKEY_ LOCAL_ MACHINE 中的冗余信息。

4）扫描注册表中的冗余 DLL 信息：分析注册表中对应位置的 DLL 文件的注册信息是否有效。

5）扫描无效的安装和反安装信息：可以扫描出应用软件在卸载或删除后仍然在注册表中保存的一些安装或反安装信息。

6）扫描注册表中的其他错误信息：分析注册表中的各类软件错误信息。

7）扫描用户运行或操作的历史记录：此项已移至历史痕迹清理。

（2）磁盘文件管理　快速安全扫描、分析和清理选中硬盘分区或文件夹中的无用文件；统计选中分区或文件夹的空间占用；重复文件分析；重启删除顽固文件；文件恢复等，如图 8-23 所示。

1）硬盘信息。进入磁盘文件管理后，Windows 优化大师首先将当前硬盘的使用情况用饼状图报告用户。用户在驱动器和目录选择列表中选择要扫描分析的驱动器或目录，然后单击"扫描"按钮，开始分析垃圾文件，每分析到一个垃圾文件，Windows 优化大师就将其添加到分析结果列表中，直到分析结束或被用户终止。

用户可展开"扫描结果"列表中的项目，Windows 优化大师将对该项目做进一步说明，如文件名、文件大小、文件类型、文件属性、文件创建时间、上次访问时间和上次修改时间等。在展开项目中单击"属性"将通过系统对话框进一步让用户查看该文件的属

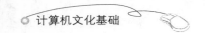
性。单击"打开",Windows 优化大师将用系统默认的打开方式打开该文件。使用者通过这些信息可对选中文件获得进一步了解,从而进一步保证了垃圾文件清理的安全性。

扫描结束后,用户可单击"删除"按钮删除分析结果列表中选中的项目,或单击"全部删除"按钮清除分析结果列表中的全部文件。

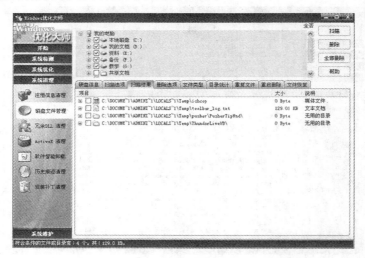

图 8-23　磁盘文件管理界面

2)删除选项。Windows 优化大师有 3 种删除方式将文件移送到回收站,删除后用户可以在回收站中还原这些文件,如图 8-24 所示。

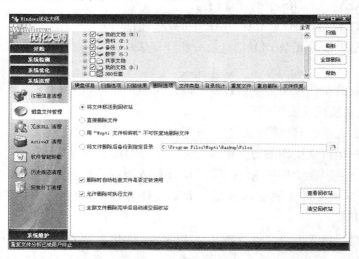

图 8-24　删除文件界面

①将文件移送到回收站。

②直接删除文件。

③用"Wopti 文件粉碎机"不可恢复地删除文件,若选择此项,则使用 Windows 优化大师内置的文件粉碎机删除文件。

④将文件删除后备份到指定目录，该项右侧为备份目录的位置。压缩备份的文件可以随时从 Windows 优化大师自带的备份与恢复管理器中恢复。

3）扫描选项。扫描选项处定义了 Windows 优化大师在扫描过程中要进行的动作。普通用户只需单击"推荐"按钮，按照 Windows 优化大师推荐的扫描选项来进行垃圾文件的清理即可，如图 8-25 所示。

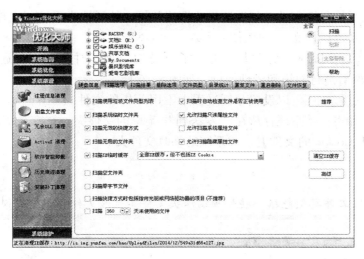

图 8-25　扫描选项界面

①扫描使用垃圾文件类型列表：勾选该复选框将按文件类型在所选硬盘或目录中扫描垃圾文件。

②扫描时自动检查文件是否正被使用：勾选该复选框，则分析过程中若文件正被别的应用程序使用，则跳过该文件，建议勾选。

③扫描系统临时文件夹：勾选该复选框将扫描临时文件夹中的所有文件。

④扫描无效的快捷方式：很多时候用户系统中的一些快捷方式指向的目标文件已经不存在了，但快捷方式却还保留着。勾选该复选框将在所选硬盘或目录中搜寻无效的快捷方式。

提示

对于安装了多个操作系统的计算机，Windows 优化大师可能无法正确判断快捷方式是否有效。因此，当检测到用户有多个操作系统时，Windows 优化大师将要求用户选择是否扫描无效的快捷方式。对于只有一种操作系统的用户选择"是"，对于多个操作系统共存的系统请选择"否"。

扫描快捷方式时包括指向光驱或网络驱动器的项目（不推荐）。勾选该复选框后，在扫描无效的快捷方式时，Windows 优化大师将检查目标文件指向光驱或网络驱动器的快捷方式，不建议勾选。

⑤扫描 IE 临时缓存：用户可在该复选框右侧的下拉列表框中选择"全部 IE 缓存"

（该选项将扫描 IE CacheIE CookieIE URL Histroy）"全部 IE 缓存，但不包括 IE Cookies"或"全部 IE 缓存，但不包括 IE Cookie 和 IE URL Histroy"选项，建议选择第 2 项。

⑥扫描无用的文件夹：勾选该复选框，则在扫描过程中将分析硬盘上无用的文件夹。

⑦允许扫描只读属性文件：勾选该复选框将分析文件属性为只读的文件，否则将跳过这些文件。

⑧允许扫描系统属性文件：勾选该复选框将分析文件属性为系统的文件，否则将跳过这些文件。由于系统属性文件一般比较重要，因此不建议勾选。

4）文件类型。Windows 优化大师定义了常见的垃圾文件类型。普通用户只需单击"推荐"按钮，然后进行扫描和清理即可，如图 8-26 所示。

用户在使用过程中还可以设置分析过程中不用分析的文件夹。Windows 优化大师默认跳过以下 4 个文件夹：①系统存放在"发送到"菜单的文件夹。②存放 IE 缓存文件的文件夹。③存放 IE Cookie 的文件夹。④系统的临时文件夹。

提示

非常规垃圾文件类型包括一些如预编译头文件等垃圾文件类型，建议用户勾选。

图 8-26 文件类型界面

5）目录统计。为方便用户了解自己硬盘的使用情况，Windows 优化大师还提供了目录统计功能。

用户在窗体上方选择待统计的分区或文件夹后，单击"统计"按钮即可开始统计。每统计完一个目录，Windows 优化大师就在统计结果列表中添加一条记录，包括文件夹子目录数、文件大小及图示等。统计完毕后，用户可以详细查看哪些目录占用了自己比较大的磁盘空间，Windows 优化大师用不同颜色和长度的图形来表示某一目录具体对硬盘空间的占用。

用户单击统计结果列表中的文件夹项目，Windows 优化大师还会对其下的子目录进行统计。

6）重复文件。重复文件分析是提供给有经验的用户的功能，它可以分析出硬盘上相同的文件，如图 8-27 所示。

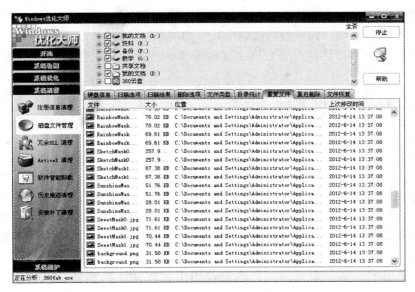

图 8-27　重复文件分析界面

用户在窗体上方选择待分析的分区或文件夹后，单击"分析"按钮即可开始重复文件查找。重复文件分析的条件可以是文件名相同（必选项）、文件大小相同（可选项，默认选择）、文件修改时间相同（可选项，默认选择）。

同时，用户还可以将分析过程设置为：

① 需分析的文件类型。常用文件类型包括多媒体文件、图片文件、文本文件、压缩文件、网页文件等。

② 跳过指定的文件夹。默认选择为分析时跳过 Windows 目录，用户也可以选择分析时跳过其他的目录。

③ 跳过小于指定大小的文件。文件太小即便删除也释放不了多少硬盘空间，同时还影响重复文件分析的速度，默认跳过小于 10KB 的文件。

提示

硬盘上的重复文件并不等于无用文件，建议用户在删除重复文件之前做好备份工作。

7）重启删除。部分文件由于正被别的应用程序（如恶意程序）占用，因此导致用户无法正常进行删除。重启删除顽固文件可以解决此问题，凡被添加且保存了的文件，Windows 优化大师会告诉系统在下次启动时予以删除，具体操作方法如下。

①单击"添加"按钮，选择直接要删除的顽固文件，在选择时，用户可按〈Ctrl〉键或〈Shift〉键进行多文件的选择，用户也可以直接从资源管理器将需要删除的顽固文件拖放至待删除文件列表中。

②单击"保存"按钮，Windows 优化大师将告知操作系统在下次启动时删除这些

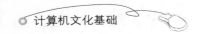

文件。

8）文件恢复。用户可以选择从备份中恢复文件，也可以从回收站中恢复文件。

（3）冗余 DLL 清理　快速分析硬盘中冗余的动态链接库文件，并在备份后予以清除。

（4）ActiveX 清理　快速分析系统中冗余的 ActiveX/COM 组件，可以修复单项或全部修复。

（5）软件智能卸载　自动分析指定软件在硬盘中关联的文件以及在注册表中登记的相关信息，并在备份后予以卸载。

> **提 示**
>
> 以上几项都可以先扫描或分析，然后选择全部删除，如有误操作等可以选择恢复到清理以前的状态。

（6）历史痕迹清理　快速安全扫描、分析和清理历史痕迹，保护用户的隐私，界面如图 8-28 所示。

在日常使用中，系统会记录用户的操作历史，以便下次操作，但也有泄漏用户隐私的危险，特别是在公用计算机中。历史痕迹清理模块可以帮助用户清除这些历史记录，一方面保护了用户的隐私，另一方面也使系统更加干净，进一步提高了系统运行速度。

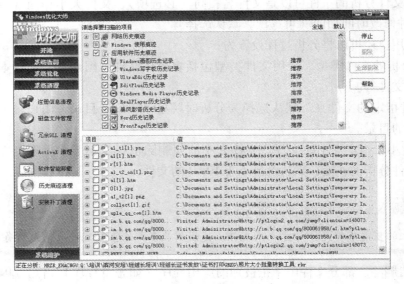

图 8-28　历史痕迹清理扫描界面

1）网络历史痕迹。

①IE 缓存清理：用户可展开该节点，勾选需清理的内容，可勾选的项目包括：①全部 IE 缓存，扫描 IE Cache、IE Cookie、IE URL Histroy。②全部 IE 缓存，但不包括 IE Cookies，该项为 Windows 优化大师的默认选项。③全部 IE 缓存，但不包括 IE Cookie 和 IE URL Histroy。

②IE 地址栏中的历史记录网址：勾选此项，将扫描 IE 浏览器地址栏中的 URL 历史记录。

> **提示**　若用户习惯通过浏览器地址栏访问网站，则请勿勾选。

③清除表单和清除密码：勾选这两项，将清除 IE 浏览器自动完成的表单（如在搜索引擎中输入的曾经搜索过的字符串）和密码历史记录。

> **提示**　若用户习惯浏览器保存表单或密码，则请勿勾选。

2）Windows 使用痕迹。Windows 使用痕迹包括运行对话框历史记录、窗口位置与大小和历史记录等 Windows 产生的历史痕迹。此大类下的复选框通常可以勾选。

> **提示**　"通知区域图标历史记录"：在 Windows XP/2003 中，在系统任务栏上单击鼠标右键，在弹出的快捷菜单中选择"属性"选项，在"任务栏"的"通知区域"中勾选"隐藏不活动的图标"复选框，再单击"自定义"按钮，会弹出一个对话框，里面有"当前项目"和"过去的项目"，Wopti 定义"过去的项目"中的所有记录为通知区域图标历史记录。此清理项目需要在清理结束后重新启动 Explorer。Windows 优化大师会提示用户是否让 Windows 优化大师自动立即重启 Explorer，单击"是"按钮即可。
>
> 由于 Windows 使用痕迹随用户使用计算机而不断产生，因此建议用户不定期清理（如每月一次）即可。

3）应用软件历史记录。应用软件历史记录包括 Media Player、RealPlayer 等应用软件在使用过程中生成的历史记录。建议用户根据自己的实际情况予以选择。

8.7.2　超级兔子软件

1．超级兔子简介

超级兔子是一款计算机辅助软件，主要功能以系统优化为主，另外还有若干系统辅助工具类软件。由最初的"魔法设置"发展成为多工具综合完整的系统维护工具，超级兔子可以清理大多数的文件注册表中的垃圾，同时还有强大的软件卸载等功能。超级兔子可以优化和设置系统中的大多数选项，打造一个属于自己的 Windows 系统。

2．超级兔子软件设置

打开超级兔子软件，先对计算机进行全面体检，然后根据体检结果进行相应的设置，使系统的运行达到最优状态。

（1）开机优化

1）启动项：扫描开机启动的程序，可选择开机要自动执行的程序，如果不想让某个程序在开机后自动运行，只需将其禁止即可。

2）服务项：扫描开机启动的服务，对该项进行开启和禁止。

3）多系统启动：一台计算机有多个操作系统，对开机默认系统的设定及开机启动菜单时间的设置。

（2）超级兔子魔法设置　超级兔子魔法设置的使用分类很清晰，能让用户迅速找到相关功能，提供几乎所有 Windows 的隐藏参数调整，还有额外增强的一些使用功能，帮助用户打造属于自己的系统。单击超级兔子左侧的"魔法设置"选项，会出现以下选项：优化系统、启动程序、个性化菜单、桌面及图标、网络文件及媒体安全系统。

1）系统设置：可以对用户系统进行自动优化。

2）IE 个性化设置：可以修改 IE 的版本号和标题，也可以设置 IE 默认打开网页、下载默认文件夹和搜索引擎。

3）图标选项设置：可以修改文件夹图标和桌面图标等。

4）输入法设置：可以调整输入法的顺序和默认输入法的设置。

本章小结

本章简要介绍了聊天工具 QQ 和 MSN、防护工具 360 安全卫士、优化工具超级兔子，详细介绍了下载工具迅雷、压缩软件 WinRAR、多媒体工具暴风影音、翻译软件金山词霸和防护软件瑞星的使用。

思考题

1. 如何使用迅雷批量下载文件？
2. WinRAR 有哪些功能？
3. 如何申请 QQ 号？
4. 暴风影音如何调整播放画面？
5. 屏幕取词有哪几种方式？
6. 如何制作瑞星安装包？
7. Windows 优化大师如何清理注册表？

参考文献

［1］邢敏，范德会．新编计算机文化基础教程［M］．北京：机械工业出版社，2012.

［2］郭晔．大学计算机基础［M］．北京：中国铁道出版社，2005.

［3］赵子江，王丹，等．大学计算机基础［M］．北京：机械工业出版社，2005.

［4］安雪晶，等．大学计算机基础［M］．北京：人民邮电出版社，2012.

［5］周学广，刘艺．信息安全学［M］．北京：机械工业出版社，2003.

［6］张宝剑．计算机安全与防护技术［M］．北京：机械工业出版社，2003.

［7］高守平，德良．大学计算机基础教程［M］．上海：复旦大学出版社，2010.

［8］雷芸，陈莹．计算机基础教程［M］．北京：北京理工大学出版社，2013.